中国能源通道国门站运行管理十年报告

谢　岭　◎主编

石油工業出版社

图书在版编目（CIP）数据

中国能源通道国门站运行管理十年报告 / 谢岭主编. — 北京：石油工业出版社，2019.6

ISBN 978-7-5183-3439-1

Ⅰ.①中… Ⅱ.①谢… Ⅲ.①天然气输送-长输管道-管道工程-伊犁哈萨克自治州 Ⅳ.①TE832

中国版本图书馆 CIP 数据核字（2019）第 096243 号

出版发行：石油工业出版社
（北京朝阳区安定门外安华里 2 区 1 号楼　100011）
网　址：www.petropub.com
编辑部：（010）64523537
图书营销中心：（010）64523633
经　　销：全国新华书店
印　　刷：北京中石油彩色印刷有限责任公司

2019 年 6 月第 1 版　2019 年 6 月第 1 次印刷
710 毫米×1000 毫米　开本：1/16　印张：17.25
字数：280 千字

定价：130.00 元

在石油天然气管道事业创新发展道路上，
一线员工绝不甘于做在场的缺席者。

编委会

编写组

主　编：谢　岭

副主编：梁　宏　葛建刚　张海宁　赵吉龙

成　员：梁　宏　张海宁（第一章第一节）

马振军　徐　帅（第一章第三节、第四节）

葛建刚　曾令山（第一章第二节）

葛建刚　张海宁　赵吉龙（第二章）

刘晓凯　马　宁·加纳提（第三章）

张海宁　赵吉龙（第四章）

序

难能可贵的一线报告

前不久，一位长期在西部工作的基层干部托人送来一份《中国能源通道国门站运行管理十年报告》清样，请我提提意见，并希望我能为该书作序。随清样送来的还有一本两年前由其任主编出版的《中国能源通道国门站运行管理论文集》。仔细阅看后，深深地为奋战在石油天然气管道一线员工的敬业精神和创新意识所感动。

我国石油天然气管道事业已经走过了60多年发展历程，为国民经济发展和民生保障发挥了十分重要的作用。21世纪以来，我国石油天然气管道建设经历了一个快速发展期，陆续建成了西北、西南、东北三个方向引进境外油气资源的战略通道。近几年，三大进口通道与从东南沿海上岸的进口LNG、国内主力油气田生产的天然气基本实现了互联互通，初步形成了西气东输、北油南运的能源运输格局。在近20年建成投运的众多现代化管道中，中亚—西气东输二线这条目前世界上最长的天然气管道和紧随其后建设的西气东输三线最具代表性。而在管道沿线建成投产的100多座压气站、分输站中，连接中亚天然气A/B/C三条管道，率先投产的霍尔果斯压气首站又是其中的最典型站场。

这两条管道及其站场在设计之初，就充分考虑了设备国产化问题。从大口径高钢级管材研发应用，到大功率压缩机、电动机等核心成套设备研发应用，再到大量的配套设备、配件现场应用，相当一部分都是首次尝试。即使进口核心设备如压缩机，有一大部分也是改进型在生产实践中的首次应用。与此同时，这两条管道的建设分别采用了国际上两种不同的建管模式，且有不同程度的创新。

现代储运业是一个涉及特种钢研制等在内的新材料研发、装备制造、工程、自动化、人工智能等传统和新兴产业的高度集成行业，加之其典型的危化行业对设备的可靠性工艺的严苛性、系统的节能性、人员的素质等方面都有很高的要求。在追赶国际先进的道路上，新的建设和管理体制和大量国产设备的实际效用到底怎么样？今后如何改进提升？对今后新建管道有何借鉴意义？行业专家的意见固然重要，但生产一线的员工应更有发言权。

令人高兴的是，从2009年12月投产开始，身处霍尔果斯国门站生产运行最前沿的这群年轻人，在不断摸索中克服了重重困难，确保了管道的顺利投产和平稳运行，保障了下游用户的安全用气。

更为难能可贵的是，在西二线西段投产运行即将满10年的今天，他们能够以问题为导向，把以往运行管理过程中遇到的一系列典型问题作为宝贵资源，积极探究其深层次原因。从大量作业实践中，梳理解决措施、经验教训，并提出意见和建议，最终形成了这本《中国能源通道国门站运行管理十年报告》。从反向促进提升的意义来讲，其价值绝不亚于那些业内专著。

实践是创新的源泉。这本来自生产一线的实战总结，无疑是一本活的教科书，也应当成为从事管道建设和运行管理相关的设计、制造、安装、运维等现场人员工作的重要参考书。

一个长期从事基层党务工作的同志，能够敏锐地意识到霍尔果斯国门站和西二线首段在建设国际先进水平管道事业中的代表性和特殊意义，从投产之初就很用心地鼓励广大一线技术人员长年搜集作业资料，亲自组织分析总结，进而形成这本极具参考价值的十年报告。这犹如沙海拾金，非常难得。这是党的十八大以来，国有企业进一步强化党的基层建设的具体体现，是他们培育的与“苦干实干”“三老四严”石油精神一脉相承的“岗位责任永远大于管道压力”国门精神的现实体现。

正如编者所说，“一线员工绝不甘于做在场的缺席者”。任何理论都源自实践，我国石油天然气管道建设的理论创新应当而且必须建立在大量实践的基础之上，我们应当高度重视和大力鼓励生产一线的员工立足实践大胆创新。相信本书以及编撰参与者们身上迸发出的这种创新精神，会对我国石油天然气管道事业下一个10年发展产生积极的意义，期望更多来自生产一线的实践成果走进我国石油天然气管道事业理论创新的殿堂。

2019.5.10于北京

平安管道 绿色管道 和谐管道

前言

地处“一带一路”西向桥头堡的霍尔果斯压气首站，是名符其实的中国能源通道国门第一站。每年几百亿立方米中亚天然气由此经西气东输二线和三线输往下游，惠及数亿人口。作为万里国脉的动力舱，这里有总功率为目前亚洲第一（248兆瓦）的燃驱压缩机组集群，有管道储运行业最复杂的站内工艺；这里建成了国内第一座天然气站场余热利用发电厂，完全实现了零排放设计目标；由该站管理的雪山段管道巡护和抢修堪称世界级难题……在沿线100多座不同类型站场中，其建设规模、工艺和运行管理的难度均最具代表性。

投产以来的10年，是员工扛起重压、不懈探索的10年。作为万里国脉“龙头”守护人，首站员工是应对全线投产初期来气气质不稳、介质混输、高负荷测试和各种节能方式运行试验以及大量设备适应性改造等的第一个尝试者，也是全线管理运行标准化模式的创造者，更是“岗位责任永远大于管道压力”国门精神的践行者。实践证明，他们无愧于中国石油基层建设标杆和中国石油先进集体这一殊荣。

20世纪末，以西气东输一线为标志，开创了我国现代化天然气管道建设和运营管理的先河；21世纪初，以西气东输二线为标志，我国对标国际先进，致力于现代管道装备和运营技术的国产化实践；进入新时代，随着国家石油天然气体制改革的推进，以“智能管道，智慧管网”为时代特征的石油天然气管道事业正在迎来又一个新的春天。

在推动我国石油天然气管道事业创新发展道路上，我们身处一线的员工从来不甘于做在场的缺席者。做同一项工作，10年不算短。在确保安全高效地运营好现有管道设施的同时，把过去在典型站场运行管理实践中总结出的点滴经验和教训梳理出来，提供给同业者，是义务，也是责任。这正是编写这本《中国能源通道国门站运行管理十年报告》（以下简称《报告》）的初衷。

提出这个想法后，大家的响应很积极，但实施起来却困难重重。10年来，中国石油西部管道公司（以下简称公司）以霍尔果斯压气站为平台，开展了大量的设备适应性改造、自动化升级改造、关键设备运行技术提升等工作。仅涉及工艺调整的中型以上作业就达1000多项。日常的运行管理资料、数据更是不计其数，且前期大部分作业票都是纸介质的，仅梳理资料就是一项浩如烟海的繁杂工作。为此，中国石油西部管道公司独山子输油气分公司（以下简称分公司）专门成立了编委会和专编小组，建立了月例会制度，掌握工作进度，协调解决问题。大家以超常的付出，历时一年，终于完成了这本凝聚着几十位一线技术人员心血的《报告》。

为了将来参阅方便，要求所有分类参编人员对既有作业遵照“同类优选”和“大道至简”的原则，按照“五加一”组稿模式梳理和编写。即对每项作业票，在完成同类项筛选和集体论证后，按照“问题的最初表现、深层次原因、采取的措施、实际效果、作业后建议”五要素，加上大类论述这样的架构来撰写，数据力求准确无误，叙述尽量简洁。

对于如下三种情况，也主张稍加论述地提出来。一是现场发现的一些设计缺陷或漏项，虽未造成任何问题，但通过论证已经有了比较成熟的改进建议；二是在其他站场发现并在本区域举一反三改进的问题及其措施和建议；三是通过长时间运行实践，认为对现有工艺、设备的选型配套、模块和逻辑等有更好的提升的建议。以上就是本《报告》第一章的主要内容，也是最核心的部分。

鉴于有些课题尚需材料学、结构力学、流体力学、工程学等多学科专家做进一步深化研究下最终结论，因此在五要素陈述中，尽可能不作深度技术论述，以避免画蛇添足和误导参考对象。至于已经暴露出的设施配套方面合理性等问题，更是值得从深层次研究的统筹管理问题。所以《报告》只给出尽可能准确的第一手资料，提出初步分析和建议，供业内专家和有关机构做深层次理论研究，供同行讨论，并资新线建设参考。

在上述工作深入到一定阶段后，大家逐渐认识到，如果不能系统地解决好相关国家标准和 CDP（管道设计与建设系列）文件的应用问题，那么在工作中曾经遇到过的一些问题，在今后的管道运营中仍将难以避免。基于此，我们再次组织人员针对压缩机、工艺设备、仪表自控、电气、计量系统等的典型问题进行全面对标。通过对现有适用国家标准和 CDP 文件对标分析，找出现状与标准的实际差异以及标准应用的系统适应性问题，进而提出完善国家标准或 CDP 文件的建议，供后续新建和改（扩）建项目参考。上述内容独立成章（第二章）。

此外，考虑到今后新线建设设备国产化率进一步提升的趋势，我们将后来采用国产设备建设的西气东输三线乌苏压气站投产阶段梳理出的 200 多项问题的解决中有代表性的作业报告，再次梳理完善为一章，纳入《报告》之中（第三章）。

在上述三章内容的基础上，由几位具有丰富生产技术管理经验的副主编组织对站场运行和工程建设管理中几个有代表性的专题问题，进行归纳分析。进而撰写的专题技术分析报告（论文）也独立成章（第四章）。

以上就是这本《报告》的基本架构。

2017 年组织编写出版的《中国能源通道国门站运行管理论文集》，主要是对输油气运行管理关键技术的探讨和总结。该论文集出版后，在各种技术交流和员工培训中发挥了良好的作用。而本《报告》则更集中于输气业务现场典型作业所涉问题的归纳和分析。基本上，涉及大口径长输天然气管道设计、设备选型配套、现场安装、运行管理全业务链，甚至包括其他站场所不具备的场景和问题，如余热发电工艺衔接，还有进口天然气与当地生产煤制气混合输送等运行管理业务有可能遇到的问题及其解决方案，多数都可以在本《报告》里找到影子。

作为这项工作的主要推动者，在《报告》付梓之前，我要衷心感谢那些胸怀管道报国梦想，努力践行“岗位责任永远大于管道压力”国门精神的年轻同事们，还要感谢那些已经离开原岗位，依然应邀积极参与编写和审稿的同事们。他们为了《报告》的高质量编辑出版，牺牲了大量业余时间，度过了无数个不眠之夜。

衷心感谢中国石油天然气股份有限公司副总裁凌霄的鼓励和指导，在听取了我对《报告》编辑情况的简要汇报后，给予了热情的鼓励，要求一定要把好第一手资料的质量关，强调要注重数据的准确性，努力编出高水准的一线报告，为今后新线建设和运营管理提供参考，做出贡献，无形中为我们编好这本《报告》增添了新的动力。

当前，在习近平新时代中国特色社会主义思想指引下，改革的春风正在催醒我国石油天然气一个崭新的春天，“智能管道，智慧管网”建设已经在路上。作为一线实践者，不忘初心，努力做好岗位工作是我们的本职，为新时代管道建设多贡献一份力量，是我们对新时代新希望的一份担当。期望这本《报告》有助于实现这个初衷。

由于编者水平有限，书中难免有谬误、不足之处，敬请读者指正。

谢　岭

2019. 5

目 录

第一章
典型问题的作业处置

西气东输二线（简称西二线）和西气东输三线（简称西三线）合并建站、分期建设的霍尔果斯压气首站，作为工艺最全、设备台套最多的典型站场，10年来，在投产和后续运行阶段，先后经历了大规模工艺设备更新改造、自动化升级改造、全站和单体设备高负荷测试等累计1200多项（次）作业。至今保持了投产以来安全平稳高效运行的良好记录。截至2019年3月底，安全输气$2630\times10^{8}m^{3}$。

认真梳理这1200多项（次）作业，查找出问题出现的真正原因，归纳总结分析作业过程中形成的经验教训，虽然是一项费时费力的事情，但很有意义。

在这一章中，选取了工艺设备、压缩机、电气、仪表自控和计量5个方面的典型问题作业处置，概要地将主要问题及其处置措施以图文形式集中呈现，尽可能做到准确无误。

第一节　工艺设备

工艺设备是输气站场最为直观的骨骼架构，站场范围内所有的输气相关专业活动都是紧密围绕工艺设备开展的。通过对10年运维过程中异常问题的分析，发现问题基本集中在设计、产品质量、安装质量、运维管理质量四方面。

一、设计方面

（一）典型问题1：计量橇温度计套管根焊缝裂纹

2012年10月，霍尔果斯压气首站二线计量橇温度计套管首次出现根焊缝裂纹处的泄漏。厂家将该问题归结于焊缝质量缺陷并重新加工8根套管进行了更换，2014年11月，更换后的套管再次出现同类问题，此后下游其他站场也出现过类似问题。

分公司计量专业小组和站上技术人员组成联合攻关组，分析认为，温度计套管设计选型不合理是造成根焊缝裂纹的主要原因。

计量专业小组人员对现场套管实际参数进行了核算，发现在冬季高负荷工况运行时，天然气流量增加造成流体对套管的激励频率与套管固有频率接近而产生共振，长时间共振导致套管根焊缝出现裂纹。

对此，攻关小组采取临时工艺管控措施，通过监控流量、增加投用并行管路、拆除套管使用盲板封堵等方式缓解高负荷下套管断裂风险，并提出了相应改造意见。2018年3月，公司统一委托设计，对各站温度计套管参数进行核算，按照最新规范要求，通过缩短套管长度、加粗套管直径的方式，重新定制了一批温度计套管进行更换。迄今，各站工艺系统关键部位的温度计套管均已更换完毕。2018年，全年几次高负荷运行实践验证了这次作业的实际效果。

对于长输管道而言，温度计套管多与干线管道相连，关键部位套管断裂只能采取全站停输临时措施，必然造成大量天然气放空，对管网运行影响极大。因此建议在项目设计初期，应充分考虑满足小流量运行和满负荷运行等多种工况，对套管参数进行细致核算，分析套管运行工况的安全边际，在设备选型采购时，应根据设计要求，选用完全满足要求的套管。

（赵吉龙 整理；张海宁 审核）

（二）典型问题 2：立式气液聚结器结构问题

2011 年 7 月，由于上游管道在相邻压气站没有完全投产的情况下实施清管作业，大量粉尘、水进入西二线霍尔果斯压气首站，造成该站过滤器大面积粉尘堵塞，不得不进行紧急抢修。由于过滤器内部结构和人孔尺寸限制，抢修过程中，仅能允许瘦小员工佩带长管呼吸器进入内部作业。由于气温很高，内部闷热，对作业人员体能消耗很大，为防止作业人员中暑，只能安排瘦小员工反复进出轮换作业，气液聚结器结构如图 1-1 所示。

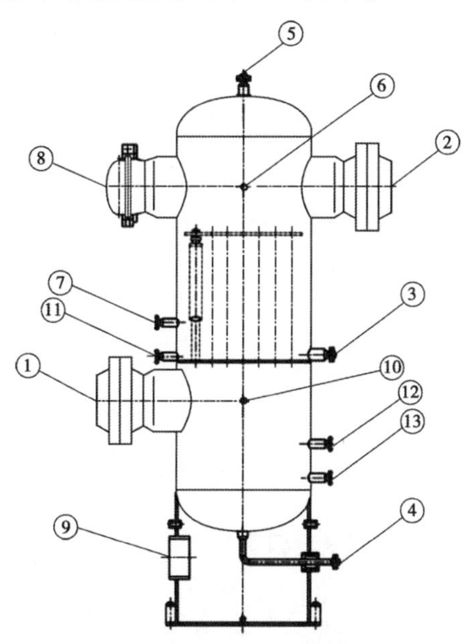

图 1-1　气液聚结器人孔示意图

1—进气口；2—出气口；3，4—排污口；5—放空口；6，10—差压计口；

7，11，12，13—液位计口；8—人孔；9—检查孔

西二线采用的立式气液聚结器，气液聚结过程主要靠聚结滤芯来实现，使用多层过滤介质，具有过滤微小颗粒、聚结液体成分的双重功能。含液气体进入气液聚结器后，从内到外经过聚结滤芯，聚结滤芯将气体中的细微液滴聚结成较大液滴，聚结液体从滤芯底部排出，从而避免了液沫夹带现象。同时，介质表面能量降低，可以防止聚结液体润湿介质，加速介质纤维上液体的排出，外层包裹的聚合物起着排出液体污染物、防止气体夹带的作用，效率极低。聚结出的大液滴顺着最外层的保护层流向集液区，最后洁净、干燥的气体从气液聚结器出口排出。

气液聚结器仅在西二线西段部分站场使用，因产品结构设计未充分考虑维检修的需要，给运维检修带来不便和作业风险。基于西二线其他部分站场采用旋风分离器+卧式过滤器，西三线站场采用组合式过滤器的应用经验，建议今后站场设计时应充分考虑运维的需要，优先采用成熟产品。

（田江伟 整理；张海宁 审核）

（三）典型问题3：过滤分离系统和收发球筒缺少氮气注入系统问题

在运维作业中发现：

（1）西二线、西三线和伊霍线站场部分过滤器和收发球筒没有设计注氮系统（图1-2）。过滤器盲板打开作业时，不得不采取胀压法进行氮气置换作

图1-2 发球筒唯一注氮点

业，置换需要大量氮气瓶连续注入且置换不彻底，存在较大安全隐患，也严重影响日常维检修作业效率。

（2）由于收发球筒体及直管段内部堆积有烃类混合物，常有可燃气体挥发，需要时刻保持微量氮气吹扫，但许多过滤器只能通过上游直管段仪表或者下游直管段仪表、筒体仪表口进行注氮（图 1-3），放空口距离氮气出口较近，所以作业期间并不能起到氮气保护作用，作业风险较高。

图 1-3　卧式过滤器进出口管线未设置压力表

（3）站场部分过滤器和发球筒没有设计注水系统。投产初期，过滤器和收球筒内部均会残留少量硫化亚铁粉末，存在自燃风险。为防止自燃，在盲板打开作业前，必须对筒体内部进行喷淋，在缺少注入口的情况下，无法达到盲板开启前喷淋目的，只能在打开盲板瞬间快速对筒体内进行喷淋，作业管控难度大。

过滤器和收发球筒是压气站必不可少的重要设备，建议在设备选型时充分考虑密闭注氮和注水功能，为运维作业提供本质安全。

（田江伟 整理；张海宁 审核）

（四）典型问题 4：Shafer 取压装置位置选取不合理

西二线 3#阀室，在施工作业时土方工程量大且土建施工完成时间较晚，未考虑冻土对地基的影响，开春解冻后，阀室地面回填土沉降，导致气液执行机构引压管（ϕ34mm×5mm）拉伸变形（图 1-4），两侧引压管分别向下弯曲 18°和 13°。经过普查得知，西二线投产初期，沿线各站场及阀室气液联动阀引压管（ϕ34mm×5mm）分别连接至上游、下游干线或 DN400mm 旁通管线上，地基沉降使埋地引压管管路严重变形（图 1-5），造成干线停输风险。

图 1-4　Shafer 执行机构取压位置

图 1-5　Shafer 引压管拉伸变形

埋地引压管的变形连锁导致地面引压管也存在严重的应力变形。经拆卸后发现错边现象严重，无法正常回装。另外，地面引压管缓慢的应力变化无法用肉眼辨识。

针对上述问题，先期采取了如下措施：将 Shafer 原埋地引压管管线停用，关闭截断阀，卡套连接处拆卸后使用堵头封堵，并对阀门进行锁定。把 Shafer 取压点均改为地上，使用就近就地压力表或压变处作为新的取压点。后期对取压口进行了加装封头改造（图 1-6），对站场及阀室干线已停用引压管进行动火割除，加装管帽进行封堵改造，并在封堵位置加装保护套筒和焊接管帽及加强护板进行有效保护隔离。

（田江伟 整理；张海宁 审核）

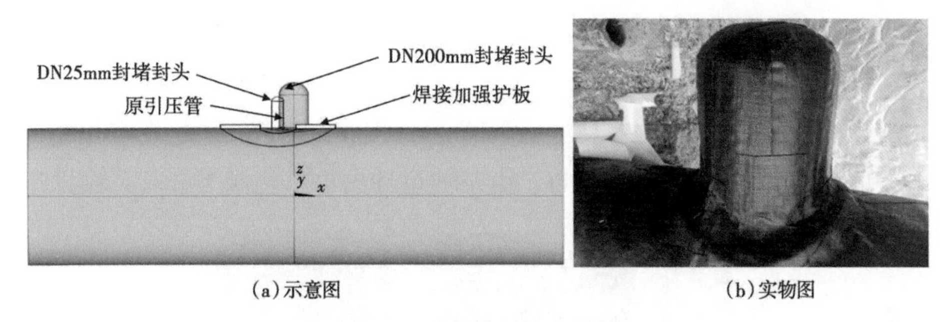

(a)示意图　　(b)实物图

图 1-6　取压点封堵改造图

(五) 典型问题 5：卧式过滤器积液包及液位计问题

在西二线投产初期，沿线管线中水含量及杂质均较多，经常发现少量水和杂质进入积液包内。在后期运行中还发现，伊霍线气质温度较低，在夏季往往有水珠凝结，积液包包裹在保温层内，水汽会长时间聚集在保温层内部不易挥发，雨水也会使许多水汽集聚在保温层内部，加剧了积液包管壁及焊缝的腐蚀。由于积液包长期有保温层的包裹，如果不拆卸检查，无法辨识出腐蚀情况，存在一定的安全隐患。

如图 1-7 所示，卧式过滤器下端积液包的前后腔出口均与积液包成 90°角焊接，分别在积液包两端。如果排污过程中同时全开两个球阀，使用同一排污阀进行排污势必会有一些杂质和水分堆积在积液包中间无法排出，长期的堆积会使这些杂质附着在管壁上，造成管壁的慢性腐蚀。如果每次只打开一路球阀进行排污，作业完成后再打开另一路进行排污，在积液包两端封头也会有杂质残留，同样会腐蚀管壁和两端封头焊缝。

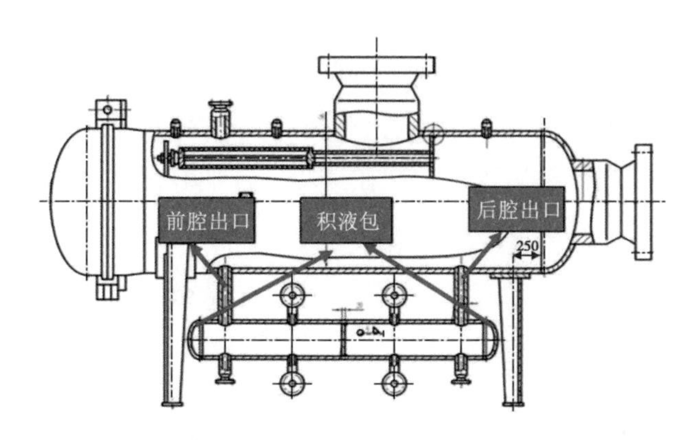

图 1-7　卧式过滤器积液包示意图

液位计数据采集点设在积液包中间位置，积液包内部杂质也会沉积在液位计上、下采集管线内部（图 1-8）。由于液位计出口排污阀为针阀，在排污过

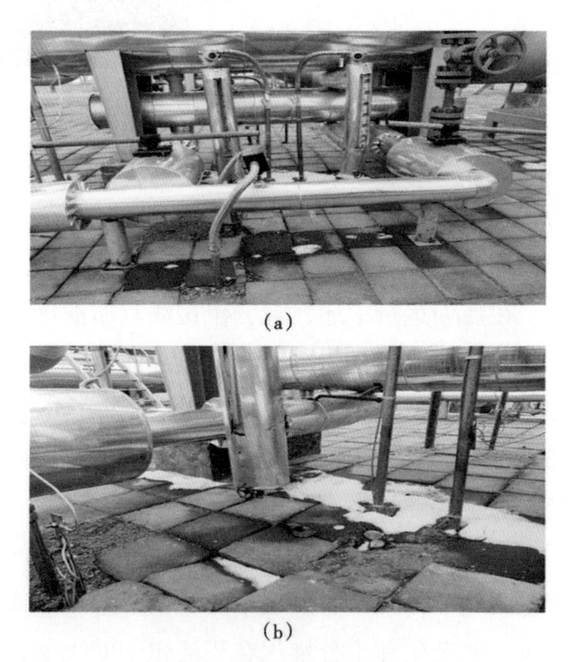

(a)

(b)

图 1-8　卧式过滤器实物图

程中经常会遇到排污口堵塞，出现气体爆出现象，而长期开关排污阀也会使排污阀关闭不严，存在气体泄漏风险。

针对以上问题，建议今后新建站场应关注过滤器选型。

（田江伟 整理；张海宁 审核）

（六）典型问题6：西二线和西三线共建阀室跨接问题

西二线和西三线2#阀室和3#阀室之间29km管道，全部并行敷设于北天山西段崇山峻岭中，断续建有7条两线共用隧道。由于该处地质环境极为特殊，部分地段常年有7个月大雪封山期，雪崩、泥石流、崩塌、岩堆等地质灾害严重，管道经过处还有一条全新世活动断裂带——喀什河断裂。在这一咽喉区段大雪封山的7个月时间里，难以进场巡线和维护，一旦管道发生泄漏、破裂事故，造成的损失和影响将难以承受。

霍尔果斯压气首站到精河压气站之间的2#阀室和4#阀室为双管跨接，但3#阀室未设计跨接。若西二线3#阀室上游发生单管失效，失效管段长达59km。2#和4#阀室关闭后，跨接管阀门V1和V4开启（图1-9），跨接管道连接输气能力为$14647\times10^4m^3/d$，管道失效导致系统降量为$3124\times10^4m^3/d$，降量百分比为17.6%。

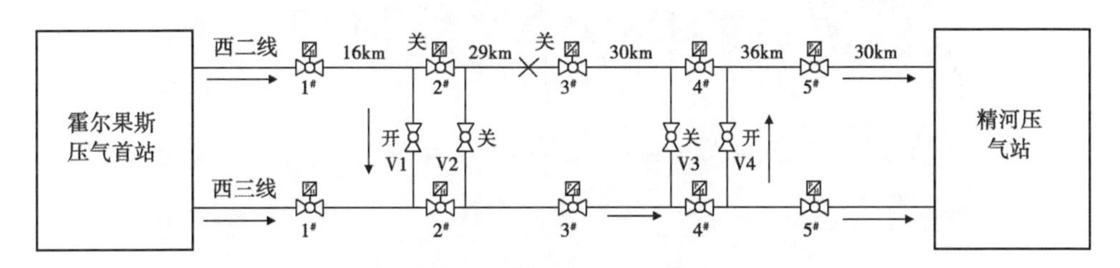

图1-9 3#阀室上游单管失效改造前工艺运行

为了有效解决这一问题，经反复计算分析，决定通过干线停输放空动火，采用DN700mm的管线进行跨接（图1-10），跨接后失效管道长度为29km，输气能力为$16113\times10^4m^3/d$，管道失效导致系统降量为$1658\times10^4m^3/d$，降量百分比为9.3%。大大提高了西二线和西三线整个管道系统的供气可靠性。

（卢东林 整理；张海宁 审核）

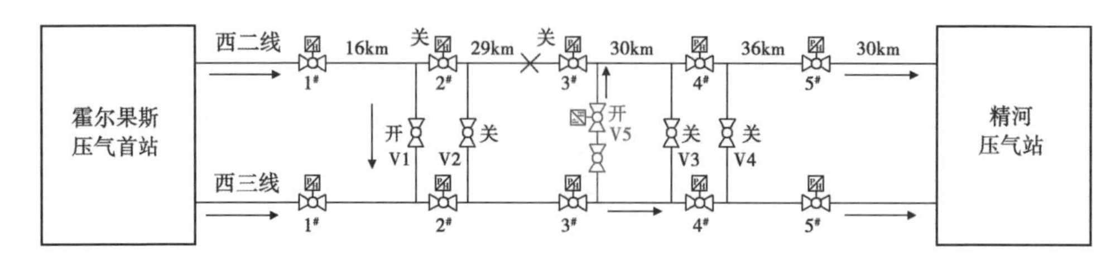

图 1-10 3#阀室上游单管失效改造后工艺运行

(七) 典型案例 7：空冷器缺少单独放空系统及旁通阀门问题

在运行中发现，西二线霍尔果斯压气首站后空冷上端管束进出口丝堵泄漏时，无法单独进行隔离放空，导致每次出现问题只能等待全站停输进行作业，使现场存在极大风险隐患；同时，后空冷进出口阀门口径为 610mm 管线，未设置旁通充压管线（图 1-11），在对后空冷进行充压时，极大程度上会损坏球阀表面，导致阀门出现内漏情况（此种情况在西二线其他站场类似）。

图 1-11 西二线后空冷实物图

对于长输管线而言，后空冷系统十分关键，由于存在上述问题，一旦需要对后空冷系统进行维修或者抢修时，势必会造成西二线停输，并造成大量放空，对管网运行产生极大影响。

为有效解决这一问题，在 2016 年夏季计划停输窗口期，作业区组织拆除了后空冷上方就地排气阀，同时，加装盲板进行硬隔离，在每组后空冷上方保留一个就地排气阀作为注氮口或者检测口。

建议今后的站场设计后空冷系统应设立单独放空系统。尽可能考虑进出口阀门加装旁通管线，以避免使用球阀平衡压力，导致球面损伤造成密封不严的情况出现。

（田江伟 整理；张海宁 审核）

（八）典型案例 8：地下管线间距不合理问题

在西二线霍尔果斯压气首站站内管道焊缝检测开挖过程中，发现埋地工艺管道间距不合理问题：压缩机的放空小口径管线、压缩机防喘汇管、压缩机出口汇管之间间距不足 30cm，压缩机进口汇管与后空冷汇管之间间距不足 30cm（图 1–12）。

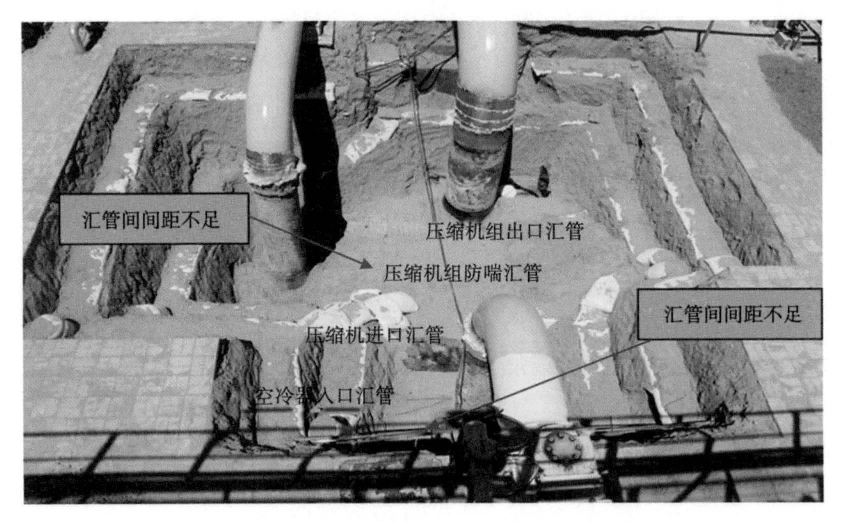

图 1–12　压缩机进口汇管与后空冷汇管间距不足

在建设期时，管道安装为逐条管线安装，可焊接后吊装至安装位置，未充分考虑突发情况下的抢修需求。存在的影响为：断管、焊接空间狭窄，遇焊缝裂纹等突发事件时，抢修困难，另外，也无法满足站内管道常规定期检验时如射线机等设备的架设空间需求。

另外，如图 1-13 所示的压缩机进出口阀组区布局不合理，未预留行车通道，应急情况下抢修车辆无法进入该区域。

图 1-13　压缩机进出口阀组区无预留行车通道

针对上述问题，建议后期站场设计时考虑后期站内管道检测、抢修需求，适当增大工艺管道间距，保证作业空间，同时，应预留抢修车辆进出的通道并硬化路面。

（金耀辉 整理；张海宁 审核）

（九）典型案例 9：西三线后空冷风机轴承储油盒问题

在西三线后空冷维护过程中，发现后空冷风机储油盒设计不合理：

（1）在运行过程中，风机的振动会造成注脂管较大幅度抖动，管路变形与钢结构摩擦，导致油脂管路穿孔，甚至管路卡套脱扣。

（2）储油盒焊接连接不能进行拆卸、清洗、维护，久之造成管路堵塞（图 1-14）。

（3）注脂嘴材质较软，易断裂。

（4）风机轴承注脂储油盒具有 2 个注脂口，一用一备，而出口分别连接 3

图 1-14　风机轴承注脂储油盒

根注脂管路。作业时注脂压力一定，由于 3 根管路阻力不同，导致到达相应轴承处的油脂量有差异，上、中、下轴承无法均匀获得油脂，保养效果不佳。

2017 年 1 月，霍尔果斯作业区积极开展问题原因分析，提出了相应改进提升措施，如图 1-15 所示。

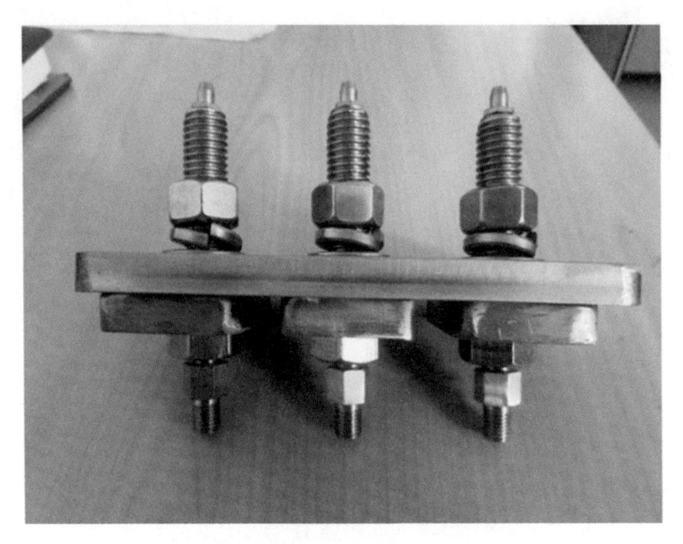

图 1-15　改造后风机轴承注脂嘴结构

按照改进方案实施后，对风机轴承进行注脂时单个管路注脂通畅，能够快速、省力顶出旧脂，轴承润滑脂分布均匀，效果明显。

（田江伟 整理；张海宁 审核）

二、产品质量

（一）典型问题1：某品牌球阀角焊缝泄漏问题

2010年12月，在西二线某分输站投产过程中，对某调压阀前升压至3MPa并保压2h。在保压期间，运行人员进行站场密封点检漏时发现计量橇入口球阀有天然气泄漏。现场立刻停止投产的其他作业，引导现场人员撤离；同时，通过检测，确定泄漏点在第2路计量橇入口某品牌球阀5401排污管线焊缝位置（图1-16），随即对第2路计量橇隔离放空。

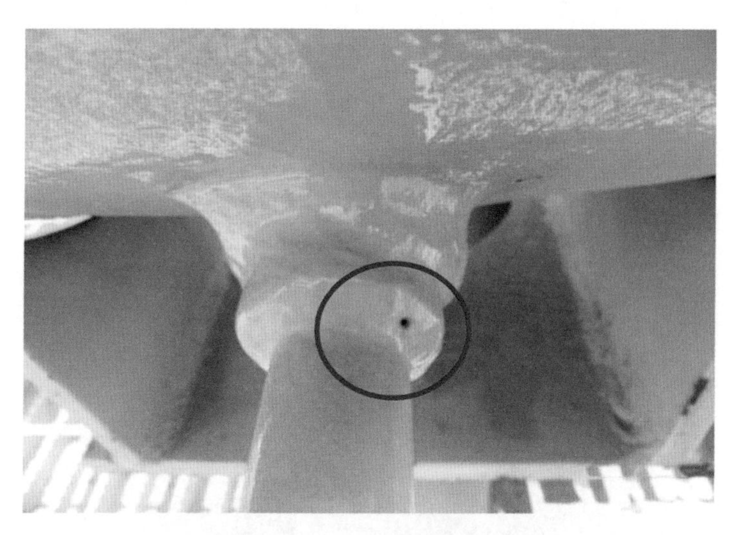

图1-16　某品牌阀排污管线焊缝气孔

因厂家不能及时提供与现场完全一样的球阀，遂采取对原球阀砂眼部位进行维修的措施。维修方式为对该球阀角焊缝进行打磨、确认气孔消除，采用着色检测确认，然后进行补焊、盖面焊，再次选用着色检测，确认无表面缺陷。之后委托专业阀门试验站完成阀门测试，试验环境及标准如下：

（1）水温9℃、气温常温；

（2）壳体试验：试验压力22.5MPa，泄漏量≤0滴/min；

（3）低压密封试验：试验压力0.5MPa，泄漏量≤24个气泡/min。

由于该设备是在初次投用时发现的焊缝气孔，判断为球阀产品质量问题。据了解，此焊缝使用的是CO_2气体保护焊，排污管管径½in，小口径管曲率小，对焊工手法要求较高，也就是说焊接难度大。焊缝焊接完成后，焊工对焊缝外观检查不仔细，造成未及时处理，角焊缝的着色检测不细致，未发现气孔，便对焊缝进行了刷漆处理。阀门承压后气孔被击穿，气孔窜通最终导致泄漏。

（马宁·加那提 整理；张海宁 审核）

（二）典型案例2：西三线阀门放空管焊接接头裂纹事件处置

2014年5月，在一次常规巡检时发现，站场西三线收球区31202阀门有轻微的天然气泄漏声音。经仔细排查确认，泄漏原因为31202阀门放空管线焊缝存在裂纹（图1-17）。站上立即组织对31202阀腔实施放空处理，并对执行机构断电，防止阀门开关动作，对现场进行安全隔离和警示。

图1-17　某品牌阀门放空管根焊缝裂纹

存在泄漏的31202阀是国内某合资公司生产的全焊接球阀，型号为DN1200 PN150 G900-DBS-75-2700KV-W2-K2-8，泄漏位置为31202球阀放空管线根部接头焊缝处。

事件发生后，该公司派人到现场查看31202泄漏裂纹。确认裂纹在焊缝中心区域，长约15mm，裂缝表面曲折，现场完成泄漏焊缝的渗透测试。

当年9月，在该公司最终出具裂纹处理报告后，组织完成31202球阀放空管线更换动火作业并探伤合格。

报告指出，导致31202球阀放空管焊接接头出现裂纹的直接原因是阀门制造过程中存在焊接缺陷。

（马宁·加那提 整理；张海宁 审核）

（三）典型案例3：组合式过滤器焊缝气孔缺陷事件

2017年5月，某地特种设备检测所对西三线乌苏压气站6路组合式过滤分离器进行首次全面检验，发现SC3202和SC3203两台组合式过滤分离器出口管线角焊缝存在气孔缺陷（图1-18）。对此，作业区组织对气孔表面进行打磨处理，未能消除气孔，遂协调产品生产厂家人员到场处理，测量SC3202角焊缝

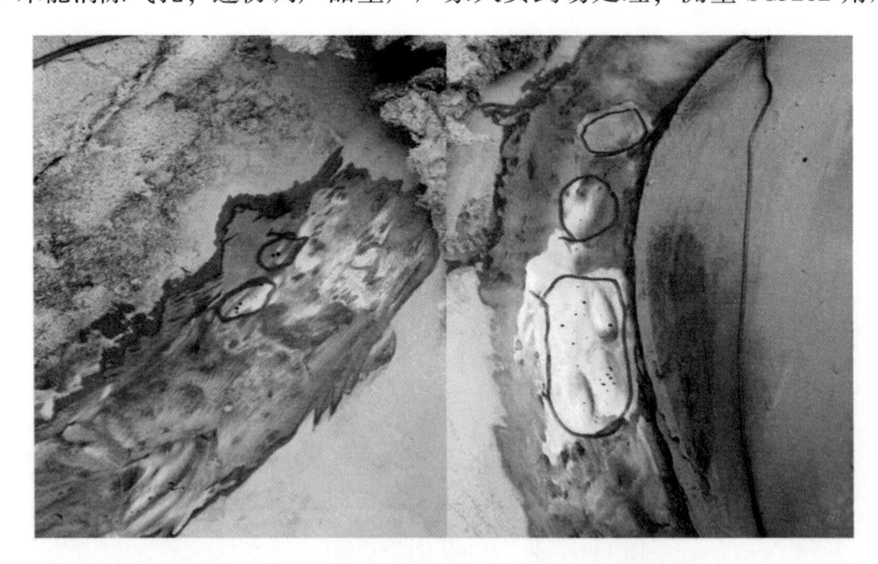

图1-18　SC3202和SC3203出口管线角焊缝气孔

（图 1-19）气孔深度 3~5mm、SC3203 角焊缝气孔深度 10~12mm。

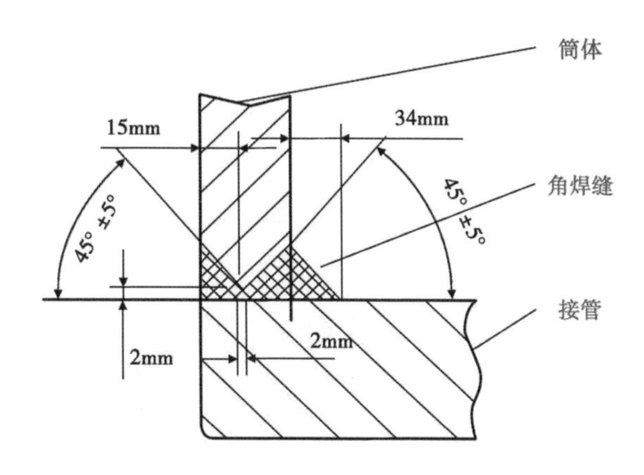

图 1-19　组合式过滤器角焊缝示意图

该产品生产公司最终对该问题进行了返修处理。返修后，特种设备检测所对返修部位做磁粉检测，出具了检测报告，确认结果合格后恢复组合式过滤分离器备用。

（马宁·加那提 整理；张海宁 审核）

（四）建议

基于以上 3 个典型案例，长输天然气管道站场对设备的耐压、密封性能要求极高，在产品加工过程中，因焊接工艺、焊缝处理、检测质量等方面的失准问题造成设备缺陷，针对以上类似问题提出以下管理建议：

（1）在设备初次投用时应严格执行分步升压、保压、检漏的步骤，并建立密封点台账，内容不但包括螺纹、法兰、卡套等部位外，还应包含焊缝检漏、阀门壳体等部位；

（2）针对试压作业，不仅要关注压力表，还要关注现场设备是否有小的渗漏现象，可能出现压力表压降小，试压合格，但依然存在小的泄漏点的可能；

（3）加强新建、改建、扩建项目驻厂监造、物资验收工作，对到货物资安排有经验和能力的员工进行细致检查验收，必要时可在现场采取一些检测手段以提高验收结果的准确性；

(4) 日常巡检工作须常抓不懈，提高站场运行人员对异响、异味等异常情况的敏感性，及时对异常情况进行分析和处置。

三、安装质量

(一) 典型问题1：站场、阀室引压管简化优化

西二线和西三线自投产以来，包括霍尔果斯压气首站在内的部分站场先后发生了引压管卡套崩脱事件，给输气生产带来了极大的安全隐患。

经组织排查发现，引压管卡套崩脱的原因主要包括制造缺陷、设计问题和安装缺陷三个方面，其中安装质量不高是主要原因。

在随后下发的《引压管卡套安装验收规程》中，明确了引压管卡套的验收、安装和检查标准，开展了大规模的整治。

(1) 拆除就地压力表，将不带就地显示功能的压力变送器改为具有就地数字显示功能的压力变送器，如图1-20和图1-21所示。

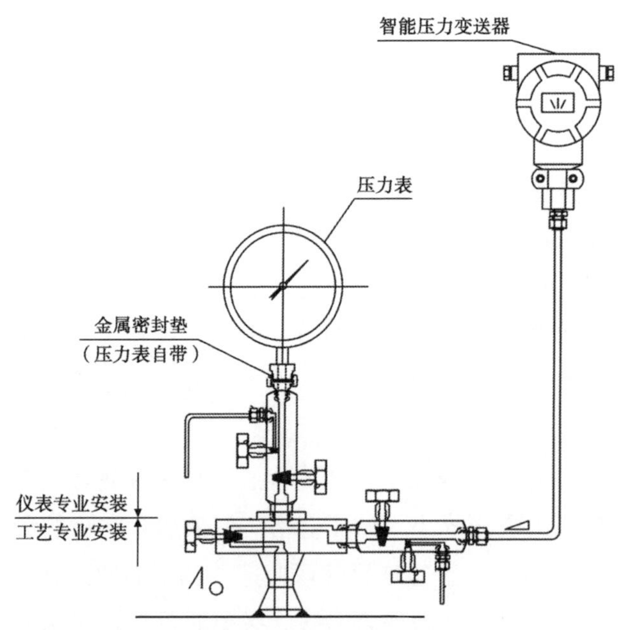

图1-20 原设计安装有就地压力表的不带就地显示功能的压力变送器

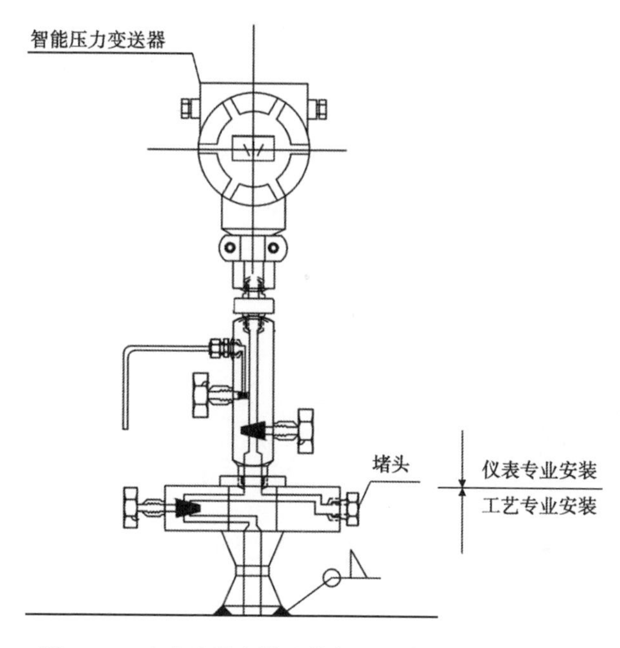

图 1-21 改造后具有就地数字显示功能的压力变送器

（2）对西二线卧式过滤器引压管优化简化改造。减小引压管长度，减少卡套数量，如图 1-22 和图 1-23 所示。

（3）对气液聚结器引压管进行优化简化改造。减少引压管长度及引压管卡套数量，取消引压管排污阀，通过针型阀进行放空，如图 1-24 所示。

通过引压管简化优化改造减少了引压管静密封点，从根本上降低了引压管卡套崩脱的风险，改造后凝析液聚结点消除，可停用并拆除引压管电伴热带、保温层、接线盒，降低现场生产运行用电损耗，降低了电伴热带故障可能造成的电火花、着火等风险。经过近 4 年的整改，问题得以彻底解决。

（杨鹏飞 整理；张海宁 审核）

（二）典型问题 2：操作平台设置不科学问题

以霍尔果斯压气首站为例，在建站之初，站场操作平台设置不合理，不能满足作业需要问题较为突出。

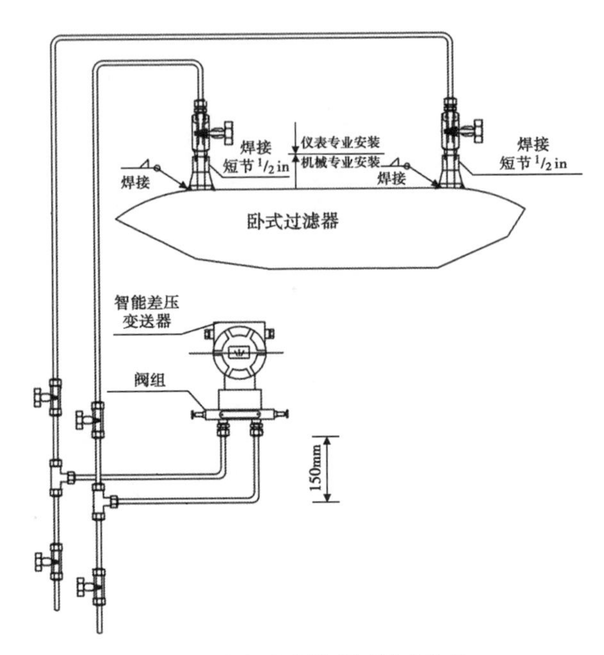

图 1-22　卧式过滤器引压管改造前

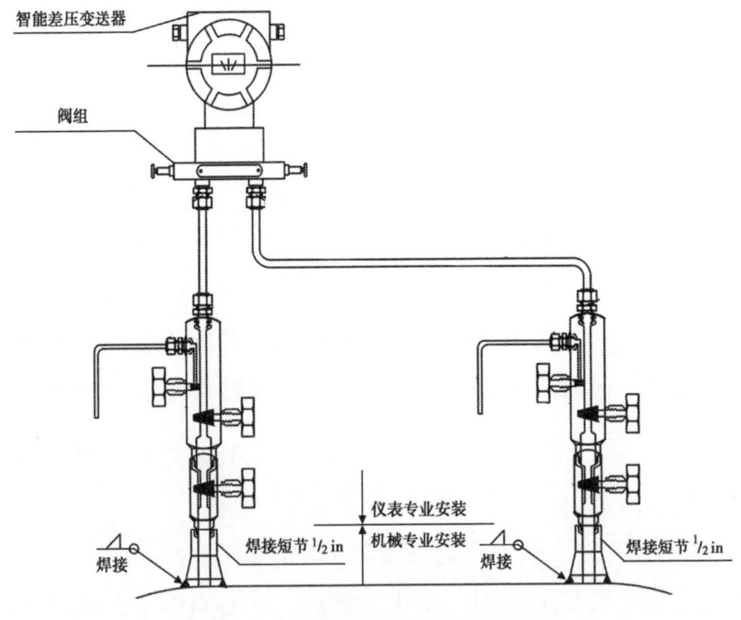

图 1-23　卧式过滤器引压管改造后

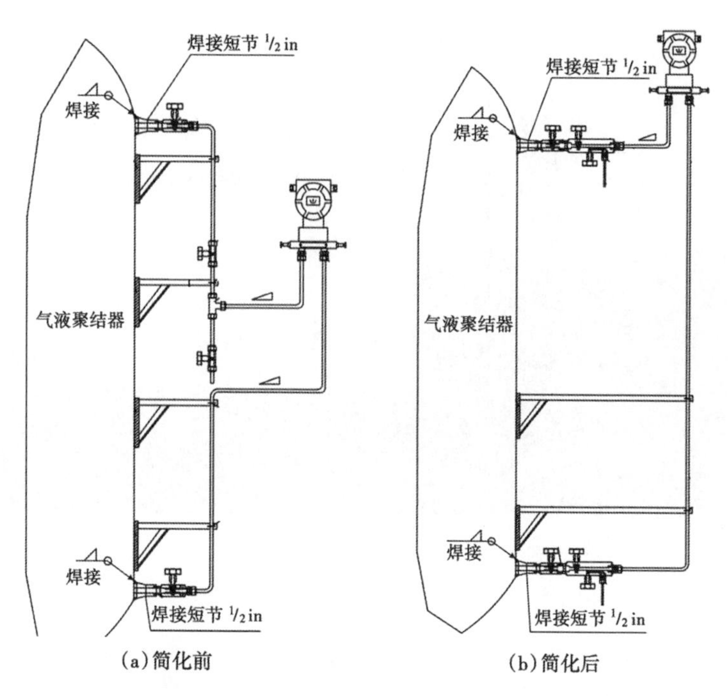

(a)简化前　　(b)简化后

图 1-24　气液聚结器引压管简化

主要表现在：

(1) 无法看清阀门限位；

(2) 不便于阀门手柄操作；

(3) 执行结构高度太高维护不便；

(4) 气液联动阀气瓶和油瓶上端拆卸、检查不便；

(5) 管线上仪表安装太高导致检定、维修不便等（图 1-25）。

以上问题的存在，部分是设计不规范问题（图 1-26），部分是平台安装施工和工艺安装不同步导致的，有些问题后续很难再整改。

针对以上问题，建议在后续站场的设计建设时，需要操作的设备高度大于 1.5m 时，应统一考虑留有余地解决操作不便的问题，对现场操作平台的安装应严格把关，严格按照有关标准设计和安装，避免后期反复整改。

（田江伟 整理；张海宁 审核）

图 1-25　高处仪表未设置操作平台

图 1-26　操作平台无踢脚板、无护栏

（三）典型问题 3：预留接头未考虑连头作业的风险因素

在站场分阶段建过程中，一般都留有预留管线并用封头封堵，中间安装球阀进行隔离；同时，会在预留管线上端留有就地压力表，以备后期新建管线的安装。

2013 年，霍尔果斯西三线一期工艺管网与二期工艺管网动火连头期间，切开预留管线封头时发现有大量管线积水。预留管线又处于低点，积水较多，导致事先开挖的作业坑无法继续开展作业，大大延迟了预定作业时间。

站场投产前，都会对站内管线进行水压试验，预留头也属于试验范围。试验完成后，由于预留口无排污口且不是高点，所以预留头内部试验用水无法排出，会存有许多积水残留在预留管线内。长时间的储存，会使管线腐蚀，阀门密封不严，甚至出现管线内部结冰情况。

对此，建议在今后管道建设中考虑在预留管线底部安装排污针阀，需要进行动火连头时，将排污针阀在内的管段切割即可。

（田江伟 整理；张海宁 审核）

四、运行管理

（一）典型问题 1：二次收球流程的实践应用

在输气管道清管以及内检测作业收球过程中，由于管道输气量较大，SY/T 5922—2012《天然气管道运行规范》要求清管过程中清管器运行速度不宜超过 5m/s，高速前进的清管器对收球筒及附属设施会造成损伤。据了解，为降低收球风险，最常见的方法是提前在收球筒装好 1～2 个废旧轮胎或者其他物体，作为清管器的缓冲物，削弱撞击破坏。但其在收球筒内放置位置不固定，缓冲作用有限。

为提高收球作业的安全性和可靠性，减少员工劳动强度，提出了二次收球的方法。进站阀、收球筒前后阀门全部开启，在清管器到达进站三通后，通过缓慢关闭进站球阀的开度，以此降低清管器进入收球筒的速度。具体清管流程如图 1-27 所示。

（1）清管器进站时收球筒线路各主阀处于全开状态，避免清管器进入收球筒时流速过快；

（2）清管器停在清管三通附近，缓慢关收球筒侧进站主阀（阀门关度一

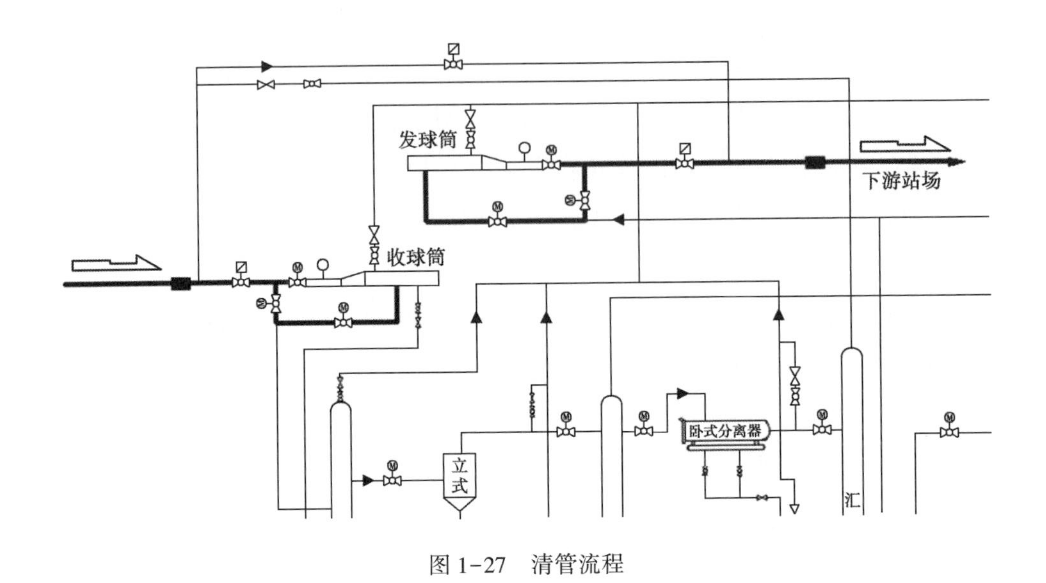

图 1-27　清管流程

般不大于 50%），增加清管器上下游的压差，待清管器进筒后，再全开收球筒侧进站主阀；

（3）关闭收球筒入口阀和出气阀，对收球筒进行隔离；

（4）进行排污、放空、氮气置换及取球作业。

相比“一次收球”方法，“二次收球”的方法无须在收球筒内装入任何缓冲物，通过操作流程的优化，仅在清管器到达收球站前，导通流程即可，降低了作业风险及劳动强度。

（卢东林 整理；张海宁 审核）

（二）典型问题 2：西二线和西三线空压机控制系统整合优化

西二线和西三线先后合并建站，在西三线建设期间，未统一考虑西二线已有设备的整合优化。如西二线某站安装有 2 台阿特拉斯 ZT110P-10 空气压缩机两台，配有 20m^3 储气罐两座；西三线安装同型号空气压缩机 4 台，储气罐 3 座，两个空气压缩机组储气罐出口通过一条管道连接在一起互为备用，但是西二线和西三线空气压缩机各自使用 1 套控制系统，分别控制所属空气压缩机运行。

按照目前空气压缩机的运行方式，西二线和西三线空气压缩机组为独立运行，仅通过管道联合在一起运行，各自主机的使用率很低，整个空气压缩机群组的利用效率不高。

考虑到西三线空气压缩机已经实现 A、B、C、D 共 4 台空气压缩机联合运行，通过改造将西二线的两台空气压缩机组的启动、停止、主辅备的控制点接入西三线控制箱 PLC 内，按照顺序设置 1 台主机、2 台辅机、3 台备机，顺序循环作为主辅备机，这样既可以满足现场仪表风供应，同时提高了空气压缩机组的利用率。

（杨长杰 整理；张海宁 审核）

（三）典型问题 3：过滤器冰堵

2011 年 6 月 10—11 日，西二线某压气站卧式过滤器前后压差持续增大，尤其第 3 路、第 4 路、第 5 路过滤器压差出现超量程。同时，运行中的 1#压缩机进口过滤器短接压差持续上升，并超过 50kPa 报警值。而且 3 台机组的干气密封过滤器压差也同时高报警。

判断过滤器发生冰堵后，并初步采取处理措施：一是增加投用备用路卧式过滤器，减缓在用过滤器的运行负荷；二是将 1#压缩机防喘阀切换到手动模式，保持一定的开度，将压缩机出口热气引至卧式过滤器进口进行化冰；三是将站内循环阀 FV4001 保持一定的开度，将压缩机出口热气引至压缩机进口滤芯进行化冰；四是根据卧式过滤器压差，进行不间断排污。

在采取初步措施后，各过滤器压差暂时有所下降，但整体压差仍然呈现上涨趋势。该站遂采取注甲醇缓解冰堵的方式，从 1202 阀后的就地压力表 PI1202 进行注醇，于 6 月 13 日开始注醇 36L/h。

随后选择压差最高的第 4 路卧式过滤器，对其放空、排污、氮气置换后打开过滤器盲板检查（图 1-28）。发现冰堵严重，杂质较多，过滤器已经变形，且过滤器已经被杂质塞满，失去过滤功能，对其滤芯更换后投用恢复正常。根据第 4 路过滤芯冰堵情况，更换了其他所有卧式过滤器滤芯。

通过分析气质工况发现，天然气在霍尔果斯压气首站时的水露点较低，但

图 1-28　第 4 路卧式过滤器滤芯冰堵情况

是到精河站水露点明显上升（表 1-1）。分析认为果子沟段管线中在冬季存在水合物，随着地温及输气温度回升，水合物逐步分解出游离水进入天然气中。因该站上游站场为全越站流程，天然气中携带的水直接到该压气站，同时，天然气温度因长距离输送而逐渐降低，过滤分离器滤芯产生的节流作用使得水析出产生水合物附着在滤芯上堵塞滤网，发生冰堵。

表 1-1　发生冰堵上游站场工艺参数

场站	环境温度（℃）	介质温度（℃）	介质压力（MPa）	水露点（℃）
霍尔果斯压气首站	30	44	11.32	-12.2
精河场站	35	23.1	10.84	18.8
乌苏场站	36.5	15.85	10.29	20.8
玛纳斯场站	30	13.9	10.23	18.4

该问题发生于西二线霍尔果斯压气首站压缩机正式投用后的次年，干线内工艺气温度明显上升，前期管道内存在的水合物逐渐分解并被带至下游站场，所以对于新投产不久的管道，运行期间需要关注：

（1）对水露点、过滤器压差和液位等参数做好跟踪监控，发现有异常上升趋势，立刻采取过滤器排污等措施；

（2）投产初期，需要重视注醇橇、甲醇、过滤器滤芯等应急物资的定额储备；

（3）组织场站冰堵应急演练是很有必要的，提高人员冰堵应急处理能力；

（4）工程施工期间，应着重关注干线、站内管道清管及吹扫结果，管道内残余水分会给日后正常投产运行带来较大麻烦。

（赵吉龙 整理；张海宁 审核）

（四）典型问题 4：Shafer 气液联动阀误动作

投产初期，Shafer 气液联动阀误关断事件发生频次较高，对安全生产造成一定影响，仅 2012 年就发生 3 起 Shafer 气液联动阀误关断事件。分析发现这些事件有几个共同特点：（1）误动作阀门均为出站 ESD 阀 1301，执行机构为 Shafer 气液联动结构；（2）误动作均发生在对执行机构储气罐充压过程中；（3）充压前复位手柄（图 1-29 和图 1-30 中常关电磁阀）均已起跳。

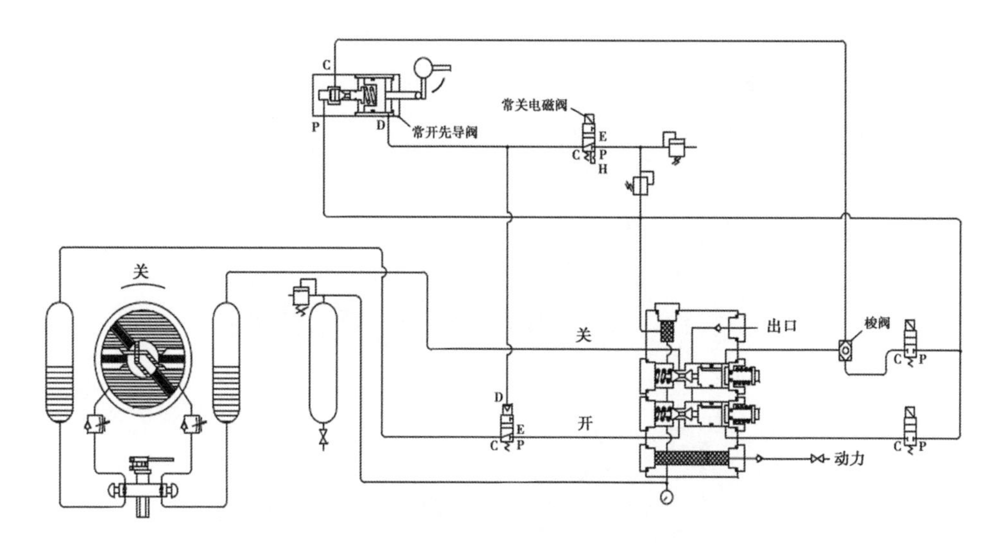

图 1-29 出站 ESD 阀 3101 执行机构原理图

带自锁功能的二位三通常关电磁阀阀门正常工作时该电磁阀带电，红色复位手柄（图 1-31）方向向下。常开先导阀正常工作时该阀阀芯被动力气压紧，进出口 P 和 C 不通。

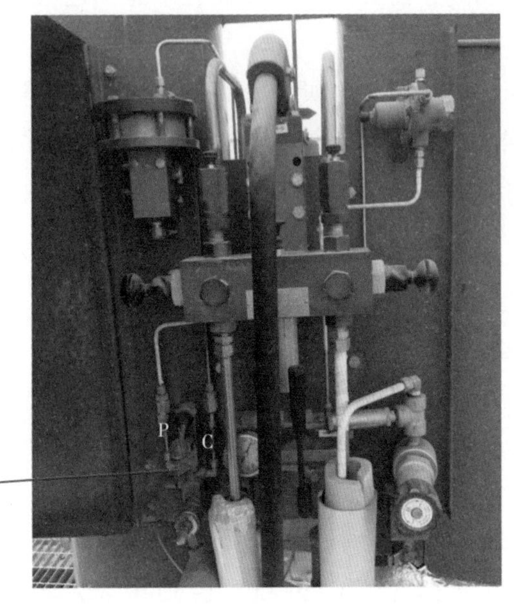

图 1-30　出站 ESD 阀 3101 执行机构实物图

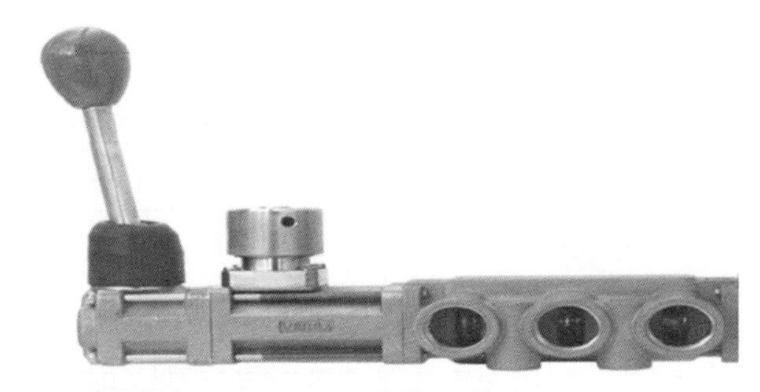

(a)手动复位开关外观

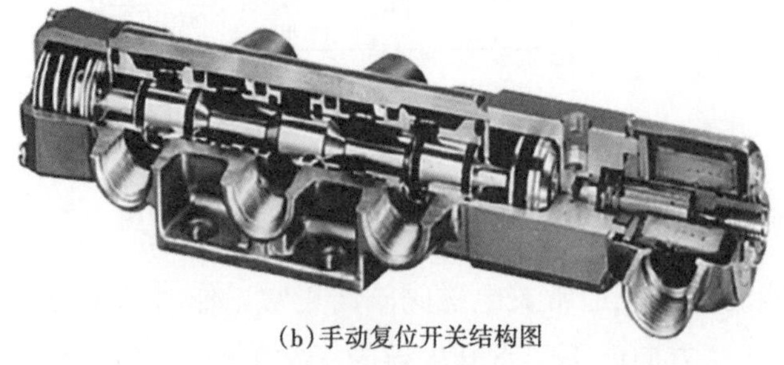

(b)手动复位开关结构图

图 1-31　复位手柄结构图

当红色手柄起跳后，原来作用在常开先导阀阀芯上的先导气消失，在阀芯弹簧力作用下，阀芯打开，进出口P和C导通，先导气沿着管路到达梭阀，然后导通关阀气路，阀门执行关闭动作。

通过对常关电磁阀结构的研究可知，复位手柄起跳有两种原因：一是电磁阀失电；二是动力气压力不足，同时电磁阀内弹簧受到振动。对三起事件调查分析，并对电磁阀进行测试排除了第一种情况，根据该阀资料可知，当动力气压力低于150psi时，动力气提供的力无法克服弹簧弹力，在充压过程中，气流速度较快，造成弹簧振动，如果此时没有手动按压复位手柄，手柄就可能起跳，进而导通关阀气路，阀门关闭。

进一步分析，其中一起事件是在充压过程中，操作人员没有按压手柄；另外两起事件是充压时，未充到一定压力就松开了手柄。调查发现部分操作人员不了解如何操作，也不清楚在充压过程中有哪些风险，操作规程中没有明确如何正确充压。

鉴于上述原因，建议从以下几个方面进行预防及管控，防止类似事件再次发生：

（1）所有关键设备，在投用前应当编制操作规程，对操作关键环节步骤进行明确，对可能存在的误操作风险进行识别；

（2）开展关键设备操作培训是非常必要的，确保操作人员熟练掌握操作步骤；

（3）连续发生数起类似事件，说明举一反三工作的及时性和重要性，各公司应通过内部开展安全经验分享，提高员工的操作、作业风险意识。

（杨鹏飞 整理；张海宁 审核）

（五）典型问题5：硫化亚铁自燃

2010年11月29日，西二线某站进行一期和二期管线（管径1000mm，壁厚26mm）动火连头作业。作业前通过1304旁通短节对该管线进行氮气置换，置换检测合格后，保持管线氮气压力0.1MPa。11时55分，一期管线盲端带压开孔作业完成，检测开孔排污管处的可燃气体含量为1.1%LEL。13时05分，该管线割管作业完成，切除的管线盲段吊出后发生硫铁化合物自燃（图1-32）。检测人员立即对切开管线进行可燃气含量检测，检测结果为0%LEL。

图1-32 西二线某站硫化亚铁自燃

硫化亚铁自燃是指在环境条件下依靠自身的氧化反应积累热量和活化分子，由于热的不平衡从而自行加速反应，最后导致燃烧。天然气输送管道内的含硫物质与管道发生电化学、化学腐蚀产生硫化亚铁，极易在管线清管、维检修等管线打开作业时产生自燃现象，给现场作业带来极大的安全风险。

根据Semenov模型测算硫化亚铁（FeS）自燃的延滞时间（延滞时间是指体系内的物质在满足着火条件下，由反应开始经过热积累达到着火时所需的时间），环境温度越高，硫化亚铁自燃延滞时间越短，自燃时间越快。因此，天然气站场进行清管等管线打开作业时，建议在环境温度较低时进行，且须在一定的时间内（自燃延滞时间）完成自燃风险排除工作。根据不同粒径大小反应最大温升速率分析结果可知，平均温升不能超过6℃/min，否则将引发硫化亚铁自燃风险。

根据以上分析，提出以下几点建议：

（1）加强管线打开作业管控。针对动火连头、过滤器维护保养、收发球作业等管线打开作业，作业前进行充分的风险识别，制订规范作业票卡证并严格执行落实，作业时保证氮气置换合格，尽量保持管线内微正压，防止空气倒流引入管线。同时，在打开盲板时要喷洒少量清水降低环境温度，防止硫化亚铁自燃。

（2）增强员工安全意识。充分识别硫化亚铁对安全生产的风险，通过安全经验分享等方式提高员工对硫化亚铁自燃危害的认识，掌握防止硫化亚铁自燃的措施。

（3）开展专项应急处置演练。开展站场着火爆炸应急演练，掌握发生突发事件时的应急处置措施。作业前针对性开展硫化亚铁自燃应急处置演练，提高员工应急能力，增强综合素质。

（刘明勇　整理；张海宁　审核）

（六）典型问题 6：阶梯降压方式降低干线放空量

2018 年 5 月 22—30 日期间，西三线某相邻阀室开展动火作业对阀室旁通管线内漏阀门进行更换。在动火作业前，整个工艺调整中，利用压缩机组阶梯降压的运行方式减少干线放空量，产生了较大的经济、环境和安全效益。

以相邻两个阀室降压放空为例，传统的管段降压通常采用单站降压方式，如图 1-33 所示。

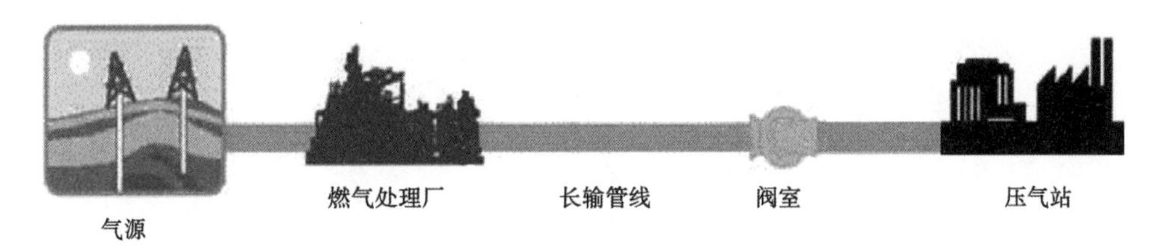

图 1-33　传统管段降压示意图

上游阀室截断阀全关后，下游站场启机对上游阀室—压气站管段进行降压，因离心式压缩机压缩比不得大于 1.7 的限制，在出站压力稳定在 11MPa 的条件下，该压气站进站压力最低可降至约 6.5MPa。

压气站进站压力降至6.5MPa时全关动火管段下游阀室截断阀，从上游阀室对隔离管段进行放空，计算可得24km管段的放空量约为$196\times10^4m^3$，放空损耗共计约为400万元。

阶梯降压打破传统单站降压方式，首次从天然气长输管道全线的高度上，利用压缩机运行特性，通过上下游站场压缩机逐级阶梯降压方式（图1-34），在保障合理管存和压缩机压比的前提下，大幅降低上游管存和放空压力。

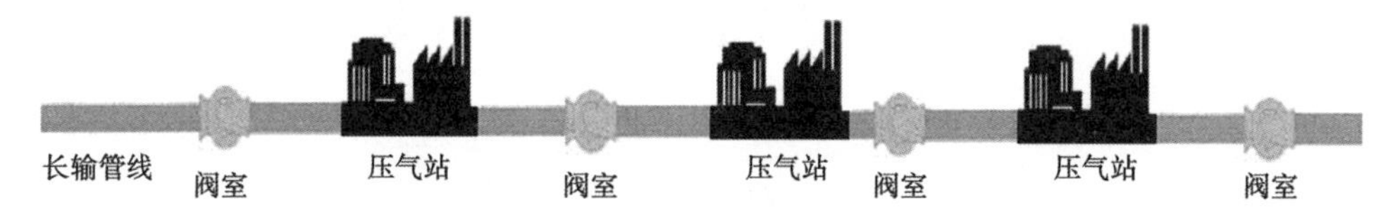

图1-34　天然气长输管道压缩机逐级阶梯降压示意图

通过利用压缩机单机组流量特性，合理匹配上下游站场压缩机启机数量，实现下游干线阶梯降压，从而达成最大限度降低上游管段压力的目的。

在实际操作中，为确保压缩机防喘裕量始终不超过10%，在导通站内循环流程后，压缩机有用功效率逐级降低，抽取上游管存能力也随之降低，但单台机组$120\times10^4m^3/h$的处理能力无变化，在尽量缩短工艺处置时间的原则下，将进站压力降至4.0MPa时即可停止降压（图1-35）。

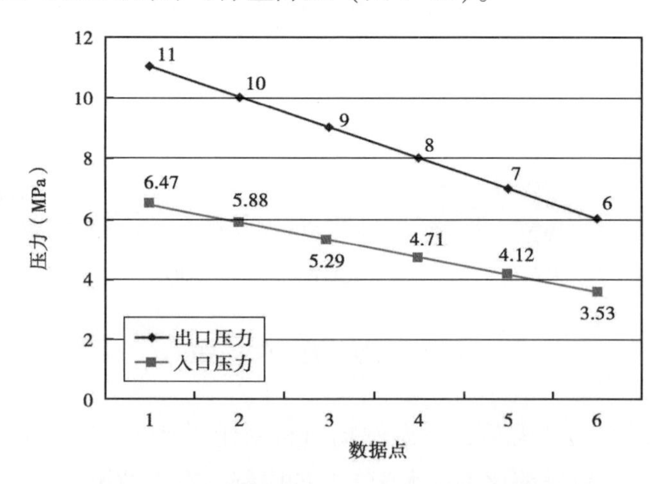

图1-35　阶梯降压方式下压气站进出口压降对照

通过下游多个站场协同处置，24km 管段的实际放空量为 $133\times10^4m^3$，较传统降压方式减少天然气放空量逾 $60\times10^4m^3$，减少放空损耗近 120 万元。

西部管道公司集中动火作业前的工艺调整中，通过采用该方法，仅 2018 年 5 月集中动火作业就减少 $500\times10^4m^3$ 天然气的放空量。降低管线放空压力后，也同步缩短管线放空所需时间约 6h，增加后续动火作业的有效作业时间。

因放空量的大幅减少，也极大地降低了因天然气这一温室气体冷放空排入大气对环境和周边群众生产生活的影响，该方式值得在长输管道干线放空作业中进行推广应用。

（张函 整理；张海宁 审核）

（七）典型问题 7：站内管道检测推动缺陷焊缝排查治理

自站内埋地管道焊缝检测工作推行以来，霍尔果斯压气首站结合现场管道安装布局情况，合理制订检测计划，采取超声、磁粉、相控阵等多种检测方式，检测效果显著。发现并解决了多项问题隐患，包括焊缝缺陷、直管段 3PE 防腐层破损、埋地三通及弯头防腐施工质量差、阀门袖管纵焊缝表面裂纹等问题：

（1）2018 年 7 月 17 日 11 时 06 分，霍尔果斯压气站开展站内管道焊缝检测时，发现西二线 4#压缩机进口三通（p = 12MPa DN1200mm×900mm WPHY-80）与 4#压缩机进口管段的焊缝存在漏气（图 1-36）。作业区立即启动Ⅳ级应急响应，停运西二线霍尔果斯压气首站压缩机组，对工艺区天然气进行放空抢险，7 月 20 日 8 时 55 分，西二线霍尔果斯压气首站恢复正常运行。

图 1-36 西二线霍尔果斯压气首站 4#压缩机进口三通焊缝缺陷

（2）埋地管道 3PE 防腐层底部破损：4501 阀门上游 20m 埋地管道底部 3PE 防腐层碎裂、脱落（图 1-37 和图 1-38）。经中国特种设备检测研究院检测该段埋地管道表面为均匀腐蚀，且腐蚀深度不影响正常运行。随后组织对此段管道进行了喷砂除锈、刷无溶剂环氧涂料、缠冷缠带防腐恢复等措施。

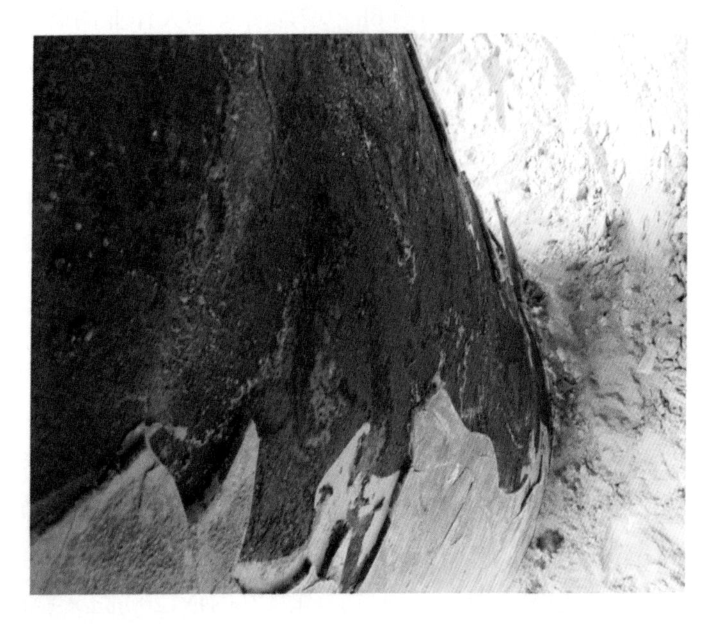

图 1-37　某站 4501 阀门上游埋地管道底部 3PE 防腐层破损（一）

（3）埋地三通、弯头部位冷缠带施工质量问题：压缩机进出口、空冷器进出口埋地弯头、三通冷缠带施工质量差（图 1-39），且冷缠带内层薄膜未拆除，影响冷缠带的黏结性能。针对此问题，已对该站所有埋地三通、弯头进行了喷砂除锈，并使用黏弹体、冷缠带进行了重新防腐。

（4）西三线个别阀门自带袖管纵焊缝表面存在轻微裂纹：西三线个别阀门自带袖管纵焊缝存在表面裂纹的现象（图 1-40），经过轻微打磨后裂纹消除。

结合检测问题合理优化站内管道检测工作，提出如下改进建议：

（1）合理优化检测方案，选取部分埋地直管道、弯头进行抽检，检查 3PE 防腐层完好情况。

图 1-38　某站 4501 阀门上游埋地管道底部 3PE 防腐层破损（二）

图 1-39　某站埋地管道冷缠带施工质量问题

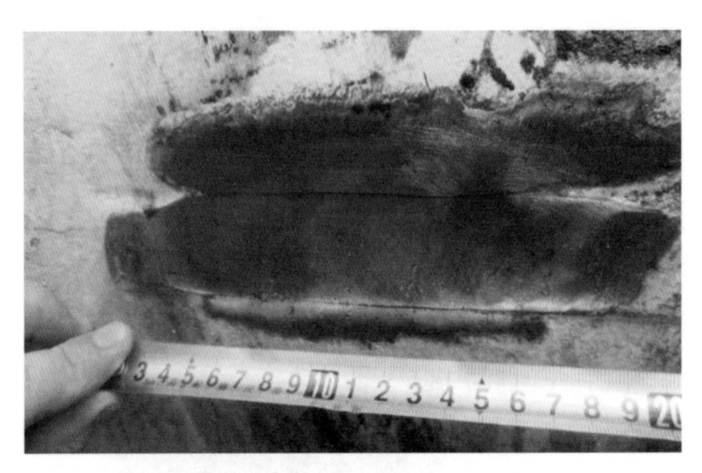

图 1-40　某阀门袖管纵焊缝表面裂纹

（2）结合现场实际情况，识别管径小、施工难度大、风险较高的位置，委托第三方进行阀池建设设计，考虑一次投资，方便后期多次检测。

（3）虽然目前按照相关规范要求开展站内管道检测，例如《站内工艺管道检测与评价规程》明确了检测周期、方法、内容。全面检验周期一般不超过9年，主要以一定比例抽检为主，短时间内无法确定每条焊缝的完好性，但是从西部管道公司站内管道检测成果来看，全面排查焊缝质量对于保障输油气安全生产至关重要，值得继续推广实施。

（张强德 整理；张海宁 审核）

（八）典型问题8：分输用户气源冗余优化

随着国民经济的发展和输气管道的建设，越来越多的城镇居民、工矿企业开始使用天然气这一清洁能源。以独山子输油气分公司为例，截至2019年1月，该分公司所辖天然气站场和阀室共有9个分输用户，其中霍尔果斯（伊宁与兵团）、精河（博乐新捷）与乌苏（宏江燃气）的4个分输用户均从西二线站场站内气液聚结器出口汇管处取气，若西二线上游进站管线出现泄漏等不可预见的紧急情况需截断进站管线时，因分输管线未与西三线站内管线联通，站内将中断向下游用户供气，会严重影响下游的工业生产与居民生活，对公司乃至中国石油天然气集团有限公司造成负面影响。

在7·17西二线霍尔果斯压气首站4#压缩机组进口管线与汇管连接三通处焊缝泄漏处置过程中，因现场应急处置需要暂时中断伊宁分输供气，此次事件引起当地政府及自治区高度关注。

为彻底解决分输用户单一气源问题，积极开展了分输双气源改造项目，通过联通西二线与西三线站场管线，提高分输用户供气冗余。

目前，各站可通过进站与出站设置的跨接阀门（霍尔果斯无进站跨接）1601/1602的开关实现西二线、西三线干线管道间的连通或隔离，实现管道系统的联合运行及独立运行功能，各站的西三线压缩机组进口管汇和出口汇管与西二线压缩机组进口管汇和出口汇管连通，西三线与西二线站场压缩机组也可通过机组进口管汇和出口汇管上的联络阀实现联合运行及互为备用功能（图1-41），但在全站停运时，仍然无法满足为下游分输用户正常供气的要求。

经对站场现有的工艺管线进行分析，在尽量减少改造施工工程量及缩短施工周期确保下游用户供气安全的前提下，将分输用户供气管线与已停用拆除的

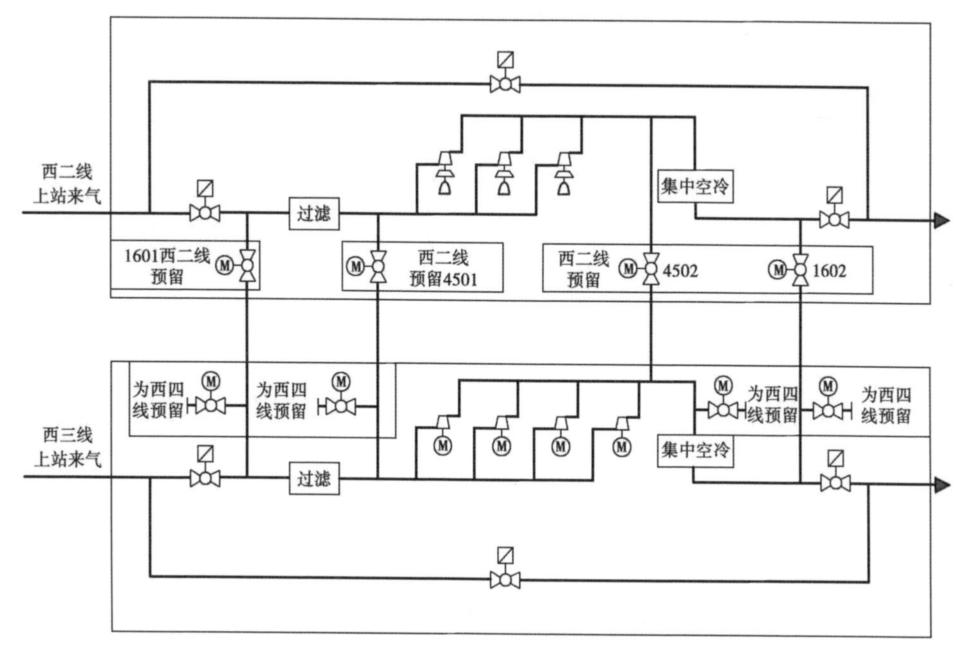

图1-41　精河压气站跨接及共用备机流程示意图

气水换热器入口管线截断阀（7104）相连（7104 阀与站内越站管线相连），可实现分输供气的西二线和西三线互联互通。

在正常输气工况下，分输用户的供气流程为：上游来气→过滤分离→2006阀→分输橇（计量/调压）→分输用户门站。在西二线出现事故无法通过西二线站场进行分输供气时，分输用户的供气流程为：上游来气→越站旁通→7104阀→新增联络管线→分输橇（计量/调压）→分输用户门站。

该项改造工程具有改造施工工程量少、施工工期短且改造作业不影响分输用户正常输气的优点，目前部分压气站分输管线已完成改造，为应急情况下的分输保供增加了可靠的保障。后期新建及改造项目可以参照类似做法，统筹考虑下游民生用气问题，提高下游民用气的可靠性。

（张函 整理；张海宁 审核）

第二节　压 缩 机

通过对 10 年运维实践中的典型异常问题梳理分析，发现压缩机问题主要基本集中在设计、产品质量、安装质量、运维管理质量等 4 个方面。

一、设计方面

设计问题主要体现在设计产品本身，设备设计与现场实际工况运行存在不匹配、欠缺等因素。设备本体保护不足、结构不合理、逻辑控制存在漏洞等设计不完善导致的设备运行不稳定，在输气站场运行中屡有发生，成为影响压缩机安全平稳运行的主要原因。

（一）典型问题 1：霍尔果斯压气站压缩机组干气密封系统改造工程制氮设备技术

离心压缩机轴端密封采用了干气密封。压缩机组串联式干气密封二级密封没有独立的供气系统，需要依靠控制一级泄放压力保证二级密封稳定的工作干气，在停车和异常工况，多次出现二级密封因工作压力不足而出现严重磨损破裂的故障，在一级密封失效后，极易导致天然气大量泄漏，存在极大的安全隐患。

通过对干气密封系统组成及功能、检测系统研究并结合干气密封运行检修情况，发现现役压缩机干气密封系统存在以下问题：

（1）二级密封的工作气源为一级密封的泄漏气体。二级密封无独立供气源，二级密封端面稳定压差的建立和密封气来源完全依靠一级密封，这对二级密封来说是极大的隐患，使二级密封可靠性大幅降低。

（2）干气密封系统的二级放空无监测监控装置，只能在一级密封极端失效的情况下做出反应，不利于用户在二级密封出现故障时立刻做出反应。

（3）二级密封隔离气为大流量的压缩空气，二级泄漏气为天然气与空气的混合气，虽然加大了隔离气的进气量来避开天然气的爆炸极限，但是大流量的隔离气并不能获得很好的隔离油雾效果，可能导会致润滑油雾进入干气密封。

利用现有站场仪表风系统，通过变压吸附制氮设备制取干气密封所需品质的氮气，使用氮气为密封气源，增加干气密封二级独立密封气；改进压缩机组三级隔离气系统，使用氮气作为三级隔离气气源，彻底消除空气与天然气混合带来的着火、爆炸隐患。为避免干气密封系统一级和二级密封同时失效后天然气矿物油反串现象的发生，在矿物油箱增设放空管线。

利用场站现有的仪表风气源，在霍尔果斯压气首站增加2套变压吸附制氮设备（NGS）产生连续稳定的氮气（图1-42），且单套满足4台压缩机组干气

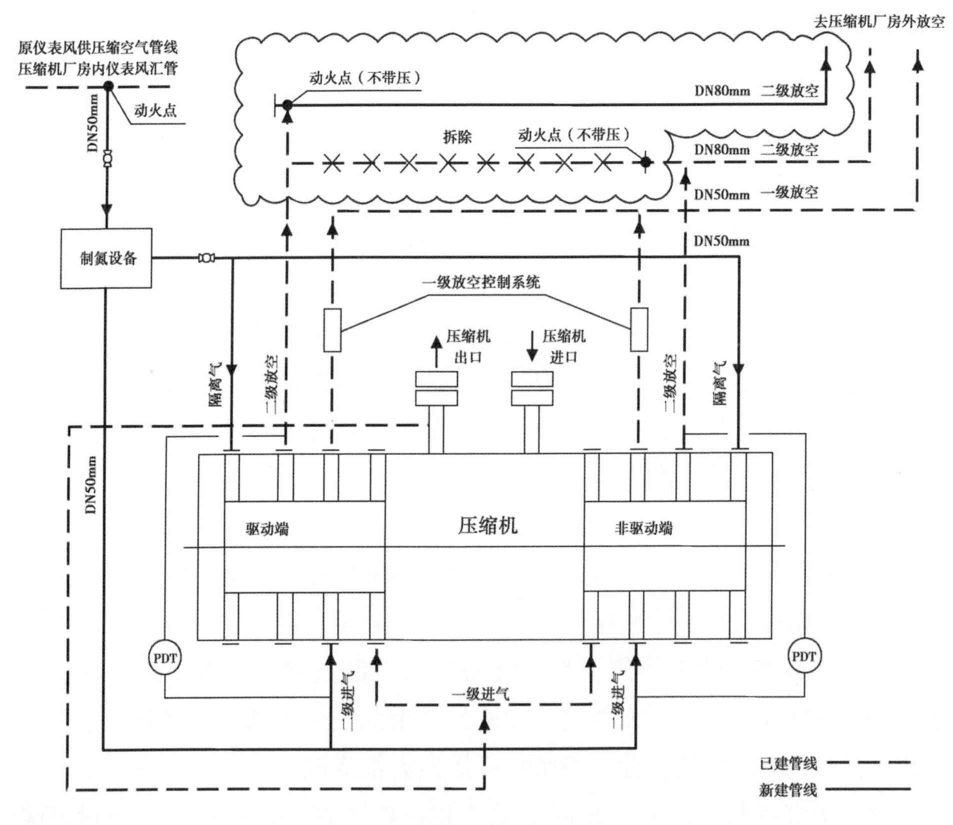

图1-42　干气密封系统改造方案示意图

密封需求。氮气产量 400m^3/h，压力 0.85MPa（表压），纯度≥99.5%，氮气常压露点为-45℃，压缩空气供气量应不低于 900m^3/h。

霍尔果斯压气站 8 台 GE 机组通过干气密封独立氮气供给改造工程，解决二级干气密封气量不足问题，采用单独密封，避免一级密封和二级密封同时失效，天然气反窜至矿物油箱的风险，对二级密封泄漏情况利用压差进行监控，提高二级密封可靠性。并将隔离气采用氮气隔离，避免二级密封泄漏气与空气混合，从本质安全上消除天然气与空气混合的爆炸工况。

（曾令山 整理；葛建刚 审核）

（二）典型问题 2：压缩机进口滤网压差高分析及改进

2016 年底，GE 压缩机在投产测试期间，反复出现压缩机进口滤网压差高的问题，经多次对滤网清理仍然不能起到有效作用。与此同时，某管道公司发生了入口相同型号的滤筒变形脱落，导致压缩机转子损坏的事件。现场通过对在用滤网的参数进行测量，发现该滤筒在设计阶段存在不合理的地方。

锥形滤筒中安装有 4 条筋板，筋板宽度均为 70mm，1 片节流孔板，内径为 419mm。经与其他滤筒设计相比较，可以发现该滤筒的节流孔板直径明显小于短节内径，且其筋板布置极为密集，对流体会产生较大的节流效应。

分别在 9MPa 和 10MPa 的压力下，绘制出不同流量对应的过滤器压差曲线如图 1-43 所示。

从图 1-43 中可以看出，压缩机进口压力为 9MPa，平均流量为 150×10^{4}m^3/h，进口滤网理论压差为：192.67kPa，其中由节流孔板产生的压差为 55.47kPa，由筋板导致滤筒流量分布不均后滤筒本体产生的压差为 137.2kPa。

经过对比分析，发现滤筒主要存在如下问题：

（1）过滤器的主要作用是用来抵挡输送介质中较大尺寸的杂质，该滤筒的设计方式因筋板及节流孔板产生的存在，导致额外产生的压差为普通滤筒的 2 倍左右，对滤筒的正常工作产生了较大的负面影响。

（2）从滤筒的流量分布来看，节流孔板与最近的筋板之间的滤筒面积占总滤筒的 30.5%左右，因筋板过于密集却承担着输送总流量的 48%。这使得滤

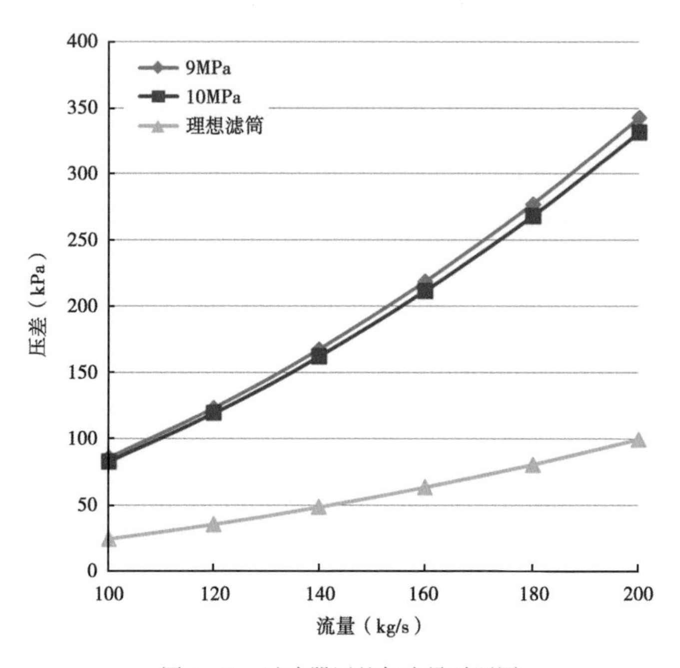

图 1-43　过滤器压差与流量对照图

筒的工作流通面不能均匀分配，甚至出现严重分布不均，进而导致滤筒本体压差增加。

（3）该滤筒设计为单层锥形滤网，未采取增大滤网面积的措施，这样使滤网的容尘能力大大降低，一旦滤网上出现不能通过的杂质，该滤筒的有效流通面积将快速减少，滤网压差会明显上升，滤网的容尘能力低是主要原因。

（4）节流孔板和筋板的主要作用在于加固滤网结构，防止滤网在较大压差情况下被压溃，基于此理念，设计人员在滤网中增加了过多的筋板反而造成负面影响。

通过增加筋板厚度同样可以实现滤网结构加固的目的。设计人员可以通过计算安装 1 片厚度合适的筋板即可，对于新投产机组入口滤筒检查工作务必引起重视，如此可有效防止滤筒压差过大或零部件脱落造成机组故障的问题，建议滤筒改造可以优先采用应用成熟的规格。

（赵吉龙 整理；葛建刚 审核）

(三) 典型问题 3：变频室外部风机改造

厂房通风冷却的 9 台轴流风机自 2016 年 12 月投产运行。多台轴流风机叶轮与轮毂连接处出现不同程度的裂缝。电动机固定不够牢固，在使用一段时间后用于固定电动机的顶丝出现松动，振动现象较为明显。电动机固定方式不方便检修，并且轴流风机风口位置设计不合理，在冬季大雪时段，容易将雪吸入厂房内部。

经过对现场轴流风机使用情况的了解，深刻的问题分析，问题归结于以下两个方面：第一，电动机固定方式设计不合理，不能达到预期的电机固定目标，是导致叶轮及电动机损坏的主要原因，风机叶片普通钢材质，相对密度较大；叶片采用焊接方式固定在轮毂上，焊接工艺粗糙，容易产生应力；轮毂强度不够，在叶片、螺栓安装部位产生裂纹；叶片叶形精度较差，容易出现不平衡；第二，进风口位置设计不当，是导致雪进入厂房的主要原因，导致风机过负荷运行。

重新设计风机叶轮（图 1-44），尽量避免叶轮焊接安装、重量轻、强度高的要求。采取的措施包括选用轻质材料、选用精度较高材质的叶轮、叶轮与轮毂连接采用螺栓，便于检修等。重新设计的风机采用新型的铝合金叶轮，减少功率消耗以及对电动机支撑、轴承产生的载荷；叶轮采用螺栓连接，避免了焊接导致的轮毂材质刚性变化的问题，而且检修方便；防腐性能好，维护工作量少等。

图 1-44　改造前后风机叶轮现场安装效果

对风机入口通道进行改造，达到减少滤网表面吸附的雪或者其他异物的目的。采取的措施是将侧进风改为下进风、下进风口周围增加防雪遮挡。

将原先45°防雪罩拆除，加装90°防雪罩，将侧进风改为下进风，防止异物被吸入（图1-45）。此次整改仅改动进风方向，风机风量并未发生变化，不会影响隔离变压器进风量。

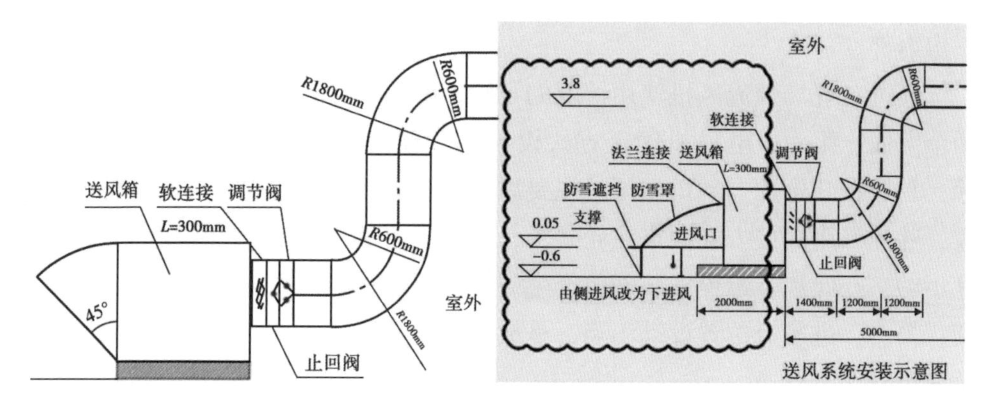

图1-45　风机防雪罩改造前后设计图

天然气压缩机站场是一个综合系统，辅助系统服务于核心压缩机设备，其运行状态直接影响到了压缩机的正常安全运行。对辅助系统的管理，需与核心设备按照同寿命周期理念进行管理，在工程建设中，对其压缩机配套的辅助设备需要高度重视，不能因小失大，只有保证了辅助系统的本体质量，才能确保核心设备的平稳安全。此外，应当从设备的简化优化入手，对压缩机运行逻辑进行优化修改，在确保系统安全运行下，最大程度降低压缩机停机风险。

（曾令山 整理；葛建刚 审核）

（四）典型问题4：西二线压缩机燃料气工艺问题

西二线压缩机组燃料气工艺流程方面存在设计缺陷，西二线调压橇设计为一用一备，并且在出口处进行汇管汇合，又分为4路分别前往4台压缩机组。在西二线运行之初，曾有站场出现因压缩机燃料气系统进口阀门前温度计套管根部焊缝泄漏，导致西二线所有机组在抢修期间全部不备用的情况，若要进行泄漏点处理，必须将西二线燃料气橇进行完全放空隔离，才能进行缺陷漏点修复，大大影响了输气站场压缩机的安全平稳运行。

为此，独山子输油气分公司工艺小组积极开展问题根源分析，针对当时所辖站场的实际情况，分析出根本原因就是设计之初未考虑到单台机组进行燃料气工艺隔离时其余机组的燃料气供应问题，并且因西二线在投用时温度计套管就出现了不止3起根部焊缝缺陷的故障，所以从根源上解决此设计缺陷就显得尤为重要。

要想从根本上解决此设计缺陷，在进行充分的分析并和设计单位进行咨询之后，决定将单台机组的燃料气工艺管网进行独立分化，并在独立后增加机组耗气的单台计量功能：一是为了保证单台机组燃料气工艺管网出现问题后不影响剩余机组的正常运行；二是为了计算单台机组的日耗气量，为以后的能耗计算及各参数统计增加了实时参数保证。

对于长输管道而言，压缩机作为输气站场的“心脏和动力舱”，其安全平稳运行与否直接关系到输气站场的安全平稳运行，所以在项目设计初期，就必须考虑上文中所提及的关键性因素，切勿因单台机组的燃料气工艺缺陷影响整个站场的机组安全平稳运行。故在西三线项目施工时，就充分考虑到这点，在设计之初就将机组的燃料气工艺问题进行单台机组分化，从根源就避免了西二线改造前的缺陷隐患，以保证输气站场压缩机组的安全平稳运行。

（黄川 整理；葛建刚 审核）

（五）典型问题5：排气烟道出口设计监测孔和监测平台

部分压缩机自带的尾气检测口不满足国家相关检测标准的问题，为避免后期国家环保管理愈加规范而对分公司造成经济损失。

根据GB/T 16157—1996《固定污染源排气中颗粒物与气态污染物采样方法》、HJ/T 397—2007《固定源废弃监测技术规范》、GB 16297—1996《大气污染物综合排放标准》等国家标准，经过现场实际调研，依据国家级及行业现行有效规范要求，明确提出了进行新开废弃取样孔设计方案。

二线GE压缩机烟道变径后尺寸为4576mm×2302mm，根据公式计算其当量直径为3.063m，现场采样空间不能满足规范中距各管件下游6倍直径与上游3倍直径的要求，现取烟道变径结束部位下游方向1.5倍直径作为本工程新开采样孔位置即变径下游方向4.5m位置（图1-46）。

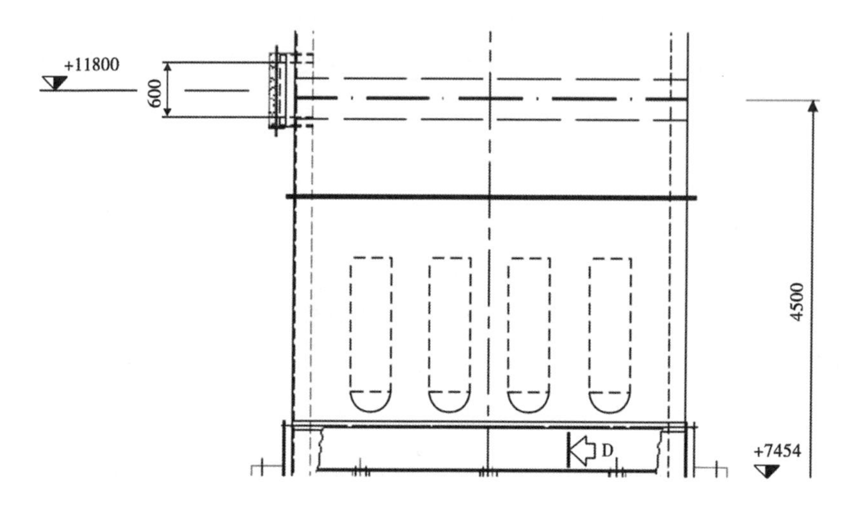

图1-46　新开孔水平高度示意图（单位：mm）

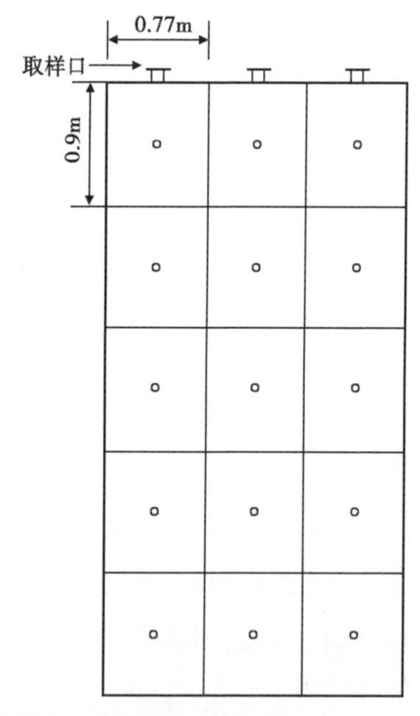

图1-47　矩形烟道断面的测定点划分

经现场调研，矩形烟道西侧与北侧均有于其余压缩机附件及平台、爬梯位置限制，无适合采样空间，故采样孔位置设置于烟道东侧与南侧。

根据GB/T 16157中对于取样孔数量的计算方式，本工程烟道测定点划分如图1-47所示。

考虑到采样设备实际尺寸，在与环境监测单位沟通后，确定采样孔尺寸为100mm。考虑到现场烟道废弃为高温300~500℃（现场人员确认），采样孔形式根据规范要求为带有闸板阀的密封采样孔。

本次对压缩机组排气道采样孔取压是对压缩机辅助系统设计缺陷按照国家标准

的改造，为西气东输四线建设规范化积累了宝贵经验。

（吾尔坎 整理；葛建刚 审核）

（六）典型问题6：燃驱压缩机组厂房在设计时应考虑余热发电问题

霍尔果斯作业区二线与三线压缩机组均为GE燃驱压缩机组，均建设了余热发电项目。自霍尔果斯余热发电项目投产以来累计发电约3.5×10^{8}kW·h，在该项目运行过程中产生的问题有以下几点：

（1）高温烟气收集管道走向排布不合理。余热发电项目高温烟气收集管线按照设计要求，选用了6m管径的管线，并用钢结构架设于10m的高空，对于建设及后期的维护带来了极大的不便。

（2）飞鸟聚居。如今，霍尔果斯作业区的二线与三线压缩机厂房北侧，预热烟气管道下方及钢结构连接处，多时已聚居了约上千只各类飞鸟，其中不乏国家保护鸟类，每日产生的鸟粪及掉落的鸟羽对下方的压缩机空气进气滤芯的安全健康运行产生较大的威胁，而且经常有被高温烫伤/烫死的飞鸟坠落，于生态保护不利。

（3）高空坠物。由于维护保养不便，所以维护保养次数较少，导致余热烟气管线的保温层铁皮部分出现链接不牢等现象，经常在大风天气的情况下，产生高空坠物，存在极大的安全隐患。

（4）噪声危害。电厂发电完成后，会持续排放多余尾气，这会产生较大的噪声，大约为95dB；另外，如果发生电厂设备跳机时更是会剧烈排气，噪声甚至会超过120dB。噪声污染严重。

（5）电厂排放污染。霍尔果斯作业区由于地形、风向等原因，会将电厂排出的蒸汽聚集在该地区，使局部地区空气湿度增大，影响设备防腐，并在个别时期在局部地区产生浓雾，影响压缩机空气滤芯的气体通过率，进而影响压缩机平稳运行。

由于GE燃驱机组的烟气排放口在高空，所以想要利用这些高温烟气，才如此设计管线；余热烟气管道会辐射一定热量，并且其钢结构支撑纵横交错，为鸟类的生存繁殖提供了较为有利的环境；管线架设于高空，并且没有作业平台。导致管线的维护保养极为困难，保温层等设备老化严重；发电厂距离作业区生活区距离较近，导致电厂安装的消音设备收效微乎其微；由于作业区所在地区是低洼地形，不利于电厂排放的蒸汽扩散，导致局部地区空气水分含量偏高。

管线架设时，需要进行优化设计，钢架结构尽量进行简化设计。管线架设时可以考虑架设升降作业平台等便于高空作业的设施，降低设备维护的难度，保证作业人员的人身安全。建设选址时就要考虑当地的地形、风向以及历年来的大体天气状况，还要考虑与人口聚集地区的距离，减少噪声危害，减少对环境的影响。

（黄川 整理；葛建刚 审核）

（七）典型问题7：西三线压缩机干气密封放空压力控制阀逻辑程序优化

霍尔果斯作业区西三线压缩机组投产以来，曾发生西三线2#机组因干气密封一级泄放排气压力PIT-3161阀（A63SV2_W）高高报而导致机组触发紧急停车系统（ESD）。

非驱端A63SV2_ W阀已达到机组高高报警值，机组触发ESD，PCV-3163阀前压力因故障降至零（压力指示越小PCV3163阀开度越小）导致PCV-3163阀全关到位，泄放孔板压差（PDIT-3154阀）降至零，机组干气密封排气压力（PIT-3161阀）逐步升高至停机值950kPa以上，触发机组ESD。机组停机后，对机组做如下排查：

（1）对PCV-3163阀进行排查，机组放空后，对PCV-3163阀进行强制性开关，现场观察无异常，阀门机械结构正常；

（2）对现场仪表引压管进行检查，未发现异常情况（霜冻、漏气）；

（3）对UCP间TCP1柜子PAIC-1C1B模块进行检查，接线正常无松动，供电正常，信号传输正常（检查时报警已复位，模块恢复正常），模块指示灯正常，无故障灯闪烁，并对模块进行断电处理，观察HMI报警显示，对比得出与机组故障停机时一致；

（4）为排除干气密封本体失效问题，对机组进行强制性充压至3MPa，观察干气密封一级排放压力正常，排除干气密封本体失效的故障。

通过再次深入分析机组控制程序，编写出程序优化方案，对此次故障停机存在的机组逻辑缺陷进行修改，彻底消除此缺陷。修改后干气密封一级泄放压力阀 PIT3162 故障时，压力控制阀 PCV-3163 执行全开动作，压力泄放至零，彻底避免因此模块等非核心硬件故障导致的机组故障停机情况的再次发生。

压缩机作为输气站场的核心动力设备，运行正常与否直接关系到管道输气的安全平稳，做好压缩机组的日常巡检、维护保养和缺陷故障排除，是保证设备安全平稳运行的前提，在日常工作中发现问题、分析问题并举一反三地排除问题，通过运行维护发现设备运行中出现的缺陷，机组控制逻辑中的不合理之处，运用优化、改造等方式使设备在更优更合理的情况下运转，保障设备更好更稳的持续运行。

（黄川 整理；葛建刚 审核）

（八）典型问题 8：制订有效措施缩短 GE 燃驱压缩机组启机时间

霍尔果斯压气首站共有 8 台 PGT25+PCL803 燃驱压缩机组，正常点击启动按钮后，程序会按照箱体吹扫、工艺管线充压、燃料气吹扫、GG 清吹、点火、暖机、加载的顺序启动机组，直至加载完成。西二线和西三线平均启机时间为 60min 左右，其中燃料气吹扫和 GG 清吹环节因有温度条件限制是影响机组启动时间的两大因素。

燃料气吹扫环节的目的在于保证进入燃烧室燃烧的天然气超过低报设定值，确保点火成功率。如果温度达不到设定值，吹扫升温环节将一直进行，启机程序也相应暂时停止。

GG 清吹程序是在矿物油油箱内润滑油温度和合成油油箱润滑油温度同时超过低报设定值时才能满足，设置该保护的主要目的在于润滑油只有达到合适温度时润滑油黏度等理化特性才能满足轴承正常润滑的需求。

针对西三线燃料气吹扫周期长的问题，通过西二线和西三线同型号机组实际情况比对发现，西二线机组的吹扫时间比西三线机组短将近 10min，进一步查阅燃料气吹扫系统技术规格书、PID 图纸等核心资料，最终发现西三线机组设计有所变更，安装在吹扫放空管线上的节流孔板尺寸（22.6mm）远大于西二线机组的尺寸（11.5mm），导致管道内气体流速快，因电加热器功率相同，所以燃料气温度上升较慢。随后经过与GE公司设计方进行沟通，最终将节流孔板尺寸减小到17mm，大大缩短了西三线机组启机时间。

针对润滑油温度的影响从两个方面进行解决：一是修改程序，使得主滑油温控阀在机组停运期间处于全关状态，润滑油不再经过油冷器，减少油箱内润滑油热量损失，保证机组在备用期间矿物油箱润滑油温度尽可能高。二是从人的主观能动性方面进行改善，接到启机计划后，工作人员首先查看矿物油箱和合成油箱润滑油温度，如果温度较低，则手动启动相应的电加热器，在确保安全的范围内提高润滑油温度，启机结束后再将加热器控制模式切换为自动状态。

通过全面分析压缩机启运流程，找出压缩机启运流程长时间症结所在，合理分析工艺、逻辑优化程序，组织实施、验证、测试，在保证压缩机安全启运前提下，缩短了燃料气及主滑油过程时间，大大降低了压缩机启运时间，降低了压缩机能耗，提升了压缩机应急启运处置能力。

（吕建伟 整理；葛建刚 审核）

（九）典型问题9：GE燃驱机组逻辑优化

西二线和西三线霍尔果斯GE燃驱机组自投运以来，随着公司运维的不断深入，在机组工艺控制、程序控制功能方面陆续发现了一些影响机组安全运行、日常运维的问题。GE机组程序优化作为GE机组程序解读科研项目的一部分，在前期已完成工作的基础上，对机组运行过程中暴露的问题在程序中进行优化。

通过对机组工艺流程及控制逻辑进行分析，结合前期机组运行所暴露出的问题，霍尔果斯作业区拟就机组控制程序中下列4部分内容进行优化：

（1）西三线机组主滑油温控阀逻辑优化。

在冬季，环境温度低于0℃后，矿物油温控阀保持在50%开度，霍尔果斯作业区西三线4台GE燃驱压缩机组热备时，矿物油温控阀门TCV-3309处于

50%开度，机组热备时，矿物油加热过程中，油会流向油冷器，造成散热过快，油温无法快速达到所需温度，大大增加了应急启机时间。另外，加热器在机组启运过程中一直无法将油温加热到要求温度，加热器会一直运行，这也是能源的一种损耗。

优化措施：修改温控阀启闭逻辑，引入 L4 逻辑判断，保证温控阀处于全关状态。

（2）西二线机组 GG 箱体差压值修改优化。

西二线压缩机组 GG 箱体压差值作为连锁跳机值，在大风等恶劣天气情况下，当运行机组箱体通风主电动机掉电停止，备用电动机立即运行的过程中，无法快速建立箱体压差值，导致机组停机。究其原因主要是二线压缩机组箱体通风电动机功率较低，且二线机组的 GG 箱体通风差压低报值为 16mm H_2O（0.6021in H_2O），该设定值较三线机组高，三线机组箱体压差低报警值为 8mm H_2O（0.3149in H_2O），因此，建议参照西三线机组箱体压差对西二线的箱体差压值进行修改。

（3）西三线机组干气密封一级泄放孔板差压低报值优化。

西三线 GE 燃驱机组干气密封驱动端和非驱动端一级泄放孔板压差低报警值为 2kPa，正常情况下，当机组停机时，此处孔板基本无压差才是正常状态，备用机组出现该报警不利于值班人员监控机组状态，因此，对该报警逻辑进行修改优化。将干气密封驱动端和非驱动端一级泄放孔板压差 PDIT3154/PDIT3155 低报警值修改为 0.5kPa。

（4）西二线机组启机燃料气吹扫温度逻辑优化。

霍尔果斯西二线 GE 燃驱压缩机组燃料气系统的启机时的温度要求是 38℃（100.4 ℉），冬季机组启动时，环境温度低的情况下由于 PID 自动控制会出现燃料气反复吹扫的情况，延长了启机时间且造成较多天然气浪费。经与 GE 工程师沟通验证，将西二线机组燃料气吹扫温度设定值修改为 35℃，与西三线机组燃料气吹扫温度一致，该修改值符合燃机运行要求中对天然气露点的要求，同时也减少了冬季机组启机时间，且节约能源。

霍尔果斯作业区经过多年的运行经验，通过认真总结和分析，深入研究机组逻辑程序，对不合理、不利于机组实际运行、不利于监控以及不完善的逻辑程序进行修改并验证，最终对逻辑进行优化，从而使机组安全可靠运行。

（赛依克江 整理；葛建刚 审核）

（十）典型问题 10：压缩机组燃机消防系统优化

燃驱机组使用 Det-Tronics 消防系统对燃机可燃气体泄漏和火灾发生情况进行监控，以保证机组运行安全。自机组投产以来，因消防系统中单个可燃气体探头故障或火焰探头透镜脏污等问题导致非计划性停机事件频发，严重影响站场平稳运行。

根据以上问题，作业区在经过反复验证后制订了以优化控制器程序逻辑为中心的作业方案，按照方案内容技术人员将安装在符合 SIL3 场所的监控设备可燃气体探头 2 选 2 故障判断逻辑由 EQP 实际输出，避免了由单个探头故障导致的停机。

通过这一技术优化改造，使消防系统现场监控设备的冗余配置得以实现，消防系统的可靠性得以提升，并最终实现了机组运行情况下可在线对故障设备进行更换和保养清理。

优化改造后，2018 年 10 月至 2019 年 2 月期间出现的 4 次可燃气体探头反射镜面 Drity 报警和探头本体故障报警均未造成非计划性停机事件，保证了站场运行平稳，经过技术人员及时和妥善保养后，消防系统均能很快再次投入使用状态。

针对消防系统现场检测设备运行环境恶劣导致探头故障率高的问题，一是需要加强机组在备用期间的保养频次，定期使用无水乙醇对可燃气体探头反射镜面和发射透镜、火焰探头监测镜面进行清洁；二是增加校准频次，定期对探头进行标定、校准，避免探头长期处于飘零状态；三是提高巡检质量和深度，总结故障发生规律，并提前做出判断，提升设备可利用率和寿命。

（周圆 整理；葛建刚 审核）

（十一）典型问题 11：压缩机组干气密封电加热器控制系统优化

电加热器是压缩机干气密封系统中的主要设备之一，在正常运行情况下可将引自压缩机出口的高压密封气加热至30~45℃以确保动静环运行在适当的温度范围内，保障干气密封系统运行稳定。2016年12月底，压缩机组在进行24h运行测试中，发现1#—3#机组的干气密封电加热器均存在无法实现远程启、停，手动启动时启停信号同时发出等问题，导致干气密封供气温度偏低，严重影响了机组的正常运行。

对机组UCP控制回路和电加热器控制回路进行排查时发现控制回路中出现了220V交流电压。结合电气及控制回路接线图进行分析，最终确认由于控制回路的设计缺陷，导致干气密封电加热器无法实现远程启、停控制及信号反馈。

经过多次核对后，技术人员确认原电加热器接线设计并未按照GB/T 50770—2013《石油化工安全仪表系统设计规范》对干气密封电加热器的控制回路实现隔离，造成了220V交流电接入了机组24V控制回路中，在干气密封气温度低、机组PLC发出加热器远程启动信号后，UCP控制回路中浪涌保护器动作接地，同时，电加热器本体控制回路保护跳闸。

为有效解决以上问题，作业区技术人员根据现场情况重新规划和绘制了控制线路和供电线路接线图，通过优化接线回路、更改继电器接线方式、增加信号隔离器等方法相结合，实现电驱机组干气密封电加热器远程控制启、停功能实现。优化改造后，作业区技术人员分步对继电器功能、控制回路、电加热器系统实际运行测试均取得成功，测试结果为加热器实现了远程启、停功能和运行期间根据设定值自动控制调节的功能。

此次故障的出现，警示作业区人员在新设备投产前，除对设备本体进行验收和测试外，应当对辅助设备本体及其控制和保护措施进行全面系统的排查。在正常运行期间，作业区应建立起有效完整的日常巡检措施，完善提升机组保养内容覆盖面，在保养期间针对干气密封电加热器及压缩机组其他辅助设备的控制回路进行全面检查。

通过对干气密封加热器控制回路故障的排查分析和优化改造，不仅保障机组的正常平稳运行，还有利于技术人员对压缩机辅助系统从控制层面和设计层面的全面了解。

（周圆 整理；葛建刚 审核）

二、产品质量

产品在采购及施工阶段，未能达到设计及实际工况要求，压缩机是一个综合体，任何一个环节出现产品质量缺陷问题，都会导致压缩机整体平均无故障累计运行时间的降低，甚至会因单个部件问题，导致主体设备失效事件。

（一）典型问题 1：压缩机出口单向阀内漏问题

压缩机组在停机过程中转速为 0 后有短时转速上升再缓慢下降的数据趋势。经过对压缩机进出口压力、压缩机转速和阀门开关状态的综合分析，发现降速后再升速的现象是由于在停机过程中由于出口汇管压力普遍存在高于压缩机出口压力的状态，在出口单向阀存在内漏的情况下，汇管天然气回流进入压缩机反向达到压缩机入口，同时，在气流的作用下造成压缩机反转（图 1-48），

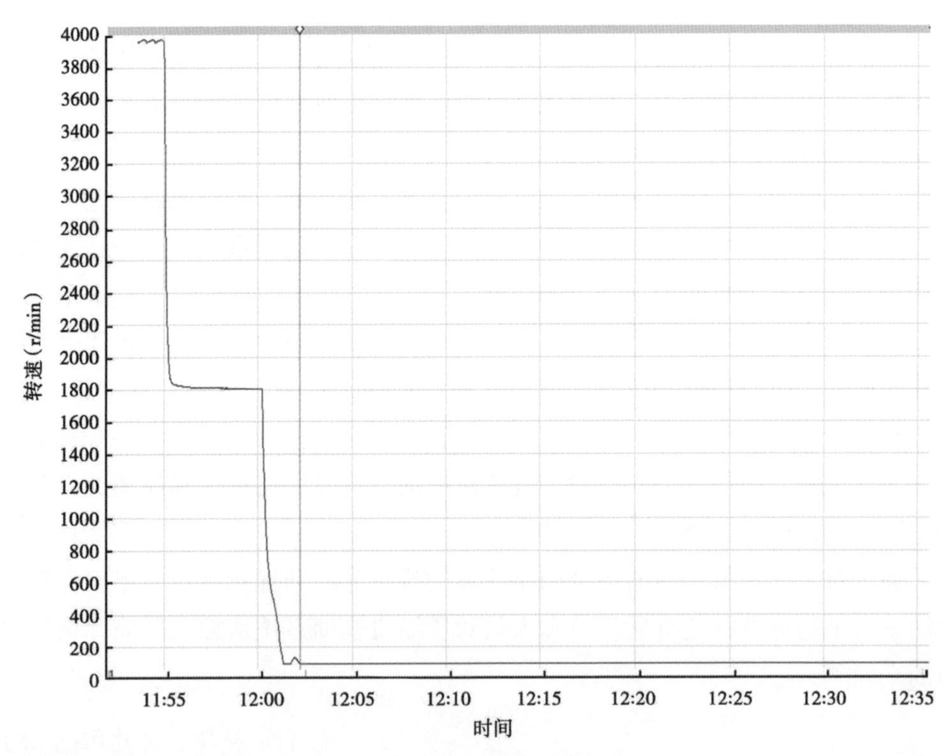

图 1-48　压缩机停机后转速趋势

也观察到不同的内漏情况有不同的反转最高转速和持续时间表现。

压缩机反转的危害分析：压缩机组采用的干气密封动环动压槽多为单向，即仅能朝一个方向旋转才能正常工作，压缩机反转将对干气密封造成伤害，严重的造成干磨损坏，导致严重漏气甚至着火爆炸等设备损坏和人员伤亡的严重事故。

就压缩机预防性保护反转逻辑的提前干预、过程控制、触发联锁等逻辑，进行了逻辑优化：

（1）启动过程，当动力涡轮转速 *NPT* 大于或等于 150r/min 时，终止启动进程；燃机熄火后，新增延时 200s，*NPT* 大于或等于 150r/min，触发泄压停机、报警信息；熄火后，*NPT* 大于或等于设定值，触发泄压停机和报警，防止快速反转；电驱机组按照燃驱机组逻辑原理，结合变频器上下电命令及转速，修改防反转逻辑。

（2）根据测试结果，燃机降至怠速时，提前关闭出口球阀。

（3）为防止“小漏”造成机组反转，在燃机熄火后，延时 45s，*NPT* 小于或等于“设定值”，触发泄压停机和报警，并打开放空阀。

（4）为防止“大漏”造成机组反转，在燃机熄火后，延时 40s，*NPT* 小于或等于“设定值”，触发泄压停机和报警，并打开放空阀。设定值结合每一台机组停机趋势，由所辖分公司提供，该设定值至少低于 45s 设定值 100r/min 以上。

对 GE 燃驱机组进行了程序优化，并进行了启停机测试，目前测试状态良好，机组运行状态一切正常，机组停机过程中未再次发生反转情况，并根据停机过程情况汇总停机转速下降时间及趋势，及时调整对应的 *NPT* 小于或等于“设定值”。

通过压缩机启、停机逻辑程序优化措施，有效避免了因出口单向阀内漏问题造成的压缩机反转，从运行效益角度看，避免了干气密封的失效，同时减小了动火更换单向阀的投入及风险。这是一起典型的小优化解决大问题技改，对压缩机自动化程度高的核心设备来说，是值得深化研究及推广的措施。

（周文翔 整理；葛建刚 审核）

（二）典型问题 2：燃气发生器轴承封严排气连接软管改造

GE 机组燃气发生器轴承在运行过程中，靠润滑油进行润滑冷却，为避免润滑油渗入燃机其他部件造成不利影响，轴承腔回油池采用梳齿密封，靠压气机自身压缩空气提供封严，封严气持续供应，一部分渗入轴承内部，通过油雾分离器管路进行排放，绝大部分封严气通过管路直接排向通风道。原设计软管在强度、构造、密封性方面存在缺陷，由于机组长期运行过程中高温密封气对软管产生一定的高温腐蚀，最终导致高温封严气泄漏致箱体内，使箱体温度大幅度升高，对机组安全运行带来隐患。

针对上面描述的此种情况，经研究设计一种金属软管，从强度、结构、耐高温、密封性等方面进行优化，替换原有的连接软管，同时，实现软管国产化，减低成本及供货周期，提高运行可靠性。

根据现场实际工作条件，分析设计，将原有的软管连接改为波纹金属软管连接，两端用金属卡箍密封固定，新安装的波纹软管相比改造前具有耐高温、耐腐蚀、抗外部条件破坏的优点，且在密封性和通过能力上不逊色于以前（图 1-49）。

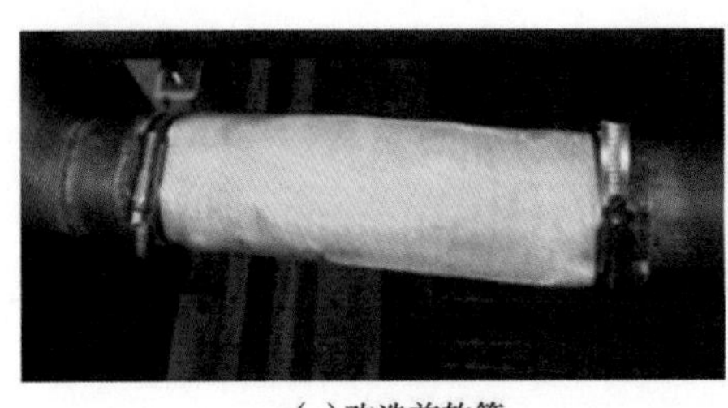

(a)改造前软管

(b)改造后软管

图 1-49　软管改造前后对比图

安装改造后的金属软管，记录相关影响软管状态的参数，比如箱体温度、压差、封严气供气压力、轴承温度等，与改造前进行分析对比，观察是否存在异常情况，并定时通过观察窗进行外观检查，观察有无异常。通过一段时间的运行记录及现场实际观察，改造后的金属软管未出现变形、高温腐蚀漏气等现象，完全满足现场运行工况下的使用要求。

进口机组很多配件及零部件都是需要从国外厂商进行采购，这存在两个方面的弊端：一是购货周期长；二是备件价格昂贵。因此，在日常运行检修过程中，需要对零部件进行有针对性的研究分析并做试验，尽可能备件国产化，在满足设备安全运行的要求同时，降低成本，缩短备件采购周期，全面提高生产效率。

（曾令山 整理；葛建刚 审核）

（三）典型问题3：燃机高压涡轮叶片击损事件

2012年6月8日，西二线燃驱压缩机组在正常启机后因39GGT燃机后机匣振动高高报警跳机，经孔探检查，发现燃机排气端高压涡轮叶片损坏严重、中压涡轮叶片叶尖少许磨损，排气蜗壳处出现金属碎裂物（图1-50）。

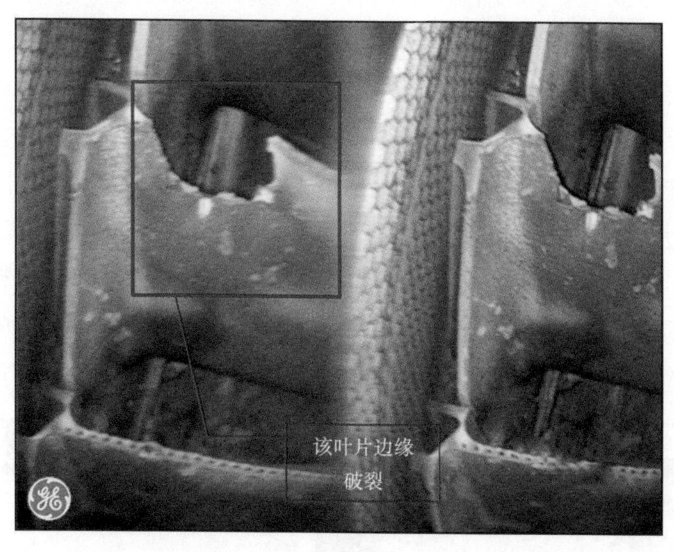

图1-50　高压涡轮叶片损坏叶片

深入排查涡轮及动力涡轮PT叶片击损原因时，发现安装于燃烧室12点钟方向的1#喷嘴端盖脱离（图1-51），判断正是由于喷嘴端盖脱焊与喷嘴主体分离后，顺压气机气体进入下一级高压涡轮，导致了GG高压涡轮动叶击毁和中压涡轮部分叶片击伤。

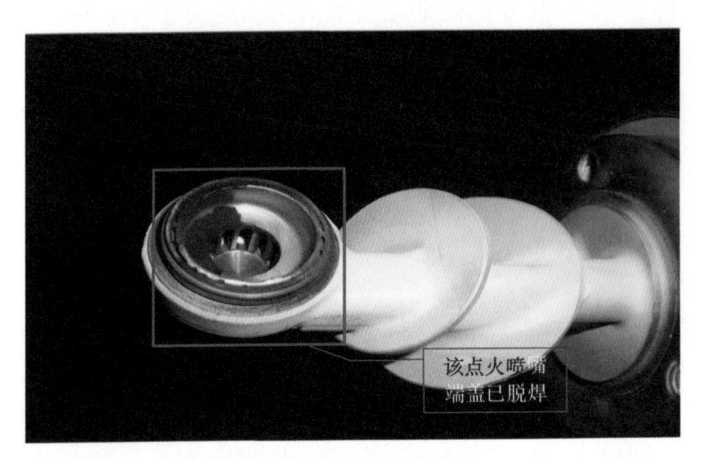

图 1-51 喷嘴端盖脱离

通过从喷嘴的结构和制作工艺来看，喷嘴端盖脱离位置应该为环焊缝所在位置上，此处焊接工艺为铜钎焊。通过内部供气嘴形状良好和热变色程度正常等情况排除了腐蚀、积碳和安装错位致喷嘴板脱焊。

由于喷嘴凸台加工尺寸过大，导致毛细管中焊料无法进入次焊接槽；同时，由于进料部位间隙过小，主焊接部位的钎焊槽也无法进料，此时喷嘴板基本处于脱焊状态（图 1-52），检查同一批次其他喷嘴进行验证，发现在相同焊接工艺的影响下，同批次其他喷嘴的焊接槽均出现了不同程度进料不足问题，部分喷嘴钎焊槽填充的焊料量远远不满足要求（只进入了 20%～30%的进料），部分焊槽完全没有进料导致处于脱焊状态，其余喷嘴焊接处虽然有焊料，但均

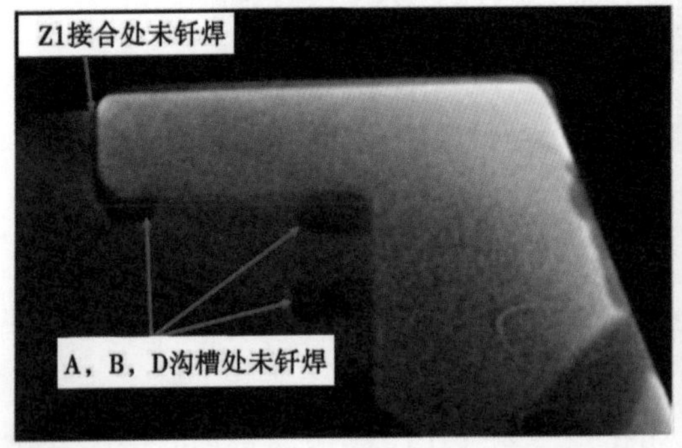

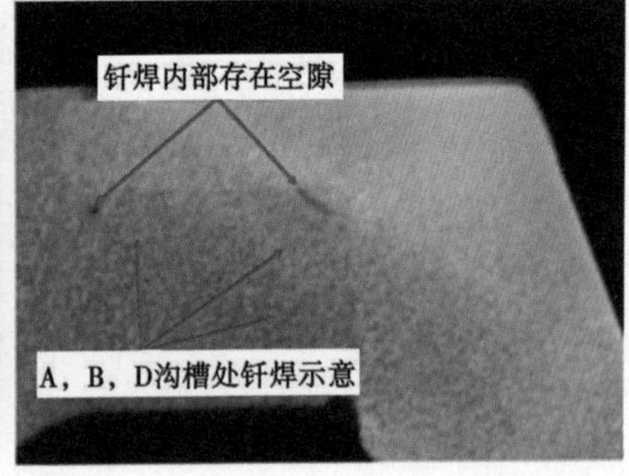

图 1-52 喷嘴焊接

发现了细小的“夹杂”或空隙，一旦长期受力，可能会导致环焊缝撕裂现象。

通过以上分析结果，可以判断高压涡轮叶片损坏事件的具体原因为，在喷嘴外部凸台制作尺寸小于规范要求、喷嘴板和本体间隙过小以及焊接工艺不合格3个问题的相互作用下，喷嘴板焊料槽随时处于脱焊状态，从而导致了喷嘴板受力后脱落，并最终击伤了下一级涡轮叶片。

针对喷嘴板脱落问题，对其他机组喷嘴进行了举一反三排查，对同一生产序列批次的喷嘴采用紧急更换，根据体系文件《RB211-24G燃气发生器燃料气喷嘴拆装检查规程》，技术人员编制了“燃料气喷嘴维检修作业卡”，规定了喷嘴检查步序，并要求4000h，8000h，25000h和50000h维护保养均要对喷嘴运行状态、喷嘴板松动情况、表面积碳情况进行排查和处理。同时，将喷嘴改型换代为SN10系喷嘴，彻底避免工艺不合规批次的喷嘴。作业区编制了定巡检提示卡和压缩机应急处置卡，将燃机39GGI、39GGC和39GGT的振动值更加规范性地纳入巡检工作中。在投产验收、技术验证和机组测试期间，应要求主供货商应主动提供采用了焊接方式安装或组装设备的超声波、渗透或探伤报告，并邀请专业公司共同分析和对标。

（周圆 整理；葛建刚 审核）

（四）典型问题4：1794-IRT8温度模块运行稳定化系统性改造

压缩机控制系统中故障率最高的硬件为1794-IRT8热电偶/电阻温度模块，此模块主要用于现场温度监控仪表AO数据反馈，可将现场RTD热电阻和热电偶信号通过现场工业网通信模块（controlnet T-TAP）集合，并传输至PLC进行运算和参与逻辑控制，是机组运行状态监控和设备本体保护的关键环节。

总结IRT8模块故障现象时发现（图1-53），模块故障前机组控制系统反馈的温度数据均会出现不同频次和幅度跳变现象，模块通道传输的参数异常往往时模块彻底故障的先兆，将以上异常现象和故障模块的温烤测试结果、运行环境PH测试、故障率与全年环境温度变化趋势分析等报告相结合，可判断出环境离子污染、酸性空气对集成电路腐蚀、运行温度过高是此类型模块故障频发的主要原因。

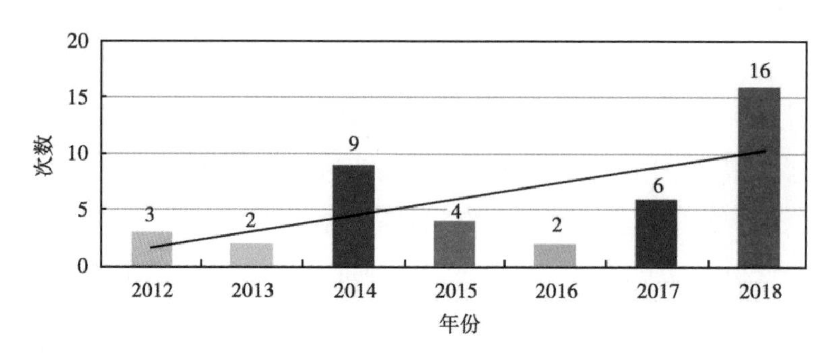

图 1-53　1794-IRT8 模块故障统计

为降低模块故障带来的非计划停机频次并提高单个模块寿命，技术人员以改善模块运行环境、降低污染影响、提高故障处理效率为目的，制订了安装机柜环境优化、模块升级、现场巡检质量提升等全面化、系统性优化改造方案。

首先从提高巡检质量和监控效率着手，编制了现场巡检提示卡，将每台机组所有数据模块及其通信状态纳入监控范围内，同时，通过增加温湿度等环境数据监控设备，以对模块运行环境进行全面和有效的监视。

为改造模块的运行环境，技术人员采用旋风制冷设备对模块所在的现场控制柜进行降温；同时，实现的正压通风效果成功阻隔了外部潮湿和含有高浓度颗粒物的不洁净空气，可有效防止电离子污染情况发生。

从模块本体着手，将原有型号升级为 IRT8XT 型号，其内部集成电路涂刷的防腐蚀层，可以避免酸性气体对集成电路元件的腐蚀问题。

通过监控措施优化，技术人员成功提前处理了至少 11 次模块故障，避免了机组非计划停机影响站场生产。自旋风制冷器投用以来，有效降低了高温天气下模块故障的频次。自升级换代为 XT 型号的模块以来，所有模块通信的温度参数平稳无异常。

此次模块故障问题时间跨度长，存在故障状态多样、影响因素复杂、涉及范围广等现象，而作业区从人、机、料、法、环 5 个方面出击，采用分阶段系统化的改造方式彻底根除故障，在提高机组运行稳定的基础上，为其他设备疑难杂症的处理提供框架和思路。

（周圆 整理；葛建刚 审核）

（五）典型问题 5：机组矿物油泵联轴器质量缺陷

2018 年 10 月 19 日，某站压缩机组在正常运行过程中，润滑油系统主泵突发故障（图 1-54），油泵出口压力突然降至 0.6MPa 以下，备用泵触发自启动条件，但此时润滑油总管压力快速降至设定值 0.1MPa 后触发联锁停机逻辑。

图 1-54　油泵与电机在联轴器处脱开

从泵轴和电机轴的两个靠背轮六根传动螺栓（三对三相互反向安装）这一典型设计结构，与现场传动螺栓磨损、脱落、断裂（图 1-55）的实际情况相结合进行模拟推算，最终确认此次故障的根本原因是润滑油泵运行振动导致了螺母脱落，在一半传动螺栓掉落至油箱后，剩余一半螺栓受剪切力突然增大

图 1-55　部分螺栓磨损、脱落、断裂

和振动磨损导致断裂，联轴器与电机脱离。

结合以上情况，将螺母换型为自锁螺母（图 1-56），从而避免螺母的脱落导致传动螺栓断裂。同时，为保证螺母出现意外脱落情况后，螺栓不会磨损或脱离，重新制作的螺栓锁套缩小了插入孔的直径，以保证螺杆与锁套采用过盈配合。

图 1-56　自锁螺母和螺栓锁套

优化矿物油泵电机变频控制器启泵时间参数，将原电机加载至额定负载的时间由 60s 修改为 30s，经数次启动测试后验证，此时间既能保证备泵在紧急情况下实现冗余功能，保证启动期间润滑油总管油压可以维持在轴承所需最小油量之上，还能避免电机启动过快导致变频器过流保护等问题。

通过优化联轴器传动螺母，可以提升矿物油泵的运行稳定性。同时通过缩短油泵电机加载时间，可以实现备泵的紧急备用功能，在主泵故障时保证了油压快速建立并稳定，以维持机组关键部件的安全。通过对润滑油泵机械部分和控制部分系统化的改造，实现了压缩机组润滑油系统运行稳定性的提升。针对此次故障，建议在新机组投产时，对辅助系统设备功能按照对标内容进行逐项测试；对能否实现主备切换和冗余功能，应当采用模拟运行的方式进行反复测试，并比对所有受其影响的参数的变化趋势。

（周圆 整理；葛建刚 审核）

三、安装质量

安装问题主要是由于在施工过程中没有严格依照相关标准，同时也存在安装标准低、监督不力、施工人员责任心不足等因素，使设备在运行过程中处于欠标准状态，直接影响设备安全平稳运行的稳定性。

（一）典型问题 1：霍尔果斯 4#压缩机组 16 级防冰管线槽型耦合夹损坏

2012 年 1 月 7 日，霍尔果斯首站进行二线 4#机组运行的操作启运，在 4#机组启运至最小负载并加载的过程中，现场监护人员听到燃气发生器（简称 GG）箱体内部气流声突然变大，随即从箱体观察窗处观测到机组 16 级防冰管线挠性软管已脱落（图 1-57），GG 下方水平直管线出现一定程度弯曲变形，箱体部分隔音层遭到气流冲击损坏，同时站控操作人员监测到箱体温度开始以较快速度上升，对机组执行紧急停车。

图 1-57　压缩机组 16 级防冰管线挠性软管脱落

4#机组燃气发生器 16 级防冰管线槽型耦合夹损坏导致防冰管线连接失效，同时造成连接管段变形，高温、高压气流冲出并作用在箱体内保温隔音层上，造成隔音材料破损。由于 VSV 作动筒航空插头原因，导致 4#燃气发生器气流波动较大，燃气发生器振动值较高，耦合夹承受超限载荷并造成受力不均匀。同时，防冰管线 16 级防冰管线槽型耦合夹损坏，导致防冰管线连接失效。

对损坏的 16 级防冰管线槽型耦合夹及其相连管段进行更换，对连接法兰、管卡进行紧固；对 VSV 作动筒反馈信号航空插头进行紧固并密封，防止松动导致接触不良；对 GG、PT 悬挂、支架、地脚螺栓进行检查；对机舱内破损的保温隔离材料进行清理。

定期对机组各管线槽型耦合夹进行检查，并在机组启动前及停机后到机舱内进行逐项现场确认；在机组定时保养过程中，对各管线槽型耦合夹完好性进行专项检查，包括是否松动、是否存在变形、连接是否对中、是否存在隐形裂纹等；针对航空插头易松动导致信号接触不良，已列入后期站场机组巡检的常规内容，并着重加强机组启机前和停机后此类相关配件的检查。

机组运行时，加强现场监控和巡检，针对异常声音、异常气味等异常状态，能做到及时发现、及时处置，避免更大的次生事故发生，随时保证设备设施的完好性。

（黄川 整理；葛建刚 审核）

（二）典型问题 2：GE 燃驱箱体线缆安装不规范造成仪表信号跳变问题

GE 燃驱压缩机组合成油系统供回油温度信号、VSV 作动筒位移信号、T_2 温度探头、VSV 伺服阀、T_3 温度探头共计 12 只信号均采用航空插头的方式，实现信号传输。航空插头的设计初衷在于连接方便，抗干扰能力强，信号稳定，便于现场安装。但是实际运行中，发现这种连接方式并不理想，自机组运行以来因为航空插头松动导致信号跳变进而触发机组 DM、SD 等停车事件屡次发生。

航空插头内部采用公母插针的形式连接，现场航空插头连接长信号传输线缆并悬垂在空中，受振动、气流扰动影响较大。GE 公司原设计未考虑振动等因素可能导致插头失效而未对航空插头及其线缆进行有效固定，公母插针之间因长期振动导致搭接间隙不断扩大，与其连接的长信号传输线也在空中随箱体内空气流的波动而产生一定的摆动，加剧了公母插针之间的磨损，公母插针之间接触不充分就会发生信号跳变，采用航空插头连接的信号都是参与 GG 核心控制信号，一旦信号跳变超出正常允许范围，就会触发 GG 保护停车。

由于航空插头本身有锁紧螺母固定，具有一定的抗振能力，经过综合分析，判定与航空插头连接的线缆受气流影响频繁摆动是导致插头失效的主要原因。作业区迅速成立攻关小组，经过现场测绘、信号线缆路由选择、在有限的安装范围内制订出航空插头线缆固定方案，并利用绘图软件画出具体的施工参照图。考虑到箱体内温度较高且具有一定油气，经过多种比选，最终选定耐油、耐高温的 R 型卡固定线缆。

改造完成后未再发生信号跳变事件，大大提高了机组无故障连续运行时间。该项作业给作业区带来两大启示：一是问题出现了要主动想办法应对，而不能将问题推给厂家或者供货商，要发挥主人翁的精神主动出击解决问题；二是这次实践效果显著激发了青年员工开展“小改小革”技术创新的积极性。

（吕建伟 整理；葛建刚 审核）

四、运行管理方面

在压缩机投产运行后，结合现场的实际运行环境，发现运行过程设备及部件每个时期运行规律，总结问题并提出改进思路，使设备更能符合每一个工况的要求。

（一）典型问题 1：压缩机现场 UCP 控制柜散热问题

西二线投产以来，每年夏季都会出现压缩机厂房温度偏高问题，尤其是现场 UCP_1 控制柜温度可达到 45℃，高温造成部分通信模块故障，导致压缩机故障停机。仅 2017 年，GE 机组出现 4 次 8201 模块因超温故障更换。累计更换备件、耗材以及天然气放空金额达 10 万元，给压缩机平稳运行及分公司设备管理带来较大困扰。

分公司采用旋风制冷器设备（图 1-58）进行冷却降温，压缩空气高速注入旋风制冷器后，旋风制冷器内部特有的结构使得压缩空气高速旋转，形成一个漩涡，空气漩涡的转速超过 1000000 次/min，在高速旋转中冷热分离，热风右侧旋转移动，冷风从左侧流出。旋风制冷器的冷风的温度全部由尾端的调节旋钮决定，可通过调节尾部旋钮来调节旋风制冷器的制冷效果。

压气站空气压缩机出口温度一般为 30℃左右，压力为 0.8MPa 左右，水露点在-60℃以下。压缩空气出空气压缩机储气罐后，经过较长的埋地管线后才

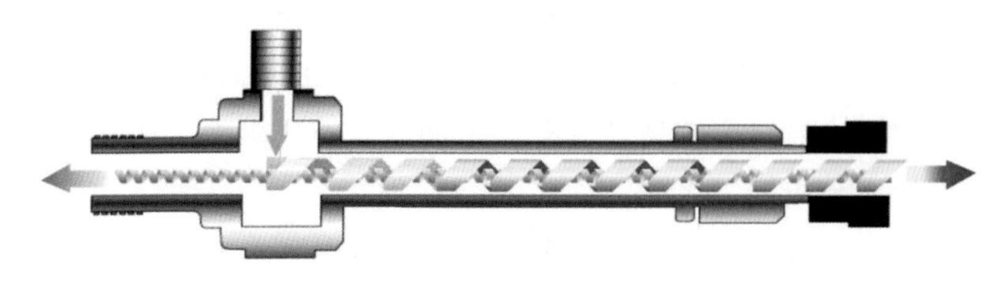

图 1-58　旋风制冷器效果图

能进入压缩机厂房，这一过程更能有效降低压缩空气的温度。引用压缩机厂房仪表气汇管处的压缩空气，温度和压力适中，在进入控制柜入口处再安装旋风制冷器更能有效降低机组控制柜内温度，更能对控制柜进行微正压密封，防尘且防爆。

经过改造后的现场 UCP 控制柜内温度被控制在 25℃左右，夏季最炎热期间温度不超过 30℃，且已编制了相应的操作维护规程，有效降低了现场 UCP 控制柜内的温度，保护了控制柜内的设备。

（周文翔 整理；葛建刚 审核）

（二）典型问题 2：GE 机组压缩机非驱动端振动探头接线盒漏油排除方法研究

在 GE 机组投运初期，根据已投运的 GE 压缩机组运行情况，几乎所有机组压缩机均有润滑油渗漏，其中非驱端振动探头接线盒漏油严重，润滑油通过电缆套管流入接线箱，造成润滑油浪费。渗漏的润滑油聚集在矿物油橇体上造成污染，既不方便日常巡检与维护，又影响机组安全，成为机组运行的“头号顽疾”。

GE 压缩机振动及轴承温度变送器接线盒的设计缺点如下：缺少径向预紧力，缺少补偿密封及无专用配件。在尽量不修改原穿线管结构的前提下对密封进行改进，在自行设计的同时联系专业密封设计单位进行设计，形成不同方案进行实验，并确定最终方案进行批量生产。

采用耐油橡胶加工成双锥体塞子（图 1-59），在双锥体上开所需数目的穿线孔，并将导线安装在穿线孔内，通过压盖将双锥体塞子挤入穿线管内孔实现过盈配合，由于双锥体塞子和穿线管为过盈配合，此时的导线将被双锥体塞子严密包围，同时双锥体塞子也将紧密填充穿线管内孔，油将会被封存在机壳内部而不会外泄。这种方案的优点是双锥形的密封使得密封面呈阶梯状，密封效率高，同时不需要对原来结构进行改变，易实现。

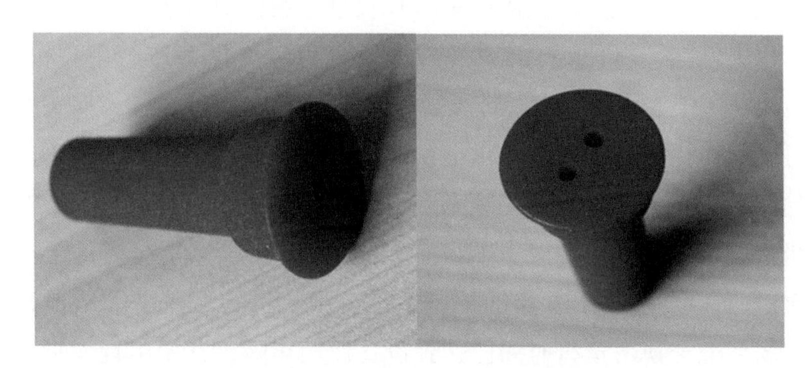

图 1-59 新设计密封塞子剖面图

由于需要通过挤压形变实现密封，所以该材料必须有不错的延展补偿能力，能充分地填充整个仪表穿线管内壁，同时对仪表接线有良好的握紧力。由于密封件密封介质为润滑油，密封件长时间与润滑油接触，所以该材料必须耐油。通过橡胶、硅胶、氟胶三种材料对比及实验，最终确认使用硅胶作为密封件材料。

根据测试结果最终决定：自行设计的密封件采用硅胶材质进行批量生产，并将此密封件命名为“双锥体密封”。目前此密封件已在西部管道各 GE 站场发挥功效，后期通过持续改进安装工艺提高密封件寿命。

（曾令山 整理；葛建刚 审核）

（三）典型问题 3：压缩机信号瞬间跳变联锁停机问题

GE 压缩机组的一大共同特点，就是信号数据采集点多，压缩机组对各个参数的变化较为敏感，许多运行参数均有保护设定，使得机组运行过程中发生停机保护的概率较大，同时为站内平稳生产带来一定的压力。

2016 年，单台压缩机组因信号跳变导致的联锁停机就高达 6 次之多，原因为压缩机组进气可燃气体探头故障报警，同时两个探头故障报警即可造成机组联锁停机。经检查发现，探头故障的报警周期仅为40ms，原因为探头供电检测信号短暂不满足规定数值时即产生故障报警，不但周期非常短，而且难以查明供电信号检测数值不足的原因，同时由于信号非常短暂，瞬时触发，上位机均无故障设备的报警，单从故障报警检查很难查明原因来源。

针对以上问题，首先对GE燃驱机组进气可燃气探头进行单独供电改造，对压缩机组的GG（燃机）空气进气过滤器下方的6个可燃气体探头及排气道的3个可燃气体探头增加单独的供电模块，改造完成后，效果非常理想，探头的供电检测一切正常，未产生可燃气探头的故障信号，目前已对9个站场29台压缩机组进行了独立电源改造项目实施，杜绝了此类供电信号的干扰问题。

其次对西二线运行了10年的控制系统交换机进行了统一更换改造，西二线机组控制系统交换机运行时间已达到设备使用年限，开始出现大批量的交换机故障现象，导致机组信号通信故障停机，分公司统一更换了新型国产华为交换机，同时对交换机的供电负荷进行了测算和验证，并重新改造了交换机的部分供电，保证新型交换机的运行可靠。

与此同时，组织开展了压缩机组防雷静电接地检测和防干扰排查工作，细致严谨地对机组各接地情况以及信号接线、通信质量等情况进行了逐一排查，对存在缺陷和不足的接线及通信通道情况进行了及时的整改。类似以上提高信号质量的方法还有很多，如优化程序逻辑，增加数据延时以保证数据真实性等。大量的整改工作和好的方法，不但提高了站场设备的可靠性，还保证了压缩机组安全平稳运行。

（周文翔 整理；葛建刚 审核）

（四）典型问题4：DS2000XP型控制器改良散热方案的应用

燃驱机组EMV燃调阀作为燃机运行的核心设备，通过控制参与混合燃烧的燃料气进气量来控制机组转速，而DS2000XP型Moog控制器是保证燃调阀平稳运行调节的关键设备，阀门开度调节和反馈、阀门步进电机开度均由此控制器控制，由于需要做到对步进电机旋角的精确控制和减小数据传输延迟，因此控制器一般安装于密闭防爆接线箱，并放置在外界环境较为恶劣的厂房内。

自投产以来，由于 DS2000XP 型控制器运行不稳定，导致燃驱压缩机组正常运行时多次出现 Gas Metering Valve FailureShutdown、EMV DeviceNet Card Comms FailureShutdown 等故障报警信号并触发 ESD 停机，严重影响了站场生产平稳运行。根据故障库统计，西二线同类型机组时常发生类似故障。

对燃机燃料气控制系统进行全面排查，并通过排除法排除通信卡件故障、接线端子故障、运行信号不稳等原因后，将控制器故障自重启的具体原因锁定为内部 IGBT 元件温度超过 70℃后导致控制器 DE-RATING。

技术人员根据现场实际情况，在密闭的控制箱内部，设计通入旋风制冷设备对控制器进行主动降温，经研究论证并实际测试，可以将 IGBT 内温度降低 10℃以上。同时，由于背板散热仍是主要降温方式，选择正确的导热硅脂，可以极好地填充金属与金属面的间隙，避免空隙间空气形成热阻（图 1-60）。

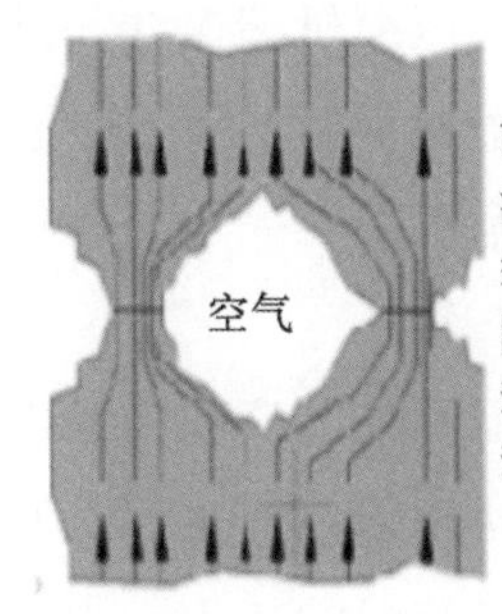

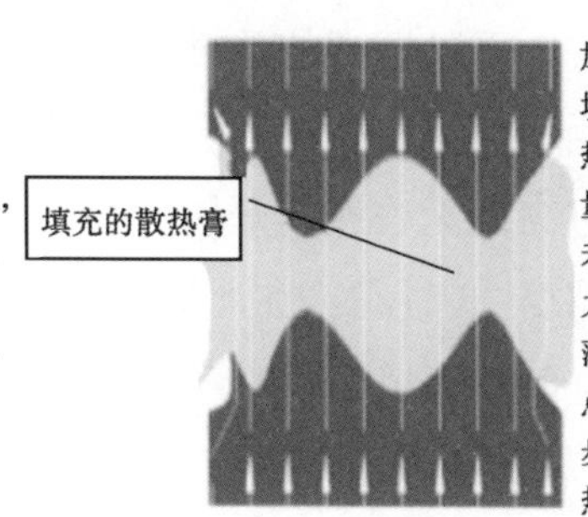

图 1-60　散热效果图

技术人员对比分析多种散热硅脂后发现：一般民用导热脂存在导热系数低、黏附性差、浓度低、含油量高、易受热融化后形成气隙等问题，而采用含银量高的工业专用导热硅脂至少可以达到 5~6W/(m·K) 的传热系数，较好的黏附性和相对较高的热熔系数可以避免受热融化问题。

由于硅脂散热系统仍远小于金属直接接触散热，所以硅脂涂敷时应当遵循“薄、平、匀”三个原则，让硅脂起到填补空隙、散热面紧密贴合的作用，硅脂涂敷过厚反而会影响控制器散热。

建议涂敷硅脂应当在控制器完全断电冷却后，在环境温度较低的室内采用筛板网印刷法进行涂敷；然后根据需要涂敷的面积确定晒网孔区域的分布；最后根据丝网网孔设计丝网部分网板的大小，其制作材料应采用光洁度高、黏附度较低的不锈钢制品，经筛板网印刷法涂敷后，导热硅脂分布均匀，层次分明。

通过采用改进散热硅脂型号、增加主动降温措施并改进散热硅脂涂敷工艺等一系列技术优化措施后运行的8000h测试期间，DS2000XP型Moog控制器故障次数已经下降至0次，通过RsNetWorx For DeviceNet软件监控IGBT在夏季环境温度38℃时的最高运行温度仅为25℃，远低于自启动极限温度，控制超温自启动问题已得到根治。

（周圆 整理；葛建刚 审核）

（五）典型问题5：压缩机防喘测试工艺优化

压缩机投产作为压气站场投产的重要环节，尤其是压缩机现场防喘性能测试，是压缩机组安全平稳运行的关键。按照以往经验做法，压缩机喘振线测试时站场采用站内循环流程，该流程会造成站内天然气经压缩机反复增压，导致压缩机出口温度过高而无法连续开展防喘测试工作。一般情况下，完成一台机组防喘测试工作需要2d时间，在此期间要反复启停机3~5次。

针对该问题，西部管道公司生产运行处重新优化测试期间工艺流程，提出了“越站流程+正输流程”相结合的思路。当机组正常启动开始进行防喘振测试时，通过关闭进站和西二线、西三线的联络阀来实现进口流量的减小，为喘振测试提供可靠的工艺条件。

正常测试期间，首先手动缓慢减小防喘振控制阀的开度，根据工厂测试的预期防喘振曲线显示的防喘振裕量，每次减小防喘振阀开度5%~10%，待压缩机工艺气体参数稳定后，再次调节防喘振阀开度。随着防喘振阀的关闭，一方面压缩机入口流量下降，机组逐步接近喘振区，从而实现实际喘振点的验证；另一方面，压缩机出口压力随防喘振阀的关闭而上升，因出站阀保持全开，故工艺气在此期间仍可以保持一定的输出，从而控制了温度的快速上涨。通过该方式，逐步关闭防喘振阀，直到找到实际喘振点。该点测试完成后，需根据压缩机进、出口温度上涨情况，确定是否立即进行下一个点的测试，按照压缩机厂家建议，2 个喘振测试点压缩机入口温度差值不应超过 15℃。实际测试中，一般至少可以连续完成 2 个点，大多数情况下 5 个点均可连续完成测试。

以往完成一台机组 5 个防喘测试点需要 2d 时间，在对工艺流程优化后，完成 5 个喘振点的测试仅需 4~5h，压缩机喘振测试工作的连续性和效率大大提升。该方案一经提出，即在西部管道公司西三线投产测试过程中得到全面推广，并得到其他管道公司的肯定及应用。

（赵吉龙 整理；葛建刚 审核）

（六）典型问题 6：天然气管道内杂质对压缩机运行影响的分析

在天然气长距离管道输送过程中，天然气内含有的固态及液态杂质会对压缩机组、过滤设备及计量仪器等造成损害，严重影响压缩机组及管道的供气安全和长周期运行。

对压缩机组运行的影响主要有以下几点：

（1）压缩机叶轮受到损伤。压缩机在运行期间转速最低为 3965r/min，高速气流加杂固体及水合物会持续冲击、磨损叶片和叶轮，影响叶轮和叶片的使用寿命。

（2）压缩机干气密封动环、静环受到一定程度损伤。干气密封依靠动环、静环、弹簧和辅助密封件构成断面密封，在正常运转条件下，密封气在动环、静环之间建立 3μm 左右的稳定气膜，在确保天然气微泄漏时，动环、静环之间不接触、无磨损。当有固体杂质或水合物进入动环、静环之间，在启停机过程中，易对干气密封造成损伤，甚至是损坏，导致机组密封失效。

（3）压缩机入口短节滤网堵塞停机，影响输气量。压缩机入口滤网堵塞的最直接的影响就是造成运行机组停机。入口滤网压差高设定值为 50kPa 报警，100kPa 停机。造成入口滤网堵塞的原因一般为固体杂质和水合物。

（4）对于利用天然气为动力燃料的燃驱压缩机组，燃料气供应依靠 FCV-331 燃调阀的调节来实现，机组的转速及负荷也依赖燃调阀的调节，燃调阀较为精密，固体杂质容易造成燃调阀运行卡阻，调节失效，引起机组运行跳机甚至单机失效等后果。

（5）冬季水合物造成仪表引压管冰堵。冬季输气过程中，天然气中的凝析液便在仪表引压管中凝结成冰状物质，造成压缩机控制系统无法正常进行数据（各压气站压缩机干气密封压差 PDIT 765 及 PIT 765、压缩机进口阀压差 PDIT 775）采集，已多次出现引压管冰堵，造成机组背压不足或无法充压完成等，进而无法完成机组正常启动。

（6）固体杂质及水合物还会造成一些过滤设备的滤芯损坏和使用寿命下降，同时对计量设备及站场仪表等造成影响，影响数据的准确性。

针对压缩机出现的以上问题提出以下几点建议：

（1）掌握上游动态，及时沟通与协调。一方面要与上游站场建立有效的沟通机制，掌握上游设备维护检修动态，提前开展处理异常气质的准备工作；另一方面及时告知下游压气站气质异常信息，当首站出现异常气质时，下游站场便可提前开展相关准备和预防工作，同时做好站场设备预报警设置，保证过各类过滤设备压差上升后第一时间发现，第一时间处置。

（2）注重供销协议中对天然气气质组分的要求。在签订供销协议中，应明确上游管道或油田供气的气质组分要求，以便在气质异常的情况下有足够的书面依据要求上游油气田提高供气质量，甚至提出损坏设备的补偿。

（3）储备一定数量的备件，增加易损备件的储备定额。包括天然气处理各环节的过滤滤芯、密封垫片、压缩机干气密封套件等；同时配备维护检修的工具和设备。建立氮气的供应联系机制，保证有充足的氮气使用供应。

（4）各站场已完成了新增干气密封前置过滤器的安装和投用，前置过滤器的使用效果非常明显，大大降低了干气密封双联过滤器滤芯的更换频率，增加了滤芯使用寿命，节省了人力、物力、财力。

（周文翔 整理；葛建刚 审核）

（七）典型问题 7：天然气压气站场余热发电应用

随着国内天然气管输行业的迅速发展，压气站用于天然气输送的压缩机组数量也成倍增长，目前国内已建成逾 200 台燃驱压缩机组。单台压缩机组运行日耗气量超过 $10\times10^4m^3$，而其效率不足 40%，如果燃驱压缩机尾气直接排入大气，在造成能量浪费的同时，也会对环境造成较大的热污染。目前较为成熟的做法是根据朗肯循环，把燃气轮机尾气引入余热锅炉，将液态水加热成高压蒸汽，利用高压蒸汽推动汽轮发电机发电。霍尔果斯首站作为燃驱机组开机数量较多的站场，具备余热发电的有利条件。

霍尔果斯压气站拥有 8 台额定功率为 31.47MW 的压缩机组，平时运行 4 台机组。针对压缩机组的尾气回收利用，为该站配有 2 台 110t/h 余热锅炉和 2 台 25MW 汽轮发电机，其燃气、蒸汽联合运行模式如图 1-61 所示。

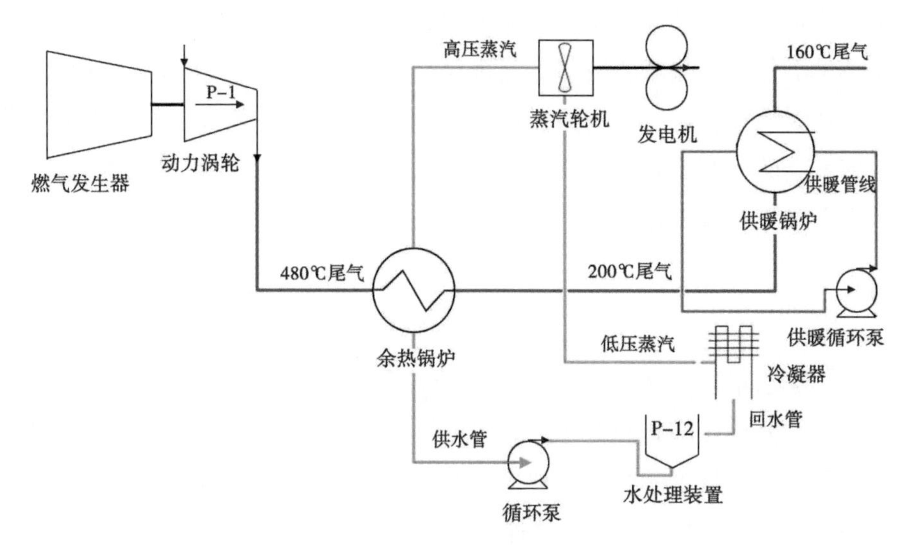

图 1-61　余热发电流程示意图

燃料气在燃气发生器中与空气混合燃烧后，产生的高温、高压气体作用在动力涡轮上，推动动力涡轮旋转带动压缩机做功。动力涡轮出口尾气温度在 480℃左右，一般情况下会直接排入大气。余热发电是通过回收动力涡轮尾气，引入余热锅炉与循环水进行换热，将水加热成高温、高压水蒸气，高压水蒸气对蒸汽轮发电机组做功进行发电。流经余热锅炉的 480℃尾气与循环水换热后，温度降至 200℃左右，为有效利用剩余的热量，再将其引至供暖锅炉，继续与供暖循环水换热，通过调节阀门开度控制供暖锅炉出水、回水温度，可在冬季为周边单位稳定供暖，最终尾气温度降至 160℃左右后排放至大气。

相对于该项目的经济效益，其所获得的环境效益更为突出。首先，该项目回收直接排入大气的余热，将压缩机组尾气温度由460℃降低至160℃左右，有效减少了天然气压气站场对大气的热污染。其次，按每天有效发电量30×10^4kW·h，每年正常运行300d，可以发电9×10^7kW·h。

按照国家发改委推荐折算标准：每千瓦·时电折合0.404kg标准煤，1t煤燃烧排放二氧化碳2.62t，有毒气体二氧化硫8.5kg，氮氧化物7.4kg。则每年可有效降低火力发电标准煤消耗量36360t，相当于减少二氧化碳排放95263.2t，减少二氧化硫排放309.06t，减少氮氧化物排放269.06t，可见该项目在节能减排方面的效果也是非常显著的。

余热发电作为一项重要的节能减排途径，被确定为国家十大节能减排工程之一，它在天然气管输行业的应用有效解决了天然气压气站能源利用不合理、利用效率不高的问题，降低了二氧化碳、二氧化硫等物质的排放强度。随着更多余热发电项目的建设投产，其在节能环保方面的作用将也会更加突出。

（赵吉龙 整理；葛建刚 审核）

（八）典型问题8：机组监屏卡片提升应急能力

独山子分公司压缩机创新实行“监屏提示卡”生产管理，旨在提高现场值班调度及运行人员第一时间发现、处置、消除隐患的应急处置能力，做到压缩机报警、隐患等突发事件“3分钟”处置响应原则，提升了青年员工队伍能力素质，减小了压缩机故障报警应急处置响应时间，有利于压缩机安全平稳运行。

（1）立足问题，具备应急处置响应能力。

2017年上半年，独山子分公司压缩机故障停机率偏高，西二线压缩机高负荷运行，同时要对新投产电驱机组摸索运行。对新投产机组不熟悉、设备磨合突发故障率高等因素，造成机组长期一段时间运行不太稳定，耗费了运行人员的精力，运行人员竭力控制停机势头，可效果不大。2017年下半年开始，独山子分公司深刻反思压缩机管理运行中的问题，将历次压缩机故障停机进行统计分析，发现绝大部分停机是可预防的，如果处置得当，是可以消除停机及压缩机故障的。

为了进一步验证与分析压缩机故障停机原因，独山子分公司将公司近三年压缩机故障停机报告进行统计分析，并向其他分公司请教问题，组织分公司压缩机专业人员一起集中讨论，响应公司“提高压缩机平均无故障运行时间”方针，制定策略。

（2）制定标准，倡导前期“3 分钟”响应处置原则。

在调度室，值班人员可通过压缩机人机界面发现报警信息，为此，制定的报警识别及处置指导书命名为“监屏提示卡”意为通过监视运行参数、屏幕报警发现异常时，通过提示卡步骤、内容进行前期处置，以避免压缩机故障停机或压缩机次生灾害事件发生。

为响应“前期处置”原则，梳理历次压缩机故障停机报警，制定了《外电闪断应急处置卡》《厂房天然气泄漏应急处置卡》《仪表风压力低应急处置卡》等涉及机械、电气、控制类提示卡 24 项。

通过实施“监屏提示卡”现场管理，有效减小了压缩机现场应急处置响应时间，提高了压缩机平均无故障运行时间。2018 年，独山子分公司平均无故障运行时间已超过 4400h，“小小”卡片发挥了“大数据”作用，这就是“监屏提示卡”带来的“效果”。

“监屏提示卡”并不是一成不变，而是在实践中完善内容，同时新的问题出现时，及时补充卡片数量，不停吸收与充实“监屏提示卡”管理内容，不断适应机组运行新动态发展要求。目前，独山子分公司正在将“卡片”推广到电气、仪表、设备管理中去，让“监屏提示卡”在安全生产管理中发挥“中流砥柱”作用。

（曾令山 整理；葛建刚 审核）

第三节 电气系统

电气系统作为输气站场的经络，通过电气网络将电能供给到各个设备，成为整个工艺系统安全平稳运行的动力保障。电力系统稳定性影响着核心设备运行乃至整个工艺系统的稳定，是输气站场必不可少的辅助系统。

通过对10年来运维过程中典型问题的梳理分析，得出电气系统的问题主要集中于设计、产品和安装质量三个方面。

一、设计方面

（一）典型问题1：GE燃驱机组晃电问题

霍尔果斯压气站作为西二线、西三线首站，是天然气输送的龙头站场。2015年，霍尔果斯压气站4台GE燃驱机组因外电波动引起的机组非计划停机12次。

对此，分公司电气小组进行霍尔果斯外电波动分析并进行电能监测。造成电压波动的原因为首站外部电网相对薄弱，且高压进线架空线路较长，造成站场供电电能质量不高。电能质量低和压缩机组辅助系统抗晃电能力弱，是造成此项问题的主要原因。

通过对2015年在霍尔果斯站现场的电能质量监测数据分析发现，站内0.4kV系统侧电压波动时间在3~5s，电压波动范围在额定电压的20%~80%。当外电出现波动时，GE燃驱机组运行期间的主要附属用电设备GT箱体通风电机、矿物油冷却器变频电机、矿物油油雾分离器电机和站场空气压缩机组受其影响，引起对应工艺参数变化联锁停机。针对外电网的电压暂降和短时中断故障造成电机自动停机这一问题，从以下几方面进行了优化。

一是采用站内 UPS 电源替代上述相关电机控制回路电源，保证其接触器线圈控制电压不受外电波动影响，造成线圈自动释放停机。

二是增加一套 0.4kV 母线电压监控装置，在母线电压低于额定电压 70%时，启动时间继电器，如母线电压波动在 5s 内恢复，此时电机控制接触器未释放，电机将保持运行，不会停机。如果母线电压波动超过设定时间，监控装置将切断上述电机的控制电源，电机控制接触器自动释放断开电源，保证电机的正常停机，防止长时间断电后，突然来电造成电机无控制自启动，造成人员及设备的损害，供电改造如图 1-62 所示。

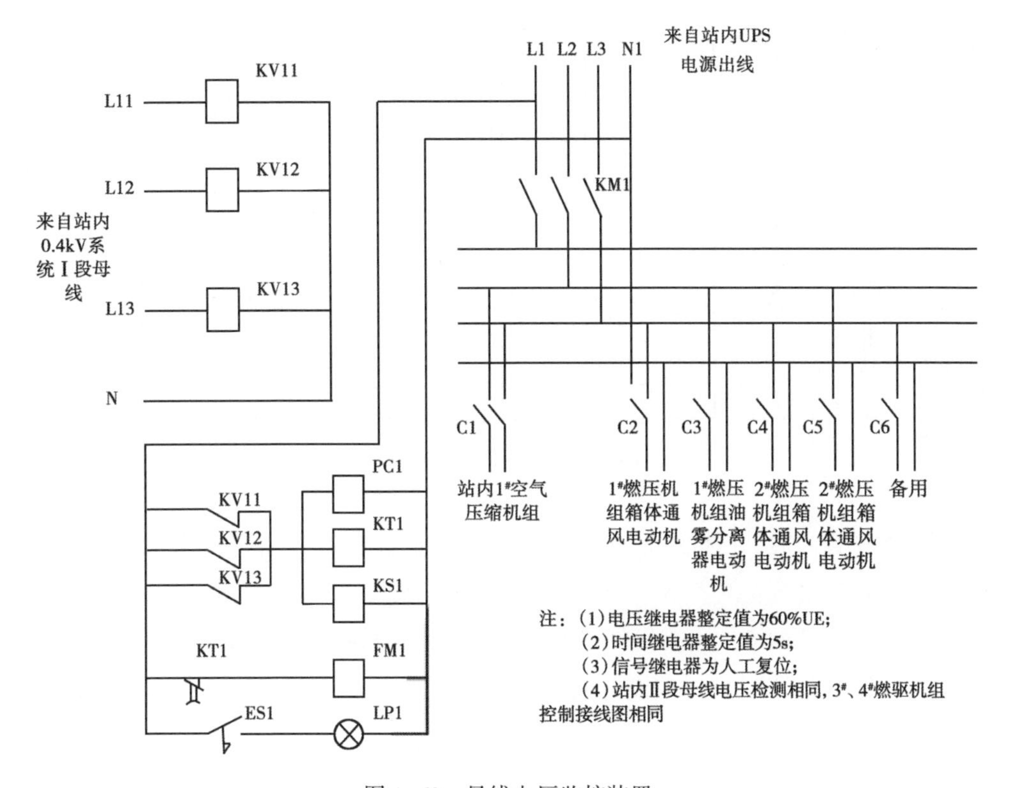

图 1-62　母线电压监控装置

三是修改变频器参数，启动变频器故障（单次）自动复位功能，实现电压波动后的变频器抗干扰自动复位。

四是针对 GE 机组箱体通风风机抗晃电能力差的特性，每台机组的两台风机在修改变频器参数的基础上，将一台风机改造为工频风机（图 1-63），电机启动时依靠变频器实现启动，当电机全压输出后切换到工频运行模式，保证在电压波动（5s 内）时依靠电机旋转惯性电机正常运行。

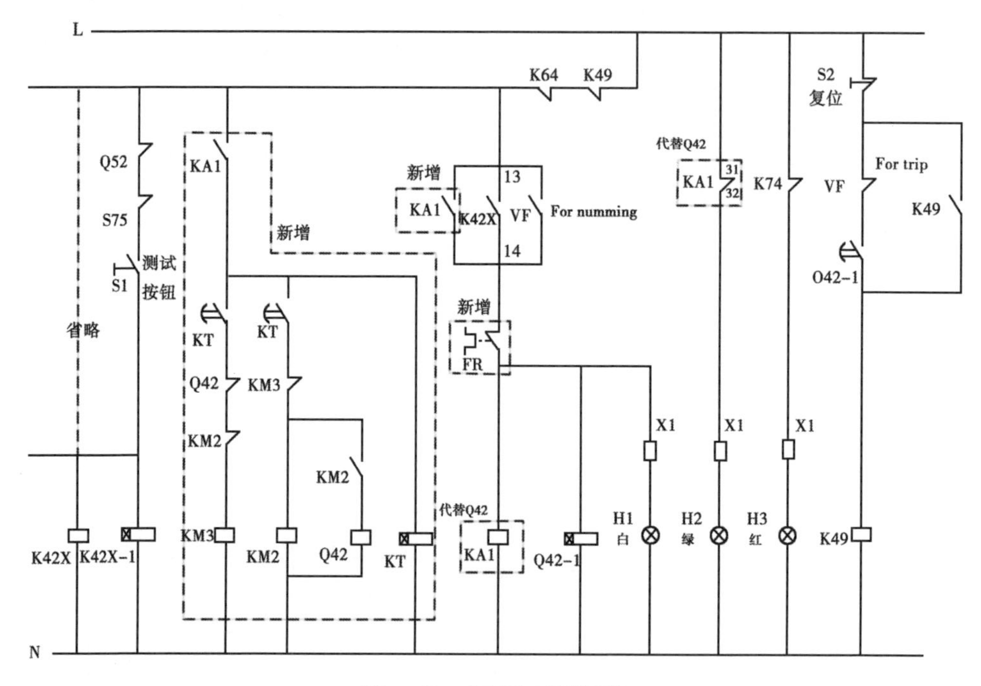

图 1-63　变频改工频回路

通过分公司对 GE 机组辅助系统供电的改造优化，目前霍尔果斯压气站已经可以有效抵御“晃电”对压缩机组的影响，提高了压缩机组运行的可靠性。在今后输气站场的 GE 压缩机辅助系统设计中，建议充分考虑外界电网波动等对敏感电气设备的影响，在设计时就保持压缩机关键电气辅助系统具有较高的抗干扰特性。

（徐帅 整理；马振军 审核）

（二）典型问题 2：电气化铁路对电气系统干扰的问题

2011 年 7 月自上级供电系统运行方式调整后，站内软启动柜不定期、不定时出现保护停运情况，其中软启动柜2次显示电流不平衡，3次显示低电压。自系统后台发现，在每次跳机的瞬间都出现瞬间电压降低，测试排除软启动柜及站内母线故障后，进一步进行电能质量监测。

依据GB/T 14549—1993《电能质量公用电网谐波》及GB/T 15543—2008《电能质量三相电压不平衡》规范对照监测结果表明，当外部有电力火车通过时，检测到3次谐波电压含有率超标、三相电压不平衡度超标、奇次谐波电流含有率超标、功率因数偏低。

引起站内软启动保护跳闸的主要原因是背景三相电压不平衡导致的三相电流不平衡，并且不平衡值已经超过软启动的保护定值，进而引起软启动保护动作，最终导致电机停机。为了解决这个问题，分公司电气小组针对三相电压不平衡，通过设计、调研，对比三种运行方式下所需无功补偿量，最终选择了角型3.6MVar SVG装置进行电能质量治理。三角形接法SVG电能治理装置可单独补偿负载无功、负载谐波及三相电压不平衡，响应时间为软启动的保护动作时间（5s的1/200），完全可以在电机软启动保护动作之前进行补偿。2014年SVG通过运行测试，各项电能指标均符合国家标准，测试结果见表1-2。

表1-2　谐波电压畸变率及电压三相不平衡度表

名称	谐波电压畸变率（%）	电压三相不平衡度（%）
最大值	4.94	1.54
最小值	2.17	0.09
95%概率大值	3.44	0.21
国家标准限值	4.0	1.3

通过应用SVG无功补偿装置，解决了电气化铁路对站内设备的影响，为解决类似问题积累了经验。

西三线输气站场外电线路长、容性无功大，电驱机组停运时功率因数只有0.4，造成了大额力调电费的支出并拉低了电网电能质量。针对此项问题，西三线输气站场补充增设了SVG无功补偿装置，SVG装置具有恒功率因数、恒无功补偿、动态无功补偿、恒电压补偿四种模式，可以动态进行无功补偿，目前四种模式已经调试完毕，在提高功率因数方面具有显著效果。

随着电网快速发展与电气化铁路广泛建设，谐波、负序电流对用户低压侧、二次侧的影响逐步超过了主电网高压部分，远距离输送线路使传统的电容补偿已经不能满足电网的发展和设备的使用要求，为一次性做好设计工作，建议新建站场时充分考虑谐波、负序电流、功率因数等对设备运行的影响，使设计具有前瞻性。

（徐帅 整理；马振军 审核）

（三）典型问题3：阀室设备与仪表漏电问题

西三线赛里木湖段阴保电位自投产以来受外界杂散电流干扰严重，3#阀室的恒电位仪无法恒电位运行。

由于西三线干线阴极保护采用全贯通方式，建设期干线设计未设置绝缘接头。一旦出现问题无法单独调整，特别是外界杂散电流干扰问题尤为突出，外界杂散电流可以通过远距离传导影响管道保护电位，导致电位波动，不能通过绝缘接头切断传导而来的杂散电流对阴保电位的影响。

为解决此类问题，对阀室电位进行了排查测试。3#阀室为RTU阀室，设有1台恒电位仪，为西三线管道提供强制电流阴极保护，其输出参数见表1-3。

表1-3　3#阀室恒电位仪输出参数

保护位置	运行模式	保护电位（-mV）	控制电流（A）	输出电压（V）	输出电流（A）	运行状况	备注
西三线	恒电流	865	5.46	12.61	5.60	合格	无法恒位运行

从表中可以看出，3#阀室恒电位仪由于受到赛里木湖段电位波动的影响，无法恒电位运行。

进行3#阀室的管道电位和接地电位测试，数据见表1-4。

从表1-4中可以看出，西二线和西三线的管地电位和接地电位十分接近，因此可以初步判断3#阀室接地网已经和管道导通，并且Shafer气液联动阀为阴极保护疑似漏电点。

表 1-4　3#阀室管道阴极保护电位测量表

管线	位置	管地电位（V）	接地电位（V）	是否绝缘	备注
西三线	管道仪表处	-0.99	-0.99	否	
	Shafer 气液联动阀	-1.00	-0.99	否	疑似漏电处
	引压管连接处	-1.02	-1.01	否	
西二线	管道仪表处	-0.83	-0.86	否	
	Shafer 气液联动阀	-0.84	-0.82	否	疑似漏电处
	引压管连接处	-0.83	-0.85	否	

4#阀室为普通截断阀室，其电位测试结果见表 1-5。

表 1-5　4#阀室管道阴极保护电位测量表

管线	位置	管地电位（V）	接地电位（V）	是否绝缘	备注
西三线	管道仪表处	-0.78	-0.76	否	
	Shafer 气液联动阀	-0.78	-0.75	否	疑似漏电处
	引压管连接处	-0.76	-0.77	否	
西二线	管道仪表处	-1.12	-1.10	否	
	Shafer 气液联动阀	-1.15	-1.14	否	疑似漏电处
	引压管连接处	-1.16	-1.14	否	

从表 1-5 中可以看出，西二线和西三线的管地电位和接地电位十分接近，因此可以初步判断 4#阀室接地网已经和管道导通，并且 Shafer 气液联动阀为阴极保护疑似漏电点（图 1-64 和图 1-65）。

通过对排查阀室内接地漏电位置进行整改，3#、4#阀室通过仪表绝缘卡套接头更换、绝缘垫片隔离 Shafer 气液联动机构电控单元与阀体，阀室仪表接地等对阴极保护的影响得以消除。同时在 3#阀室西二线与西三线连接部分增加绝缘接头，防止西二线、西三线阴极保护互相干扰。

建议从长期安全效益考虑，关注仪表等设备与管道绝缘，增设绝缘接头，避免管道发生腐蚀风险。

（李执凯 整理；徐帅 审核）

图 1-64　阀室设备接地整改

图 1-65　阀室总貌图

（四）典型问题4：阀室冬季太阳能供电问题

自进入2015年冬季以来，西二线和西三线阀室，经常性出现因太阳能系统供电中断，造成通信设备失电，阀室数据无法远传，远程操作设备功能失效等问题，严重影响输气管线正常运行。

太阳能电源系统在白天有日照时，由太阳能极板方阵发电，给蓄电池充电，同时供给负载；在夜晚和阴雨天等无日照情况下，由蓄电池放电给负载。阀室供电中断的原因主要如下：一是新疆地区冬季大雪天气期间，极易发生大雾天气，最长时间持续达一周左右，造成光照不足，太阳能系统无法给电池充电，电池长期馈电；二是太阳能系统因光照不足，无法持续给电池充电，造成电池长期处于馈电状态，长时间导致电池储存电能的性能下降，影响电池使用寿命。

针对此项问题，分公司统筹考虑，提前梳理阀室所处的地理位置，采取两种方式解决阀室供电问题。一是对于阀室周边具备引入外电条件的情况，将220V交流电源接入太阳能控制柜，阀室设备同时有市电、太阳能系统和电池三种电源无缝切换供电，极大地提高了阀室供电系统的可靠性；二是对不具备引入外电的阀室，通过对RTU通信机柜的太阳能系统进行扩容，提高供电的时长。

通过以上措施，2018年冬季期间，阀室未发生一起太阳能系统供电中断事件，节约了人力资源，提高了设备的完好率。

随着智能管道、智慧管网的建设和投用，新增的自控设备、监测仪器越来越多，对供电的容量和可靠性要求越来越高，建议后期新建管道阀室供电系统在设计阶段优先考虑引入外电系统。

（韩练辉 整理；徐帅 审核）

（五）典型问题5：关键设备电气辅助系统供电风险问题

运行中发现西二线、西三线站场自投产运行以来，部分关键电气辅助系统存在供电风险，如工业循环水系统、空压机控制系统，一旦供电失效，直接造成压缩机组停机。

工业循环水供电系统存在 ATS（双电源转换开关）单一节点供电问题（图 1-66），切换时间无法保证机组连续运行。

图 1-66　循环水供电系统双电源自动切换装置

为此，将 ATS 装置拆除，由Ⅰ段母线带 1#、2#循环泵运行，Ⅱ段母线带 3#、4#循环泵运行，使用两路独立电源分别为两台水泵电机供电（图 1-67）。经过改造，在倒闸切换时，任意一路均由两台水泵正常运行，不影响机组运行。

西二线空气压缩机控制系统由空气压缩机单体控制器、PLC 控制柜构成，其中 PLC 控制柜由市电供电。在自动控制模式下，PLC 控制柜自动控制各空气压缩机主备运行，当出现电网晃电、倒闸操作临时断电、故障停电等情况时，控制柜断电重启后 PLC 内部变量将重新复位，空气压缩机无法自动启动，且会造成 PLC 程序故障，空气压缩机若不能及时启动，将导致压缩机因仪表风系统供气不足故障跳机。

为此，通过由 UPS 为空气压缩机 PLC 控制柜供电，实现在市电出现波动或临时负荷调整时，PLC 能够保持带电运行，保证空气压缩机控制系统能够及时启动，进而保证机组正常运行。

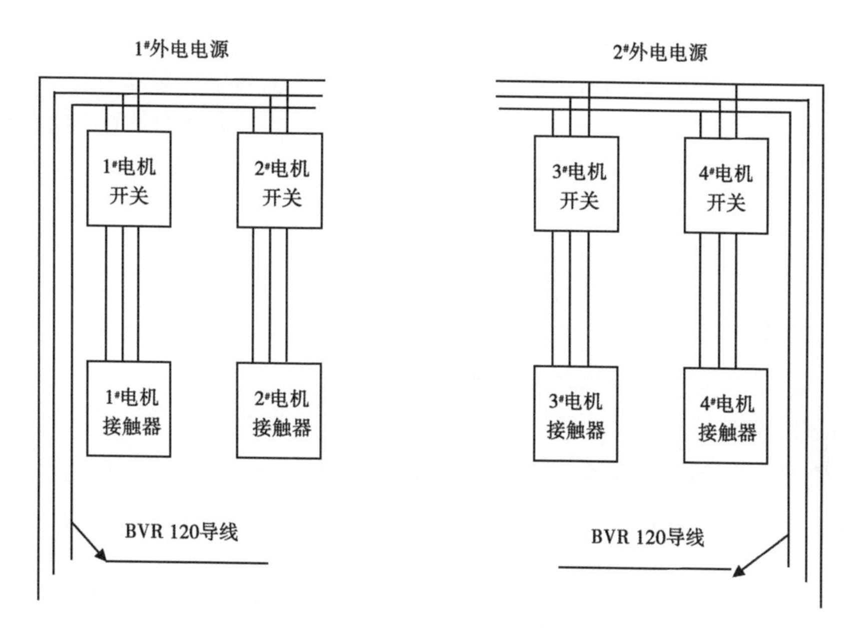

图 1-67 循环水供电系统电源改造示意图

通过对以上关键电气辅助系统供电风险问题的识别和改进，未再发生此类问题导致的停机事件。建议设计关注辅助系统供电风险的评估考量。

（李执凯 整理；徐帅 审核）

（六）典型问题 6：西二线、西三线综保系统整合问题

西二线电力综保系统经过 10 年左右的运行，原有电力综保系统已经老化，随着西三线新建变电所的投入运行，站场存在新老系统同时运行的情况。设备品牌繁多，数据无法有效传输，多种规约转换导致数据存在偏差，不能真实反映实际运行状态；同时使用多种厂家设备，导致备件存储成本增加，运维难度增加，人员技术技能水平要求提高。

对此以霍尔果斯首站为试点，将西二线和西三线综保系统进行整合并纳入公司实施的区域化电气监控系统。实现保护功能的界面统一，使西二线、西三线变电所自动化系统具备测量、控制及远动功能统一运行，远动数据传输设备信息资源共享。

通过方案设计，制订了西二线、西三线综保优化整改的实施方案。将北京四方继保自动化股份有限公司综保系统拆除，只保留其综保机柜体。国电南京自动化股份有限公司（以下简称国电南自）在四方综保机柜体内增加规约转换器和光纤收发器等附件，将原西二线低压开关柜数据和西三线 10kV 环网柜的负荷开关状态、接地开关状态、电流参数接入西三线南自系统。国电南自将西二线与西三线电气界面和数据整合后再上传到站控室电气监控系统，西二线北京四方综保后台拆除，东方电子进行数据接收，并在乌鲁木齐电气监控系统后台完成界面组态和数据的接收与调试。

通过以上改造，霍尔果斯首站、精河压气站、乌苏压气站等经过电力综保系统整合后，新系统具备全站电力系统统一调配功能，电力值班员监控界面合二为一，监控系统误操作、操作时间长等问题得到解决，为站场电力监控及远程集中监视提供了有力保障。建议新建项目设计提前进行系统规划，超前考虑系统扩容，降低整合成本。

（李执凯 整理；徐帅 审核）

（七）典型案例 7：电力综保系统时钟同步问题

西三线 110kV 供电系统完成建设投用，西二线、西三线综保系统完成整合优化，西三线变电所使用 110kV、10kV、0.4kV 多种电压等级系统在站场各个区域分散式布置，电力系统时间不同步将增加故障排查难度。

为保证电力系统的安全稳定运行，电力系统自动化控制装置在引入大量参数测量的同时给电网监控系统的实时监控检测带来了难度，造成这样的混乱局面是由于测量装置或设备正常工作时是以各自的内部时钟为准，无法形成统一的时间基准，而电网时间的偏差对电力系统内的相位比较、故障记录、事件顺序排查等工作造成严重干扰及威胁。

为此，增加时钟同步装置（图 1-68）。西三线使用的为国电南自 GPS-01 系列卫星同步时钟装置，使用 GPS/北斗授时系统，当两路输入信号均正常或者仅有一个信号异常时，输出信号应被视为同步正常，被授时设备应采用主时钟输出信号。当主时钟两路输入信号均有异常时，输出信号应被视为同步异常，被授时设备应采用备时钟输出信号。

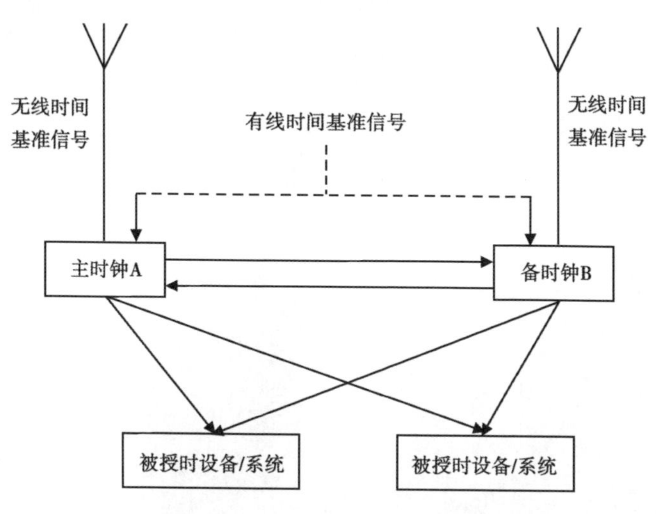

图 1-68 时间同步装置示意图

以上系统经过统一授时，可以将各个系统的故障报文、故障波形录入、保护动作等时间统一锁定在毫秒级别以内，为国家电网与站内供电系统组网运行奠定了坚实基础。

（李执凯 整理；徐帅 审核）

二、产品及安装质量

（一）典型问题 1：某牌 GIS（六氟化硫封闭式组合电器）泄漏问题

2016 年 12 月 16 日，西二线、西三线某站在巡检过程中发现 1150 母联断路器气室压力下降至报警值 0.55MPa，运行人员立即采取措施将母联断路器退出使用，并进行强制通风，使用手持式六氟化硫检测器对母联断路器所有隔断及焊缝进行仔细检测（图 1-69）。通过检测，确定某牌母联断路器执行机构箱体底座焊缝位置，厂家进行打磨后用铅块和专用胶进行临时处理。

通过同类产品排查，共发现 7 处漏点，分为两类：壳体沙眼、互感器接线盒密封圈。根据 DLT 617—2010《气体绝缘金属封闭开关设备技术条件》要

图 1-69　环焊缝处 SF6 检测器高高报警

求，每个封闭压力系统允许的相对年漏气率应不大于 5%，通过对现场情况分析，某牌 GIS 罐体焊接工艺存在缺陷、出厂检测不到位，密封件或密封面有缺陷。

对此建议：

（1）在技术协议中明确对壳体结构及强度的设计、焊接及无损检测的执行标准进行规范。

（2）严格把关设备的出厂试验，必须提供第三方检测的检测报告，必要时关键设备进行驻厂监造。

（3）工程物资到货时，要及时认真进行物资验收，及时发现设备存在的明显缺陷。

（4）加强施工安装中的监管力度，避免因安装不规范造成设备损坏而留下运行隐患。

（李执凯 整理；徐帅 审核）

（二）典型问题 2：变电所防火封堵问题

西二线、西三线变电所在建设时，施工过程中存在防火封堵不符合现行标准，留下火灾隐患等问题。

现场防火封堵按照 GB 50186—2006《电气装置安装工程 电缆线路施工及验收规范》要求在电缆穿过竖井、墙壁、楼板或进入电气盘、柜的孔洞处，用防火堵料密实封堵；对重要回路的电缆，单独敷设于专门的沟道中或耐火封闭槽盒内，或对其施加防火涂料、防火包带；在电力电缆接头两侧及相邻电缆 2~3m 长的区段施加防火涂料或防火包带。保证电缆线路通过建筑物时密实紧致，有效阻燃。

分公司电气小组积极开展电气封堵问题的排查，分析问题原因，与现有标准对标，开展变电所整改工作。

变电所防火封堵问题整改。在重要回路电缆沟设置阻火墙（耐火包+有机堵料）（图 1-70），耐火极限不低于 2h；对于小于 $1m^2$ 的小孔洞，使用无机堵料与有机堵料进行封堵；对于大于 $1m^2$ 的孔洞，使用耐火包与有机堵料组合封堵；在穿墙电缆两侧刷电缆防火涂料，厚度为 0.3~0.5mm。

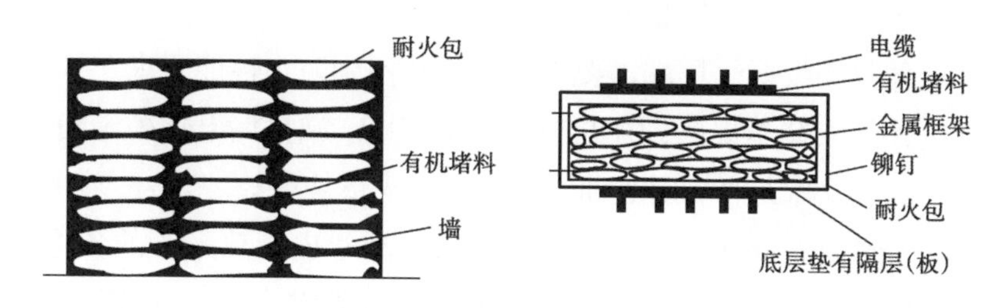

图 1-70 防火封堵结构图

通过持续 2 年的变电所防火封堵的整改工作，消除存在的防火封堵问题，提高了变电所抵御火灾的能力。

针对以上问题，建议在建设时严格按照施工方案进行，增派专业监理进行现场监督，保证关键施工质量。

（徐帅 整理；马振军 审核）

（三）典型问题3：防爆电气安装、维护问题

2017年6月20日，某压气站水露点分析仪着火，造成了ESD保护停机。此事件原因有三点，一是引压管失效造成天然气泄漏；二是水露点分析仪控制箱进入爆炸性混合气体；三是引压管电伴热屏蔽层未接地，电伴热漏电保护器未接零线，水露点分析仪温控器进线端子未压接线鼻子，接线端存在毛刺，温控器间歇工作加热天然气时，加热器频繁启停，造成毛刺放电着火。

从现场管理角度出发，举一反三自我检查，输气站场存在防爆电气安装、维护问题，分为电伴热安装、维护问题，防爆配电箱防爆性能问题。

1. 电伴热安装维护存在的问题

电伴热安装维护存在问题如下：

（1）防爆区域所使用电伴热带及其配件应具有防爆性能。

（2）保温设施良好的室内外天然气工艺管线等不需要伴热保温。

（3）输气管道电伴热带温度组别要求在T4以上，现场存在大量高温无温控器电伴热，形成安全隐患。

（4）电伴热的金属屏蔽层防护能力有限，埋地电伴热存在造成电伴热绝缘破坏的风险，接线不规范形成安全隐患。

（5）电伴热接线盒、尾端需要专用附件达不到防水性能要求。

（6）电伴热安装不规范，存在屏蔽层不接地、缺少漏电保护等问题，一旦形成短路、接地故障，可能引起油气介质的火灾爆炸事故。

针对以上问题进行整改：（1）更换不符合要求电伴热系统的各电气部件。（2）拆除保温，对照标准安装图集进行电伴热带敷设。（3）定期测试电伴热系统回路绝缘性能，及时发现电伴热系统隐患。（4）检查电伴热带保护层必须在电源接线盒内部连接接地端子接地，金属保护层不得在外部接地，避免进水受潮，接地电阻不大于4Ω。（5）电伴热系统保护开关容量与启动电流相匹配。（6）停用不必要的电伴热，降低运行风险。

建议在后续的工程项目组充分论证增加电伴热的必要性，尽量减少不必要的电伴热的安装使用，严把电伴热安装质量关，避免后期整改困难。

2. 配电箱防爆性能存在的安装问题

配电箱防爆性能存在的安装问题（图1–71）如下：

（1）防爆配电箱盖与箱体之间密封不严，密封圈老化失效。

（2）电缆进出防爆电气设备，出线口处未安装橡胶垫片和金属垫片。

（3）防爆设备接线端子箱与控制部分使用浇筑密封。

（4）电缆进出防爆电气设备的钢管或挠性管连接时未使用防爆密封接头，连接松动。

（5）防爆配电箱开关旋钮卡阻，缺少绝缘堵头。

（6）接线端子松动。

图 1-71　防爆配电箱封堵图示

针对以上问题进行整改：（1）更换老化密封圈。（2）增加橡胶垫片、金属垫片。（3）安装绝缘堵头，绝缘胶泥补充封堵等。（4）定期进行机械结构及接线检查。由于设备已经安装完毕，很难彻底整改。

建议在防爆电气安装时严格按照标准规范、施工方案施工，拒绝野蛮施工，确保防爆电气设备起到安全防护的作用。

（徐帅 整理；马振军 审核）

（四）典型问题4：防雷防静电接地问题

西二线建成投产以来，尽管在设计之初有以上防雷、防静电的严格要求，但在运行过程中，通过适应性改造，在初步设计方案的基础上增加了许多额外的设施，这些设施在建设过程中未充分考虑防雷、防静电接地问题，因配套不完善等原因未按照规范要求与输气站场防雷、防静电、工作接地做好有效连接，以下几类问题较为突出。

（1）缺少接地。例如，金属架构、电缆桥架、镀锌钢管、仪表变送器等（依照GB 50169—2016《电气装置安装工程　接地装置施工及验收规范》）。

（2）接地阻值不合格（依照GB 50169—2016）。

（3）接地体的搭接面积不够，接地线的截面积不够（依照GB 50169—2016）。

（4）接地体露出地面高度不够，颜色带宽度不符合要求（图1-72）（依照GB 50169—2016）。

图1-72　不合格接地图示

（5）接地螺栓尺寸不够或接地螺栓锈蚀。

（6）接地线布置杂乱，统一接地点压接多个接地线（图1-73）（依照GB 50169—2016）。

图 1-73 正确接地示意图

以上问题的存在，除设计之初未考虑接地，随着标准规范的修改需要增加的以外，大部分是安装接地时为严格按照接地标准要求进行敷设、焊接。后期整改需要大量开挖、在防爆区域进行焊接，增加了不必要的工作量。建议在新增项目实施中，主体项目实施必须考虑接地装置的设计、安装，同时加强验收管理，避免后期反复整改。

（徐帅 整理；马振军 审核）

第四节　仪表与计量

SCADA 系统作为输油气站场必不可少的组成部分，在长输管道站场输油气生产中占有举足轻重的地位。如果将自控系统比喻成站场正常运行的大脑，那仪表系统相当于人体的感觉器官，各个通信、控制电缆等相当于人体神经网络，站场各个系统能按既定程序正常进行，离不开自控系统的精确控制。

通过对站场自控系统运行情况进行系统梳理，发现问题根源主要集中在设计因素、产品质量和系统调试质量三个方面。

一、设计问题

（一）典型问题 1：输气站场自动化系统供电可靠性问题

在运行中发现，PLC 机柜的电源系统未采用冗余设置，只实现了 UPS 单回路供电，同时 PLC 机柜内部供电回路及空开选型等也存在不合理的问题，成为制约 PLC 机柜供电可靠性的绊脚石，降低了 SCADA 系统的可靠性。主要表现在以下几个方面：

（1）PLC 机柜内各设备均是冗余设置，但所有机柜只是单回路供电，220VAC 电源引自站控 UPS，若单台 UPS 故障，将会导致 PLC 机柜整体断电。

（2）PLC 机柜远程机架为双电源模块供电，但两个供电模块使用同一路 220VAC，两台 CPU 也均采用同一路电源。

（3）PLC 机柜供电系统中微型断路器型号选型及匹配不正确，额定电流不符合 C 型曲线级联要求，在负载设备出现短路时将会引起越级跳闸。

为彻底解决 SCADA 系统电源供电可靠性问题，分公司专门成立技术攻关小组，研究优化改造方案，最终确定从以下几个方面开展改造优化工作。

（1）供电系统结构解决方案。

通过在现有 UPS 电源柜配置更换新的空气开关给各个机柜分别提供两路 UPS 以实现双回路供电，UPS 出线柜增加浪涌保护器，防止线路短路等造成系统断电（图 1-74）。

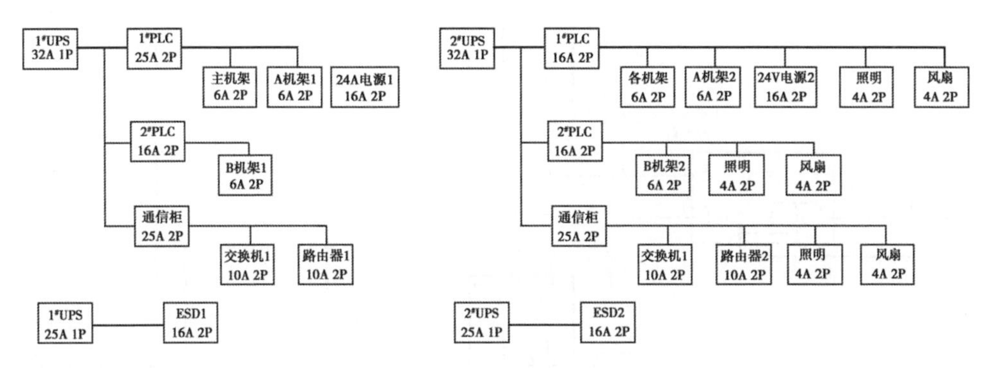

图 1-74　改造后的系统供电图

（2）PLC 机柜 24VDC 供电解决方案。

在 24V 冗余电源模块输出端增加电源冗余模块（图 1-75），防止因电流反向输入到 24V 电源的输出端对电源造成损害，延长电源使用寿命。

（3）增加电源检测功能。

将 PLC 机柜 220VAC 供电改为双回路供电后，在供电回路采用继电器实时监测双电源供电情况，在站控系统上位机画面中添加相应监控报警点，从而使站内人员可以实时监控每路 UPS 供电的工作状态。

通过技术攻关小组充分沟通、讨论，开展此次改造工作，使全线 PLC 机柜供电系统采用统一架构和模式，结构趋于安全、稳定、合理，从根本上解决供电隐患。建议在西四线等其他项目设计阶段，充分进行现场调研，实现 PLC 机柜等控制系统部件的双电源、双回路供电。

（马振军 整理；张海宁 审核）

（二）典型问题 2：输气站场 ESD 回路中断导致 ESD 逻辑误触发

2009—2016 年，西部管道公司所辖站场 ESD 误触发超过 3 次。事后分析，虽然导致 ESD 误动作的原因各不相同，但归纳总结后发现，原因可以分为两

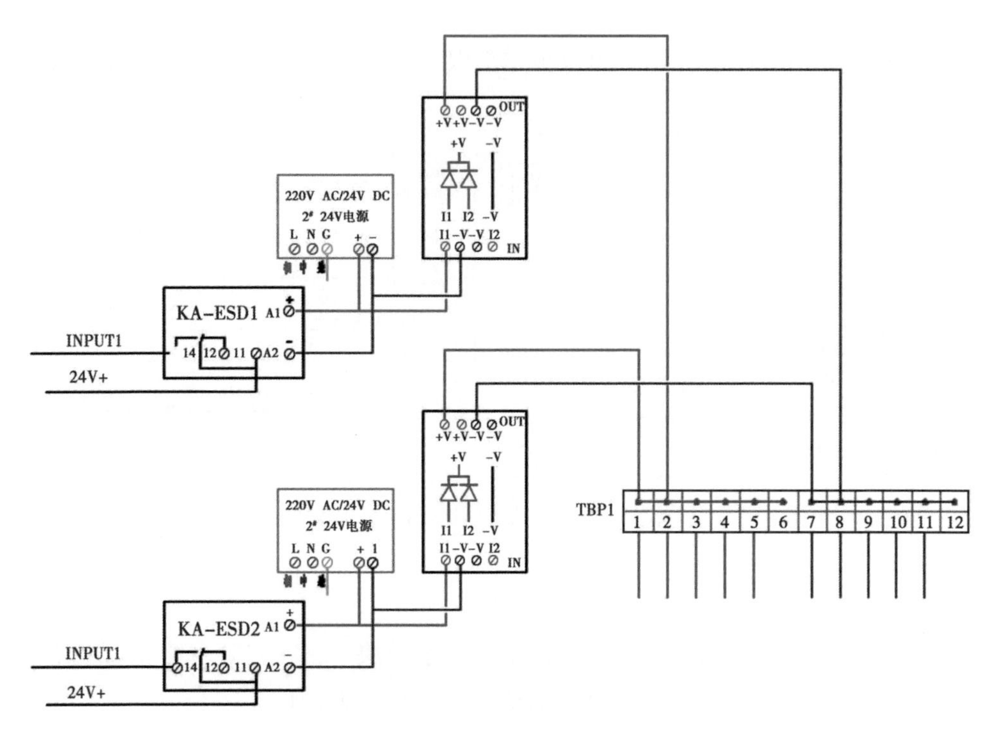

图 1-75　添加冗余模块系统设计图

方面：一方面由于现场施工、断电等直接造成事件发生；另一方面由于 ESD 系统不具备在线诊断判断功能，在事件发生时不能及时准确地识别是正常触发还是误触发，只能在事件发生后被动调查现场原因，降低了 ESD 系统的整体可靠性。

为了有效解决这一问题，分公司自动化小组开展技术攻关，依据 GB/T 50770—2013《石油化工安全仪表系统设计规范》，更换了现场 ESD 按钮、卡件以及电源等设备，增加了在 ESD 按钮输入回路设置线路开路和短路检测故障检测功能（图 1-76），同时重新编写程序。通过这一技术改造，使现场自控系统可靠性得以大大提升，实现了 ESD 回路在线诊断。

ESD 系统在线诊断技术已在公司其他站场进一步开展推广应用，同时也将在西四线等站场进行全面应用。

（马振军　整理；张海宁　审核）

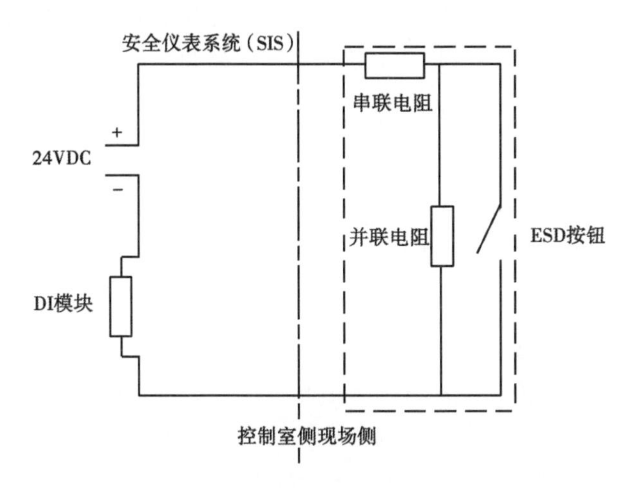

图 1-76 带诊断电路的 ESD 按钮接入系统 DI 模块的等效电路

（三）典型问题 3：自控系统防浪涌设计

油气管道过程自动化控制程度迅速提高，精密的电子及仪表设备在过程控制领域被广泛应用。然而，随着集成度的提高，现代电子设备的耐电压冲击能力却显著降低，雷电产生的瞬间浪涌及其产生的电磁脉冲对电子设备的损害呈逐年上升趋势。因此，长输管道控制系统中都安装有防浪涌设备，以有效提高现场控制系统设备的安全性。

过程自动化系统有其本身的特点——设备多、集成化程度高、设备精密。输油气现场常见的自动化设备主要有变送器（温度、压力、液位）、电动/气动执行器、集散控制系统、PLC 以及其他控制器件。现代过程控制还引入了多种通信技术。可以说，过程控制的信号错综复杂，设备广泛分布，因此需要一套完整的保护体系。

浪涌保护器又称避雷器、防雷栅、浪涌抑制器，其核心功能是泄流与限压。目前，浪涌保护器采用的浪涌抑制器件有气体放电管、氧化锌压敏电阻、齐纳二极管等（表 1-6）。

浪涌保护器结构与接地的考虑：过程控制系统的浪涌保护器按安装地点分为现场型和机柜型，设计时需要重点考虑安装牢固、接地可靠。现场型浪涌保护器需要能够方便固定，因此采用螺纹旋接在现场仪表的进线接口上，内部泄放电路的地通过不锈钢壳与现场仪表的外壳地连接；机柜型浪涌保护器以导轨安装形式固定于机柜的进线处，现场多采用导轨自然接地，将接地点通过金属弹片引到 DIN 导轨上，整个导轨一次性接到接地母线上，实现“安装即接地”。

表 1-6　不同浪涌抑制器件优缺点对比

序号	浪涌保护器抑制器件	原理	优点	缺点
1	气体放电管	当浪涌电压侵入时，放电管里的两极间气体发生电离，此时两极间阻抗降低，给浪涌提供泄放通道	浪涌吸收能力大，泄放电流可大于数十千安	对浪涌电压响应速度较慢，有较高的残压
2	氧化锌压敏电阻	浪涌造成温度超限时，低温焊锡熔化，使其迅速分离脱扣，断开与电源的连接	反应速度更快，在毫秒到微秒之间	电容较大，不适合在通信线路中使用
3	齐纳二极管	利用齐纳效应，以达到电压箝位目的	灵敏度极高	通流能力小

现场型浪涌保护器选型（图 1-77）如下：

（1）现场仪表应该用 ExdIICT4 防爆或 ExiallCT4 本安设计，基本参数为雷电通流量 $I_{max}=20kA$（8/20μs），电压保护水平 $U_p \leqslant 90V$，$I_i \leqslant 5\mu A$。

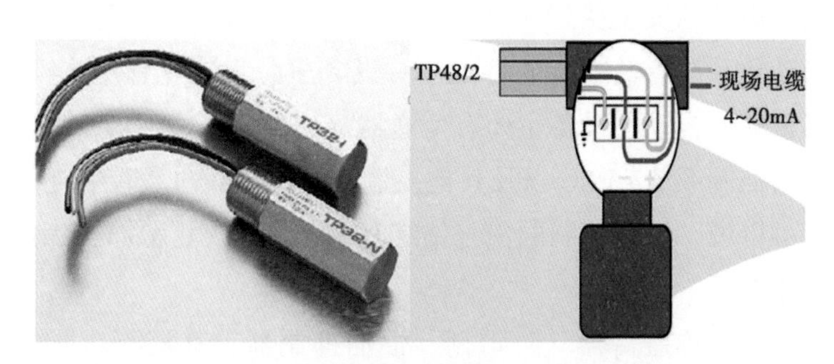

图 1-77　现场型浪涌保护器及其接线方式

（2）对于机柜型 220/380VAC 电源浪涌保护器（图 1-78），需要使用性能优越，高雷电流容量，强雷区，内置过流、过热熔断保护的浪涌保护器。基本参数为 $I_{max}=80kA$（8/20μs），$U_p \leqslant 1200V$，$I_i \leqslant 1mA$。

图 1-78　机柜型 220/380VAC 电源浪涌保护器

（3）针对机柜间内信号 24VDC 浪涌保护器（图 1-79），应采用 Exiall CT4 本安设计，基本参数为 I_{max}=20kA（8/20μs），U_p≤60V，I_i≤5μA。

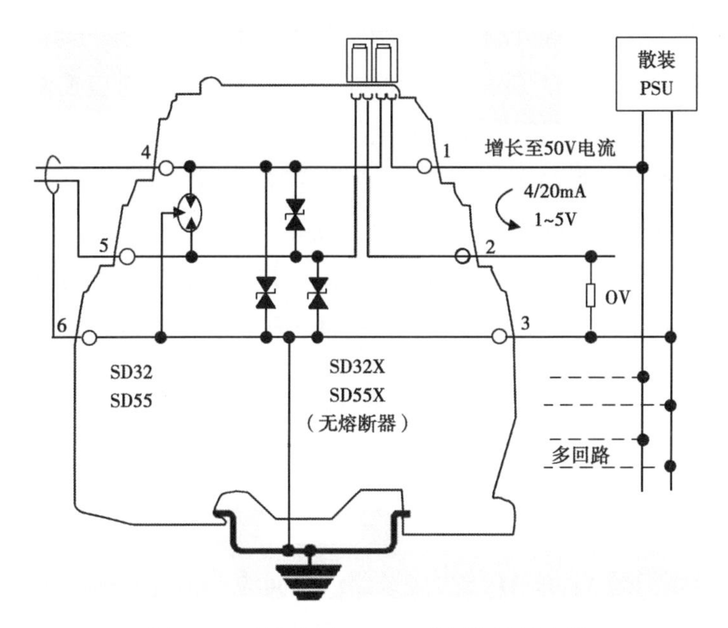

图 1-79　机柜间内 24VDC 信号浪涌保护器

以上内容介绍了结合西二线站场浪涌保护器实际使用的特点进行的设计，考虑到石油化工行业很多浪涌保护器需要在防爆现场应用，已经有相当部分型号获得国家本安防爆认证，为石油化工行业控制系统和电源系统的防浪涌保护推广铺平了道路。

（张权 整理；张海宁 审核）

（四）典型问题 4：分输站场自动分输逻辑功能实现

随着国家和中国石油天然气集团有限公司对天然气保供工作可靠性提出的更高要求，结合公司所承担的政治责任和社会责任，为响应公司精细化管理要求，更好地满足远程操作控制、天然气保供的需要，持续提高天然气管道系统的安全性、可靠性和控制水平，对所辖站场各天然气分输口自动分输进行适应性改造工作，以实现对分输用户实施调压、限流和控制日指定等功能。

分公司计量和自动化小组针对霍尔果斯首站分输口自动分输开展技术攻关，设定工作目标，实现自动分输功能，站控制系统接收上级调控中心日指定量设定值，并根据日指定分输逻辑控制分输量。在站控制系统内集成四种分输控制逻辑，即日指定到量自动关阀控制、分输权重系数控制、剩余平均流量控制、恒压控制，按照用户实际用气情况在站控系统中选择对应控制方式。

分输支线自动分输逻辑，能够根据用户特性进行精确匹配，针对不同工况开展分输模式调整，提高分输工作的可靠性和精确性，同时根据到量关阀功能，极大程度地提高输量计划的执行性，统筹考虑、合理分配下游用户的用气需求，使有限的天然气资源能够最大程度发挥作用。在以后的分输支线新建或改造时，应同步开展 4 种分输控制模式的调试工作，以实现自动分输。

（杨玉龙 整理；张海宁 审核）

二、产品质量

（一）典型问题 1：E+H 压力变送器产品问题

西二线某压气站在仪表检定过程中，对压力变送器进行断电操作，在变送器重启过程中出现压力达到 3.2MPa 的现象。该变送器为 E+H 品牌 PMP75 系列压力变送器，量程为 0~6MPa，对应电流为 4~20mA，3.2MPa 对应电流为 12mA。

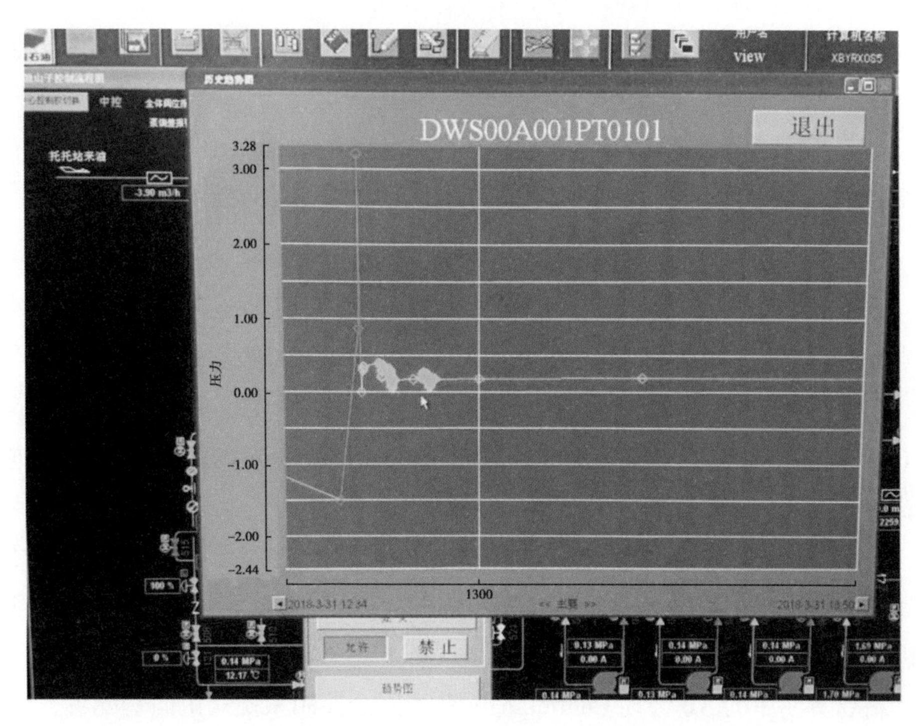

图 1-80　对现场仪表进行断电重启后的压力示值变化

分公司自动化小组通过对产品进行各项测试，发现有以下问题：(1) E+H 品牌 PMP75 系列压力变送器在高报警、高高报警联锁回路使用时，当由于线路虚接、外部干扰等故障造成变送器重启时，回路输出值长时间偏离实际检测值，可能触发联锁报警。(2) 罗斯蒙特和 E+H 两个厂家温度变送器在低报警、低低报警联锁回路使用时，仪表启动瞬间或仪表意外重启时，在短时间不能反映实际测量值，采集温度对应电流值保持在 4mA，温度值为量程最低值，可能触发联锁报警。

为避免在实际运行中误触发联锁逻辑，采取以下措施：

(1) 对联锁仪表回路使用变送器进行排查，对于使用 PMP75 系列变送器的联锁回路，评估启动电流是否会误触发。若存在误触发风险，更换其他品牌变送器，对于可设定启动电流的变送器，要根据“启动电流躲过联锁值原则”检查并设定变送器启动电流，提高联锁回路可靠性。

（2）在参与联锁仪表的维修、更换、故障处理等工作中，落实变更、作业许可等安全管理制度，执行强制仪表信号，屏蔽水击等技术措施，确保作业过程安全受控。

（3）在日常维护中加强仪表联锁回路端子紧固、回路绝缘测试、单端接地检查、接地电阻测试等工作，防止外部干扰仪表供电造成仪表意外重启。

（卢东林 整理；张海宁 审核）

（二）典型问题 2：输气站场 AB PLC 硬件网络缺陷

自西二线站场投产以来，部分站场出现一些系统问题，如控制系统通信模块 CPU 利用率超高、数据备份时间超时、控制系统看门狗超时等，需要进行系统优化。

为了解决系统存在的问题和缺陷，分公司自动化小组进行技术攻关，经过大量系统测试及研究分析，从冗余系统固件版本、网络架构两个方面对站场系统进行优化。

站场所使用的 AB 公司 ControlLogix 系列冗余控制系统是由两套配置完全相同的控制器模块构成，控制器固件版本为 16.54，该版本固件存在本体缺陷，在特殊情况下会导致冗余系统刷新数据及系统加载时间增加，从而产生看门狗超时故障，导致系统停机。而 16.56 版本是 16 版本系列中比较稳定的版本，因此将西二线工艺 PLC 系统 CPU 模块固件版本升级成 16.56 版本，同时也对其他相关模块机型进行统一固件升级。

同时针对网络架构开展了以下优化工作：（1）基于站场系统的网络架构，合理分配不同机架上模块类型，均衡 C 网模块的 CPU 利用率，将不同网络的通信模块设置在不同的机架，同时将以太网模块放到主机架，降低不同机架 C 网络模块的利用率，减少连接数；（2）冗余系统中 ControlNet 网络上所有设备节点号从 1 起始设置，并顺次排列，消除空缺节点号，降低网络扫描时间，提高网络效率和通信质量。

对西二线站场控制系统的硬件固件刷新后，由于新的版本固件修补了原有固件的内核缺陷，C 网模块的 CPU 利用率大幅下降，当修改和优化完网络结构及组态后，网络模块的 CPU 利用率进一步降低，由优化前的 95% 下降到 75%，并最终使控制系统达到最优化程度，进一步保证了现场生产平稳、高效运行。

（马振军 整理；张海宁 审核）

三、运行管理优化

运行管理优化主要是针 10 年来西二线站场运行过程中发现的一些问题，根据不同工艺调整开展的一些系统和程序优化，目的主要是提高自控系统可靠性，使自控程序可以更好地协调现场各系统有机运行，通过这些工作的开展，能够为今后站场自控系统建设以及生产运行等提供一些借鉴。

（一）典型案例 1：AB 控制系统在线诊断技术研究与实现

霍尔果斯首站西二线过程 PLC、西三线 ESD PLC 及过程 PLC 均采用 AB ControlLogix 系列 PLC，其 CPU 型号为 1756-L63。在运行过程中发现，由于 PLC 各模块未设置在线诊断功能，当 PLC 系统出现故障或者运行错误时，只能通过日常综合巡检才能发现，不能及时发现问题并进行处理，对现场输气生产带来一定的隐患。

为了解决这一问题，分公司自动化小组进行技术攻关，对 AB-PLC 进行在线诊断优化，实时监测 PLC 模块运行情况，出现故障直接锁定原因，缩短自控系统的平均维修时间。

对 PLC 模块在线诊断信息的采集主要采用编程方式，利用 1756-L63 系列 CPU 的 GSV 功能块和模块标签来建立系统的状态信息标签，包括内部各个模块的状态信息，不同的模块包含不同的状态信息，如运行状态信息、故障状态信息、通道状态信息等，并将这些状态信息进行采集并上传。在对 PLC 系统诊断优化工作中，分别对 CPU 冗余功能信息、控制器产品代码、版本号以及序列号等信息获取，控制器设备状态、控制器故障信息、程序故障记录、I/O 模块诊断与通道诊断信息以及网络模块信息诊断 10 余项诊断信息进行上传。图 1-81 显示了部分诊断优化程序。

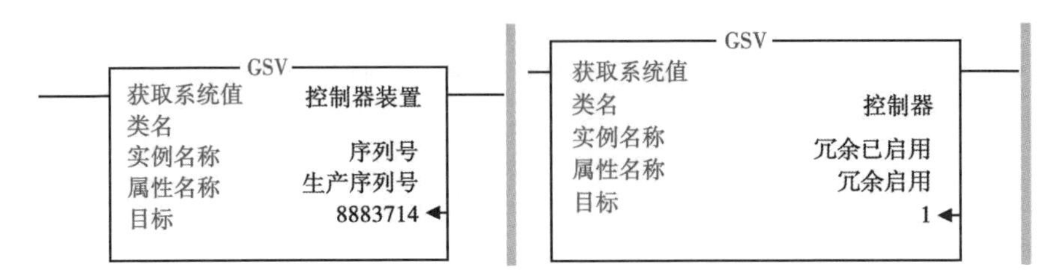

图 1-81　CPU 模块序列号获取、冗余状态诊断

通过完善 PLC 系统各模块工作状况及程序运行情况远程检测、报警提示、事件查询等多种功能，在人机界面进行实时检测及报警，指导运维人员采取有效的故障恢复手段，从而帮助“国门第一站”SCADA 系统能够长期稳定、高效运行。

（张权 整理；张海宁 审核）

（二）典型案例 2：站场气液联动执行机构 ESD 控制方式优化

在日常运行中，通过程序梳理与反复测试发现，自控系统对气液联动阀 ESD 功能的控制方式为由 PLC 控制程序持续输出信号，保证持续对气液联动阀 ESD 回路电磁阀实时提供 24VDC 供电，当需要阀门动作时中断信号输出，相应的继电器断开，气液联动阀电磁阀失电，阀门动作。这种控制方式必须保证控制器信号长输出，同时控制回路熔断器和继电器必须保证稳定、可靠，一旦控制回路中的 I/O、继电器以及熔断器等任何一个环节出现问题，将导致 ESD 回路电磁阀断电，引起气液联动阀误动作（图 1-82）。

当下载程序、机柜间与 I/O 小屋通信中断、控制模块故障以及回路断电等故障情况出现时，远程 I/O 模块无法保持通道状态，导致现场进出站阀门 ESDV31201、ESDV31301 意外关断。为提升该控制回路的稳定性，需要对其信号控制方式进行优化升级。

针对这一情况，分公司自动化小组开展技术攻关工作，确定技术改造路线，具体改造方案如下：（1）在程序中将 ESD 阀门控制信号逻辑取反，不再一直输出指令；（2）修改 I/O 小屋 ESD 机柜内对应的继电器接线。使用继电器的常闭触点替换之前使用的常开触点。

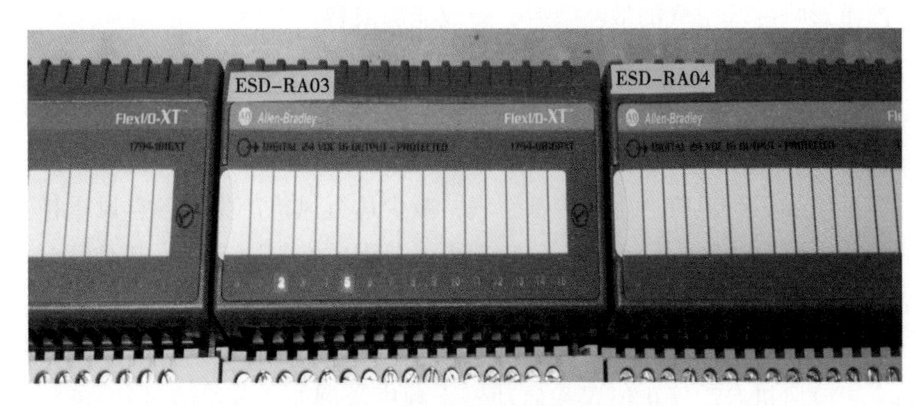

图 1-82 正常状态下 DO 为长输出

进行控制方式优化后，当下载程序、机柜间与 I/O 小屋通信中断、控制模块故障等意外情况出现时，继电器不会断开对气液联动阀 ESD 回路电磁阀供电，确保阀门不会误动作。建议将此改造方式应用在西四线等站场自控系统设计中，提升整个自控系统的可靠性。

（杨玉龙 整理；张海宁 审核）

（三）典型案例 3：空气冷却器整列控制逻辑优化

大功率气体压缩机工艺气在被做功压缩后，温度会显著升高，高温的工艺气会破坏输送管线的内壁涂层，进而影响其管线输送能力。典型做法是在压缩机组出口汇管与出站管线之间设置冷却系统，西二线采用空气冷却系统，以达到工艺气冷却的目的。

运行过程中，发现原站控系统对后空气冷却风机的控制方式虽然能实现出站温度自动控制，但是也存在运行方式不足的问题，主要表现在以下两个方面：一是原自动控制模式每次出站温度高时，自动启动的都是第一组风机，最后的几组风机在自动控制模式下长期不运行，造成设备资源的浪费，同时由于空气冷却器属于转动设备，长期静止还会明显增加设备故障率；二是根据空气冷却轴流风机阵列集群运行规律，相邻两台风机启动会比间隔大的风机启动的效率低，相邻空气冷却器风机同时运行时，各自产生的风压相互干涉，相互冲突，严重影响冷却空气的散热效果，造成能源浪费。

针对以上问题，自动化小组开展逻辑优化工作，通过修改 SCADA 系统关于空气冷却器风机运行控制的逻辑，优化空气冷却系统阵列控制方式，改变空气冷却器的启停方式和启停顺序，在满足输送天然气出站温度要求的前提下，尽可能地增加运行风机产生的冷却空气，减少运行风机产生的各自风压相互之间的影响，同时让产生的冷却空气冷却更大范围的空气冷却器冷却盘管，以减少空气冷却器运行台数，节约电能。

以西二线空气冷却逻辑为例，空气冷却风机启动及停止条件参照原程序中逻辑，更改风机启动停止位置和启动停止顺序。例如，分组编号 01 包含风机位号（KL_4001 和 KL_4016），目的是加大每次启动两台风机的间距，减少风压干扰，增大空气冷却器产生的冷却风量，扩大冷却面积，提高冷却效率；同时根据风机运行时间，优化启动方式，每次启动均优先启动运行时间短的风机，保证所有风机都能均衡运行，让每台风机运行时间基本相同，保证系统运行效率和设备可靠性的最大化。

西二线空气冷却器风机运行程序更改后，较原运行逻辑有以下几点优势：一是更加节能（用电成本），加大每次启动两台风机的间距，减少了风压干扰，增大了空气冷却器产生的冷却风量，扩大冷却面积，提高冷却效率，在逻辑程序不变的情况下，改变风冷电机启动顺序，效率提升 30%左右。二是降低了设备故障率（维修成本），空气冷却器及其电机在长时间不转动的情况下，易出现电机轴抱死、轴承卡涩等很多故障，而过度运行则会让轴承磨损速度加快。

此项优化改造工作对现场设备运行具有极大益处，建议在今后压气站场设计时，应将空气冷却器控制方式整列优化内容固化到操作原理和逻辑图，以便系统集成厂家在调试阶段就能够完成相应功能调试。

（杨玉龙 整理；张海宁 审核）

四、气质分析与计量

（一）典型案例 1：天然气在线取样系统优化设计

西二线霍尔果斯首站在线取样系统取样器采取直接取样方式，取样口位于进站气液联动阀1201与计量橇汇管之间的主管线上，取样探头使用Genie GPR型减压式取样探头，经过一次调压后进入分析小屋进行二次调压，过滤后连接至分析设备。在线取样系统自投用以来先后三次出现取样探头断裂问题。图1-83为取样探头示意图。

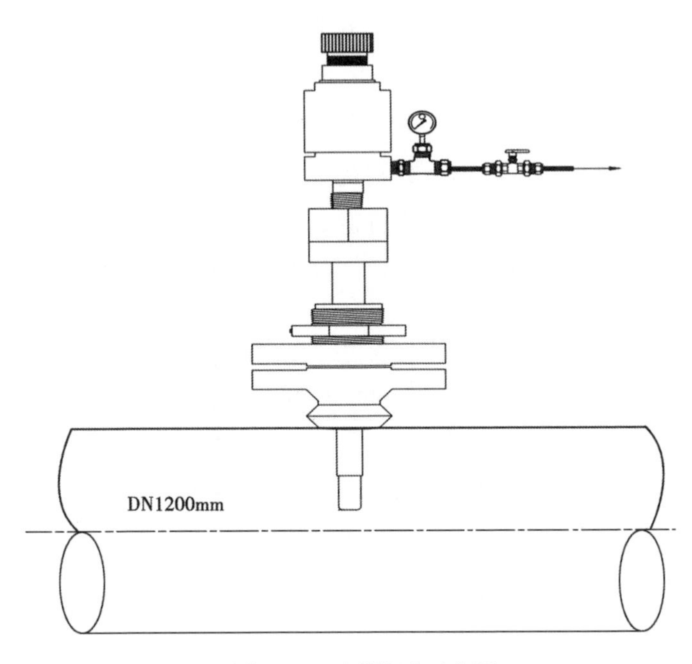

图1-83　取样探头示意图

为提升在线取样系统运行的安全性和可靠性，计量专业小组积极开展原因分析，具体分析情况如下：

根据流体力学进行分析，在流体中的探头常常因流体阻力而朝流向方向弯曲和因插入流体产生的涡旋分离效应而与流体方向有一定角度的振动，探头长期在其固有频率振荡，将很容易在其与法兰的焊接处断裂。根据GB/T 13609—2012《天然气取样导则》中的要求，取样探头插深应达到管径的⅓～½，对于ϕ1219mm的管道也就意味着插深至少要达到406mm，超过探头固有频率所允许的最大允许长度12mm，因而使探头振动频率长期超过固有频率范围，造成疲劳损伤，出现裂纹。

通过计量小组分析讨论，最终找到了问题原因，即在取样系统设计之初，未考虑现场取样探头振动情况，造成探头疲劳裂纹，因此在设计阶段应该对取样探头进行振动分析，尤其对于大口径的管道。通过对比西二线、西三线、伊霍线在线取样系统现场应用情况，确定采用直通式取样探头这样简单的结构，最终制订优化整改方案：（1）拆除原采样系统的Genie采样探头（采样探头自带减压阀）及相关连接附件，安装取样双截止阀及双阀组截止阀，对取压阀门泄漏起到双重保护作用；（2）在分析小屋外设置一套取样减压加热装置（PRS），内设过滤、调压及加热等相关设备，样品气经采样引压管引至PRS，经过滤、减压及加热等相关处理后分别送至分析小屋内分析仪器；（3）改造后两个取样口通过双阀组截止阀的切换可达到互为备用的目的，当其中一个发生故障时可使用备用阀，避免影响正常生产（图1–84）。

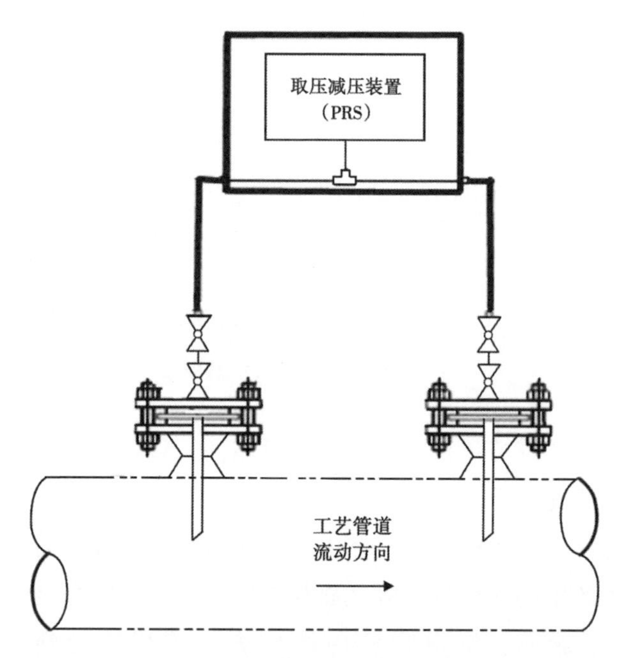

图1–84　改造采样系统管线连接示意图

改造后，在线取样系统使用良好。由于在线取样系统通常设置在首站，而取样口又设置在干线管道上，必然采取全站停输才能对其进行故障处理，同时取样是否具有代表性将直接影响组分分析结果，进而对贸易结算量产生影响，因此在项目设计初期，必须充分考虑运行工况，在满足取样要求的情况下对取样探头强度进行细致核算，以保证在线取样系统安全可靠运行。

（郑曌迪 整理；张海宁 审核）

（二）典型案例 2：西二线民用分输小流量计量问题优化

小流量是指超声波流量计运行流量小于流量计标定过的最小流量，导致流量计采用靠近法进行系数修正，如果流量计超过检定范围运行，运行点无法得到正确的修正，会带来较大的不确定误差，影响计量准确性。如果按照日输量 $10\times10^4m^3$ 计算，则计量误差分别达到了 $1330\times10^4m^3$ 和 $400\times10^4m^3$。

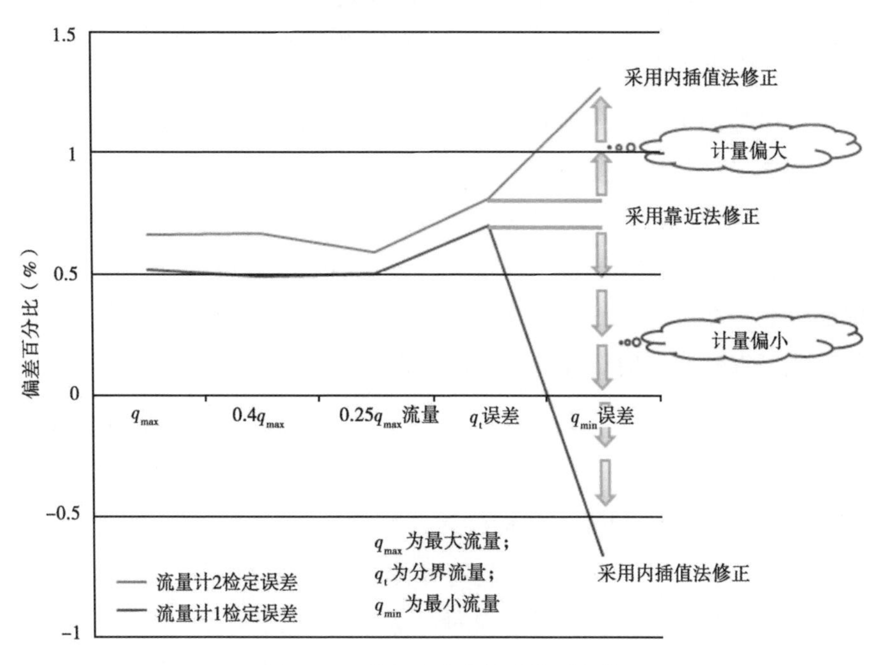

图 1-85　流量计检定误差修正曲线

为解决分输口小流量运行的问题，分公司计量小组充分讨论，进行技术攻关，最终经结果比选，确定通过优化自动化控制程序解决流量计小流量运行的问题，利用分输流量及出站压力进行控制，当流量低时强制关闭调节阀，当干线压力降至设定值时再打开调节阀。具体控制逻辑见表 1-7。

表 1-7 流量自动控制逻辑关系

序号	流量低报警	压力低报警	自动处置
1	Fault	Fault	无处置，此时为正常 PID 自动调节，人工可以改变流量设定值
2	Ture	Fault	流量低，而压力正常，触发流量低报警，会快速关闭调节阀
3	Ture	Ture	因关闭了调节阀，导致下游压力下降，而后触发压力低报警——此时为流量低和压力低同时存在，将执行预设值 PID 自动调节，程序会自动将流量预设值写入流量设定值，而人工无法改变流量设定值（注：如两个报警同时存在的时间过长，会触发 AUTOFAIL 报警，表示的意思为在调节阀全开的状态下，流量值和压力值仍然异常，需人工检查现场工艺情况）
4	Fault	Ture	压力低，而流量正常，将执行预设值 PID 自动调节，程序会自动将流量预设值写入流量设定值，而人工无法改变流量设定值

通过程序控制可以有效地解决分输口小流量问题，该方式对设备的可靠性要求高，当流量计、压力变送器、调节阀任何一个出现故障后，将导致控制系统失效，影响整个分输系统的可靠性。因此，在后续的分输系统设计中，应当将工艺设计和程序设计相结合，通过工艺设计消除小流量运行状态，程序控制作为辅助功能，在下游用气量出现极端情况下作为后备的控制措施，在实现提高分输系统可靠性的同时提高计量的准确性。

（兰明勇 整理；张海宁 审核）

（三）典型案例 3：计量系统时钟同步优化

霍尔果斯首站由于没有设置专门的时钟源，导致站内各个系统之间均存在时间误差，这些时间误差影响了精确的贸易计量工作，导致与霍尔果斯计量站每天的计量数据有所偏差，因此解决计量系统时钟同步问题对计量准确性非常重要。流量计算机自身时钟信号与计算机原理相同，是根据计算机晶振以固定频率振荡而产生的。由于晶振的不同以及长时间服役导致的晶振工作性能改变等，电脑时间与标准时间产生差异。

分公司计量小组针对计量系统的时钟同步问题，开展技术攻关，充分讨论技术优化路线。霍尔果斯首站采用埃尔斯特厂家 Elster-Instromet Model 2000 型流量计算机，这种流量计算机可以采取的时间同步方式有很多，如手动录入、设置时钟源等。手动时间录入是最简单但也是误差最大的时间输入方式；以第三方计算机为计量系统时钟源进行手动时间同步，其优点是以同一时间源（SCADA 系统工作站）作为基准，保证了所有进行过时间同步操作的流量计算机相互间的时间统一，最终确定采用时钟源方式进行站内计量系统时钟同步优化，将 SCADA 系统上位机作为站内时钟源，通过 NTP 协议进行设备间时间同步。

霍尔果斯首站通过计量系统时钟同步优化，保证了计量交接行为的准确性、一致性、溯源性，以确保天然气计量交接过程的准确、可靠。同时，在今后管道计量交接系统设计时，也应将计量系统时钟同步问题纳入可研或初设设计内容，使用更为高效、精确的方式实现计量时钟同步，提升计量交接的准确性。

（郑婴迪 整理；张海宁 审核）

（四）典型案例 4：超声波流量计整流器冰堵现象处置措施

2010 年 1 月，冬季严寒不断侵袭，作为国家能源大动脉的西气东输二线也承担起更多的能源任务。霍尔果斯首站正常运行，为下游用户日输天然气 $3000\times10^4m^3$。随着气温不断下降，流量持续增加，加上天然气气质不理想，计量装置中的整流器频频出现冰堵事件。

在探究冰堵的预防和处理措施之前，首先要了解冰堵的成因。天然气中某些气体组分和液态水在一定压力和温度条件下生成一种不稳定的、具有非化合性质的晶体，称为天然气水合物。这些水合物在管道设备内大量形成并聚集，造成天然气管道设备堵塞，形成冰堵现象。因此，冰堵的成因主要有三个：天然气中有足够的水分；一定的温度与压力；气体处于脉动、紊流等强烈扰动之中，并有结晶中心存在。

霍尔果斯首站投产初期，在建设过程中水试压后的干燥不足以及部分低洼处残余液体不易排出，加之气质本身不理想造成管道水含量偏高。入冬后的新疆环境温度在夜间低至-20℃，天然气在流过整流板时发生节流效应产生明显的温降，最终导致冰堵事件频发。

冰堵的形成上述三个原因缺一不可，这也为冰堵的预防措施提供了方向，站场主要采取了以下三种措施：(1) 加强与上游沟通，增加过滤分离器投用路数，脱除天然气中的水分；(2) 加装伴热保温装置，提升管线设备温度，使天然气在整流板处发生节流后的温度保持在水露点5℃以上，避免液态水合物形成；(3) 向管道中加入抑制剂（甲醇），降低水合物的形成温度。

对于已经产生冰堵的位置，可以采取以下方法进行应急处置：(1) 对冰堵部位进行放空或降压，使水合物的形成温度降低，当其低于管线内天然气温度时，已形成的水合物将发生分解，达到解除冰堵的目的；(2) 利用热源（热水、蒸汽车）加热天然气，提高天然气的温度，使形成的水合物分解，从而解除水合物在局部位置的堵塞；(3) 注入防冻剂，防冻剂有较好的亲水性，能够吸收大量水分，减少气体中的水含量，破坏水合物形成所需的热力学条件，达到解除冰堵的效果。

冰堵的产生对天然气的正常输送以及管线运行安全有严重的影响，因此站场应加强水露点在线监控，入冬前全面开展冬防保温工作，定期开展清管工作，以期今后可以更好地进行冰堵的预防与治理。

（郑婴迪 整理；张海宁 审核）

（五）典型案例5：霍尔果斯首站输差分析与控制措施

霍尔果斯首站与中亚计量站采用超声波流量计计量交接，贸易结算以中亚计量站标准状况体积量为准，霍尔果斯首站承担贸易交接比对以及备用计量职责，双方配套仪表均满足GB/T 18603—2014《天然气计量系统技术要求》中A级计量系统要求。

自2009年投产以来，两站年度比对输差均控制在2%以内，为提升输差管理水平，分公司计量专业小组积极开展问题原因分析，基本明确了影响输差的主要原因并提出了相应提升控制措施。

输差产生的原因主要可划分为三类：一是工况变化所产生的差值；二是仪表所引入的误差；三是人为失误引入的误差，此类误差主要是计量人员在报表录入、统计分析的过程中操作失误导致的数据失真，通过校核可以避免。

天然气体积计量系统中测量设备的计量特性在符合 GB/T 18603—2014 的要求时仍然可能会造成较大的计量误差，为进一步提升输差管理，提出以下建议措施：

（1）流量计检定时，采用系数修正法，对流量计的检定流量逐点修正配套直管段、整流器等流动调整装置应一起送检，要求检定单位进行整体检定以复原现场工况。

（2）测量温度、压力的变送器应选取合适量程，送检应索取检定数据并对历年检定结果展开分析，根据现场输差控制实际情况适当提升精度要求，同时增加防晒措施。

（3）提升标准气管理，使用国家一级标准物质，选取权威研制单位，标准气使用前进行分析比对，严格控制标准气使用环境，避免暴晒、严寒等极端环境。

（郑曌迪 整理；张海宁 审核）

第二章
典型问题对标分析

在多年的运行管理中，我们发现了一些问题，也采取了优化或更新改造等措施解决了相当一部分。第一章中提及的问题，有一部分是因为产品在设计、制造、选型配套和安装质量等与标准规范存在偏差，也有一些是因为产品投用后，为了满足新修订的标准规范而采取了对标提升措施。没有标准，无以知方圆，更无以证曲直，好的生产运营离不开好的标准建立与执行。

第一章主要结合运行管理过程中发现的典型问题的作业处置，客观直白地展示了输气系统和设备的现场情况。本章将进一步针对以往运维管理中发现的典型问题（原则上还从第一章有针对性地选取），结合国家标准、行业标准、CDP 文件进行对比，以期提出更好的技术改进建议。

第一节　工艺设备

一、案例应用1：过滤分离系统无氮气及水的注入系统

（一）对标分析

与首站运行中涉及过滤分离系统无氮气及水的注水系统问题相关的标准条款见表2-1。

表2-1　与过滤分离系统无氮气及水的注入系统问题相关标准条款

序号	标准名	类别	相关条款	备注
1	GB 50251—2015《输气管道工程设计规范》	国标	未有与氮气、水注入系统相关的技术规定	现行标准
2	GB 50251—2003《输气管道工程设计规范》	国标	未有与氮气、水注入系统相关的技术规定	建站标准
3	SY/T 6883—2012《输气管道工程过滤分离设备规范》	行标	5.2 旋风分离器 5.2.3 清扫口尺寸不应小于DN150 mm，清扫口底部的操作空间高度不应小于300mm。 5.2.4 注水清洗口应设置在旋风子下部，尺寸不应小于DN25mm。 5.2.5 旋风分离器顶部和底部的接管、排污孔、清扫孔应与容器内壁齐平	
4	CDP-S-NGP-MA-007-2013-2《输气管道工程卧式过滤分离器技术规格书》	CDP文件	6.4 制造 d）接管 2）顶部和底部的接管、排污孔、注水口应与卧式过滤分离器筒体内壁齐平	

从梳理结果来看，国标中未有与过滤分离器注氮、注水装置相关的技术规定；在过滤分离设备行业标准中，对于旋风分离器，其清扫口和注水清洗口的尺寸和位置均有明确的技术要求，但对于过滤分离器和气—液聚结分离器却未

有相应的要求；CDP 文件卧式过滤分离器技术规格书中对于注水口的尺寸和位置未提出技术要求。

结合案例和对标分析结果，现对于卧式过滤器和气液聚结器的注氮和注水系统均无明确的技术要求，因而出现了现有设备未设置或设置不合理的情况，严重干扰了日常的运维检修工作。

（二）技术要求增补建议

对于过滤分离器，由于行业标准 SY/T 6883—2012 中对旋风分离器已有相应的技术要求，建议在标准卧式过滤器和气—液聚结器章节中补充对应的内容。

（1）在 5.3 节过滤分离器中补充如下条款：

5.3.X 卧式过滤分离器应设置合适的注氮口，便于进行氮气置换作业。

5.3.X 卧式过滤分离器应设置注水清洗口，注水清洗口的位置应便于人员操作。

（2）在 5.4 节气—液聚结分离器中补充如下条款：

5.4.X 气—液聚结分离器应设置合适的注氮口，便于进行氮气置换作业。

5.4.X 气—液聚结分离器应设置注水清洗口，注水清洗口的高度设置应便于人员操作。

二、案例应用 2：清管器收发球筒无氮气和水的注入系统

（一）对标分析

该问题在过滤分离系统中同样存在，但所涉及的标准条款有所区别，与清管器收发球筒该问题相关的标准条款见表 2-2。

表 2-2　与清管器收发球筒无氮气和水注入系统问题相关标准条款

序号	标准名	类别	冰堵问题相关内容	备注
1	GB 50251—2015《输气管道工程设计规范》	国标	未有与氮气、水注入系统相关的技术规定	现行标准
2	GB 50251—2003《输气管道工程设计规范》	国标	未有与氮气、水注入系统相关的技术规定	建站标准
3	CDP-S-PC-MA-011-2009B《清管器收发装置技术规格书》	CDP 文件	图 3.1 清管器收发装置示意图中标注了注水口，但该内容注明为仅供参考，并未作为技术要求	

从梳理结果来看，国标中未有与清管器收发装置注氮、注水系统相关的技术规定；CDP文件清管器收发装置技术规格书图3.1中标注了需设置注水口，但该图示内容标明为仅供参考，不作为技术要求。

结合案例和对标分析结果，现对于清管器收发装置的注氮和注水系统均无明确的技术要求，因而出现了现有设备未设置或设置不合理的情况，严重干扰了日常的运维检修工作。

（二）技术要求增补建议

对于清管器收发装置，由于未有对应的国标和行业标准，因此建议在CDP-S-PC-MA-011-2009B《清管器收发装置技术规格书》文件中补充相应的技术要求。

在2.6节制造中补充如下条款：

2.6.X 清管器收发装置应设置合适的注氮口，注氮口宜设置在收发装置进出管线上，便于进行氮气置换作业。

2.6.X 清管器收发装置应设置注水口，注水口的位置应便于人员操作。

三、案例应用3：后空冷区空冷器没有单独放空系统及旁通阀门问题

（一）对标分析

与后空冷区空冷器没有单独放空系统及旁通阀门问题相关的标准条款见表2-3。

表2-3 与后空冷区空冷器没有单独放空系统及旁通阀门问题相关标准条款

序号	标准名	类别	相关条款	备注
1	GB 50251—2015《输气管道工程设计规范》	国标	全篇无对应内容	现行标准
2	GB 50251—2003《输气管道工程设计规范》	国标	全篇无对应内容	建站标准
3	NB/T 47007—2010《空冷式热交换器》	行标	为通用空冷器标准，未涉及该方面内容	

续表

序号	标准名	类别	相关条款	备注
4	CDP-S-NGP-PR-006-2014-2《输气管道工程空冷器技术规格书》	CDP 文件	6.2 主要技术要求 6.2.1 工作性能及技术要求 l) 每组空冷器设高点放空，配相应压力等级的放空阀门……	
5	CDP-G-NGP-PR-012-2013-1《输气管道工艺操作原理设计规定》	CDP 文件	6.2.2 进站区 大口径的出站截断阀还应设置有旁通管线。通过开启旁通管线上的节流阀平衡出站截断阀两端压差，当压差不超过 0.2MPa 时可开启出站截断阀，开到位后可关闭节流阀。 6.2.3 出站区，6.2.4 分离过滤区，6.2.5 计量区，6.2.6 调压区对截断阀均有与出站区类似的旁通充压管线的要求	

经梳理，国标和行标中均无有关空冷器放空系统和进出口阀门旁通管线的要求。CDP 文件空冷器技术规格书 6.2 节“主要技术要求”中规定每组空冷器应设置高点放空并配备相应压力等级的放空阀；CDP 文件输气管道工艺操作设计规定 6.2.2 进站区、6.2.3 出站区、6.2.4 分离过滤区、6.2.5 计量区、6.2.6 调压区等节中对于大口径截断阀均有旁通充压管线的要求，但对于后空冷区无明确的类似要求。

结合以上案例的经验总结和对标分析可知，虽然 CDP 文件中已有对单个空冷器设置高点放空的要求，但由于没有明确的隔离流程要求，导致现有工艺流程存在工艺不合理的问题，无法对每组空冷器进行单独的隔离放空；另外技术标准中缺少对站场后空冷区大口径阀门设置旁通充压管线的要求，因此存在损坏球阀的风险。

（二）技术要求增补建议

从对标分析来看，针对该问题，当前 CDP 文件中已有类似的要求，但不够明确，建议进行如下增补：

（1）CDP-S-NGP-PR-006-2014-2《输气管道工程空冷器技术规格书》增补内容。

对6.2节“主要技术要求”第6.2.1第I条作如下增补：

6.2.1 工作性能及技术要求

I）每组空冷器应设高点放空，配相应压力等级的放空阀门……其工艺流程的设计应能实现每组空冷器单独进行隔离放空。

（2）CDP-G-NGP-PR-012-2013-1《输气管道工艺操作原理设计规定》增补内容。

在6.2.7“压缩机区”中补充对压缩机后空冷区内大口径阀门旁通管线设置的技术要求：

6.2.7 压缩机区

对压缩机后空冷区上游的大口径截断阀还应设置旁通管线，通过开启旁通管线上的节流阀平衡其两端压差，当压差不超过0.3MPa时可开启该阀，开到位后可关闭节流阀。

或将以上条款在6.2节“主要技术要求”中进行总体描述，避免在站场每个区域的小节中重复。

四、案例应用4：引压管问题

（一）对标分析

首站运行中涉及引压管的典型案例见表2-4。

表2-4　典型案例描述

序号	名称	描述
1	Shafer气液联动阀取压问题	因土地沉降等问题，导致气液联动阀引压管埋地部分出现变形、应力过大等问题，存在安全隐患。为此分公司组织对取压点进行改造，截断原有引压管，采用封头进行封堵并加装管帽保护，改为地上取压，使用就近就地压力表或压变处作为新的取压点
2	气线站场、阀室引压管简化优化改造	为提升安全管控水平，编制了引压管卡套简化优化专项方案，对289处引压管卡套进行了改造优化，并根据改造中积累的经验形成了典型改造方式图样

续表

序号	名称	描述
3	气液联动阀取压点改造后剩余结构优化	为解决引压管故障引起的气液联动阀执行机构异常关断、管路泄漏等问题，截断原有引压管，将执行机构的动力源改为外部接入，并对截断后的引压管增加了适当的保护措施

与该问题相关的标准条款见表 2-5。

表 2-5　与引压管问题相关标准条款

序号	标准名	类别	相关内容	备注
1	GB 50251—2015《输气管道工程设计规范》	国标	全篇无对应内容，但在其 4. 5. 3 条编写说明中注明：……小口径管道，如引压管等还要重视施工质量的控制并做好支撑	现行标准
2	GB 50251—2003《输气管道工程设计规范》	国标	全篇无对应内容	建站标准
3	CDP-M-NGP-IS-016-2012-1《输气管道气液联动执行机构引压管安装图集》	CDP 文件	全篇内容均对应，但仅针对输气管道企业联动执行机构的引压管安装提供了图示和技术指导，未包含其他工艺设备引压管的内容	

现行国标 GB 50251—2015 在其 4. 5 节“线路截断阀（室）的设置”4. 5. 3 条编写说明中对引压管提出了原则性要求“……小口径管道，如引压管等还要重视施工质量的控制并做好支撑。”但该版标准正文中未对此做出规定；建站时依据的该标准 2003 版也无引压管相关的要求。

CDP 文件“输气管道气液联动执行机构引压管安装图集”于 2012 年发布。该文件对输气管道气液联动执行机构引压管的设计安装提供了具体图示和技术要求，具有较强的操作性。但该文件仅针对气液联动执行机构的引压管，未包含其他工艺设备引压管的设计安装内容。

从以上案例的经验总结可知，当前输气管线、站场、阀室的引压管设计安装存在不规范不合理的问题，引压管过长、卡套数量过多、支撑不牢以及埋地引压管变形等问题给现场带来了诸多潜在的风险。从表 2-5 的对标分析来看，其根本原因是当前缺乏对引压管设计安装相关的标准和技术要求。

（二）技术要求增补建议

从现行标准来看，国标 GB 50251—2015《输气管道工程设计规范》仍未提及有关引压管安装的要求，因此建议基于站场运营十年来的经验总结，参考国标编写说明中的内容，在国标 4.5 节“线路截断阀（室）的设置”4.5.3 条中补充原则性的要求，建议增补如下内容：

4.5.3 ……对阀室内小口径管道如引压管等，在重视施工质量控制的同时应根据现场实际情况选取合理的设计安装形式。

限于国标篇幅，在国标中只补充原则性的要求，其具体设计安装方式建议根据实际情况参照上述 CDP 文件“输气管道气液联动执行机构引压管安装图集”来执行。建议参考第一章引压管简化优化改造经验，将该 CDP 文件的适用范围扩大至输气管道所有工艺设备的引压管安装，并对该 CDP 文件的安装图示进行相应的补充，以指导后续相关的新建和改造工作。

（1）CDP 文件增加“输气管道引压管安装图集”。

（2）补充其他工艺设备引压管的安装图示。

五、案例应用 5：操作平台问题

（一）对标分析

与操作平台问题相关的标准条款见表 2-6。

表 2-6　与操作平台问题相关标准条款

序号	标准名	类别	操作平台设置相关内容	备注
1	GB 4053—2016《固定式钢梯及平台安全要求》	国标	第 3 部分：工业防护栏杆及钢平台	现行标准
2	GB 4053—2009《固定式钢梯及平台安全要求》	国标	第 3 部分：工业防护栏杆及钢平台	建站标准
3	GB 50251—2015《输气管道工程设计规范》	国标	该部分内容与 2003 版一致	现行标准
4	GB 50251—2003《输气管道工程设计规范》	国标	6.4 压缩机组的布置及厂房设计 6.4.4 条对压缩机房内的操作平台设置进行了规定。对站场其他操作平台设置无技术要求	建站标准

从梳理结果来看，国标 GB 50251—2003 对压缩机房内的操作平台设置提出了技术要求，但全篇未提及站场内其他操作平台；该标准现行版本 2015 版在该方面的内容与 2003 版保持一致，未作修订。

国标 GB 4053—2009 第 3 部分“工业防护栏杆及钢平台”对操作平台的设置提出了详细具体的技术要求；该标准现行版本 2016 版在该部分基本与 2009 版保持一致。

经检索，当前 CDP 文件中未有与操作平台设置相关的内容。

结合上述案例和对标分析结果来看，站场普遍存在操作平台缺失以及配置不合理不规范的问题，对现场作业造成了诸多不便和安全隐患，建议按照国标要求对现有站场进行整改，并在新建站场时严格按国标要求执行

（二）技术要求增补建议

从现有国标 GB 4053—2016 的要求来看，对于操作平台的安全要求已有较为详细的规定。但该标准属于通用标准，在实际设计和使用过程中容易遗漏。鉴于 GB 50251—2015《输气管道工程设计规范》中已提到了压缩机房内操作平台的技术要求，建议在该标准中补充对站场其他区域操作平台的安全要求。

在第 6 章“输气站”第 6.4 节“压气站工艺及辅助系统”中补充如下条款：

6.4.X 对操作高度在 1.5 米以上的设备或设施，应设立操作平台或预留配置空间，操作平台的设置应满足 GB 4053—2016 的相关要求。

CDP 文件可根据后期的整改经验，针对具体设备或设施，增补操作平台设置的技术要求和图示。

第二节 压缩机

一、相关标准和CDP文件

现国内与压缩机相关的标准和CDP文件见表2-7。

表2-7 压缩机相关标准和CDP文件

序号	标准名	类别	相关章节	备注
1	GB 50251—2015 《输气管道工程设计规范》	国标	第6章输气站 6.3 压缩机组的布置及厂房设计 6.4 压气站工艺及辅助系统 6.5 压缩机组的选型及配置 6.6 压缩机组的安全保护 附录G 压缩机轴功率计算	现行标准
2	GB 50251—2003 《输气管道工程设计规范》	国标	第6章输气站 6.4 压缩机组的布置及厂房设计原则 6.5 压气站工艺及辅助系统 6.6 压缩机组的选型及配置 6.7 压缩机组的安全保护 附录G 压缩机轴功率计算	建站标准
3	JB/T 6441—2008 《压缩机用安全阀》	行标	全篇对应，对压缩机用安全阀提出了技术要求	
4	CDP-S-PC-IS-065-2009/B 《压缩机组监视控制系统技术规格书》	CDP文件	全篇对应，对压缩机组监视控制系统提出了技术要求	

续表

序号	标准名	类别	相关章节	备注
5	CDP-S-GP-PR-004-2009/B《天然气发动机驱动往复式压缩机技术规格书》	CDP文件	全篇对应，针对燃气发动机驱动往复式压缩机提出了技术要求	
6	CDP-S-NGP-PR-005-2014-2《输气管道工程燃驱离心式压缩机组技术规格书》	CDP文件	全篇对应，针对燃气轮机驱动的离心式压缩机组提出了技术要求	
7	CDP-S-NGP-PR-036-2014-2《电驱离心式压缩机组技术规格书》	CDP文件	全篇对应，针对电驱离心式压缩机组提出了技术要求	

国标对压缩机的设计、布置、选型、配置以及安全保护等提出了总体技术要求，行标针对其安全阀件提出了技术要求，CDP 文件对监视系统及各种不同类型的压缩机提出了详细的要求，各标准之间互为补充，为输气管道工程压缩机构建了较为完善的技术标准体系。

二、案例应用 1：西二线压缩机燃料气工艺问题

（一）对标分析

与该问题相关的标准条款见表 2-8。

表 2-8　与西二线压缩机燃料气工艺问题相关标准条款

序号	标准名	类别	相关条款	备注
1	GB 50251—2015《输气管道工程设计规范》	国标	6.4 压气站工艺及辅助系统 6.4.8 压缩机采用燃机驱动时，燃机的燃料气供给系统设计应符合下列要求： 1. 燃料气的气质、压力、流量应满足燃机的运行要求。 2. 燃料气管线应从压缩机进口截断阀上游的总管上接出，应设置调压设施和对单台机组的计量设施。 3. 燃料气管在进入压缩机厂房前及每台燃机前应装设截断阀。 4. 燃料气安全放空宜在核算放空背压后接入站场相同压力等级的放空系统。 5. 燃料气中可能出现凝液时，宜在燃料气系统加装气—液聚结器或其他能去除凝液的设施	现行标准

续表

序号	标准名	类别	相关条款	备注
2	GB 50251—2003《输气管道工程设计规范》	国标	6.5 压气站工艺及辅助系统 6.5.5 燃机燃料气系统应符合下列要求： 1. 燃料气管线应从压缩机进口截断阀上游的总管上接出，应设置调压设施和对单台机组的计量设备。 2. 燃料气管在进入压缩机厂房前及每台燃机前应装设截断阀。 3. 燃料气应满足燃机对气质的要求	建站标准
3	CDP-G-NGP-OP-015-2013-1《输气管道工程站场工艺及自控技术规定》	CDP文件	5.3.7 燃料供应区 a）燃料气气源宜在过滤分离器下游汇管和越站旁通管线上取气。 c）压缩机用燃料气应满足燃气轮机（或燃气发动机）对气质、压力和流量的要求。 d）压缩机用燃料气和燃料气管线应设置超压保护设施。燃料气管线应设置停机或故障时自动截断气源及排空设施。 e）站内燃料气均应分别设置计量装置，燃气轮机供燃料气计量设施宜选用一用一备。 g）燃料气低压防控宜在站内就地放散	现行标准

从梳理结果来看，建站时依据的国标 GB 50251—2003 在其 6.5 节“压气站工艺及辅助系统”6.5.5 条中对压缩机燃料气系统提出了相关规定，对燃料气管线的安装位置、计量设备安装、截断阀安装以及气质等提出了具体的技术要求；该标准现行 2015 版在原有要求的基础上，首先增加了对燃料气压力和流量的控制要求，并对燃料气安全放空以及加装气—液聚结器或其他除凝液设备补充了相应的技术条款。

上述 CDP 文件则在 5.3.7 节“燃料供应区”中对压缩机燃料气提出了技术要求，与国标要求对比来看，两者所规定的内容基本一致，具体技术要求上可互为补充。

（二）对技术要求的增补建议

单台机组的燃料气工艺管网应独立分化，保证单台机组燃料气工艺管网出现问题后不影响剩余机组的正常运行。

关于单台机组燃料气独立供应的问题，国标 GB 50251—2015 中提出了“燃料气管在进入压缩机厂房前及每台燃机前应装设截断阀”，CDP 文件对此未有相应的要求。但从上述案例来看，国标现有的要求无法完全保障单台机组的燃料气独立供应。如案例中所述，当某台压缩机燃料气系统进口截断阀前出现了泄漏，按现有国标要求无法在该压缩机燃料气系统隔离的情况下保障其他机组的燃气供应。因此基于该案例的经验总结，建议对国标 GB50251—2015《输气管道工程设计规范》补充如下内容：

在 6.4 节 6.4.8 “条压缩机燃料气供给系统设计要求” 中补充一条：

6. 压缩机燃料气供给系统的设计应相互独立，对单台压缩机燃料气供气系统进行隔离时不应影响其他机组的正常运行。

三、案例应用 2：压缩机进出口管线安装应力校核问题

（一）对标分析

首站压缩机运行中出口管线管卡处螺栓断裂，与该问题相关的标准条款见表 2-9。

表 2-9　与压缩机进出口管线安装应力校核问题相关标准条款

序号	标准名	类别	相关条款	备注
1	GB 50251—2015《输气管道工程设计规范》	国标	6.7 站内管线 6.7.4 站内管线安装设计应采取减少振动和热应力的措施。压缩机进、出口配管对压缩机连接法兰所产生的应力应小于压缩机技术条件的允许值	现行标准
2	GB 50251—2003《输气管道工程设计规范》	国标	6.8 站内管线 6.8.4 站内管线安装设计应采取减少振动和热应力的措施。压缩机进、出口配管对压缩机连接法兰所产生的应力应小于压缩机技术条件的允许值	建站标准
3	CDP-S-NGP-PR-005-2014-2《输气管道工程燃驱离心式压缩机组技术规格书》	CDP 文件	6.11 配管 a）所有配管应根据 ASME-B31.3 的最近版和规格书的要求设计	
4	CDP-S-NGP-PR-036-2014-2《电驱离心式压缩机组技术规格书》	CDP 文件	6.14 配管 a）所有配管应根据 ASME-B31.3 的最近版和规格书的要求设计	

从梳理结果来看，国标 GB 50251 2003 版和 2015 版对于压缩机进出口管线应力要求相同，均为应小于压缩机技术条件的允许值；CDP 文件对于燃驱和电驱离心式压缩机配管的要求也一致，规定其应满足 ASME-B31.3 的要求。

综上所述，现对于压缩机所有配管的应力要求均指向了 ASME-B31.3 和压缩机厂商所提供的技术条件。从上述案例分析中了解到，由于当前压缩机主要供货厂商所提供的技术条件各异，加上 ASME-B31.3 条款繁多，实际执行过程中可能会出现采标遗漏或不准确的问题，从而导致管线长期高载荷运行，引发案例中所提到的管线崩脱、螺栓断裂以及焊口开裂等问题。

（二）技术要求增补建议

对于输气站常用的离心式压缩机，现国内外常用的管线设计及应力校核方法是参照 ASME B31.3《工艺管道》和 API 617《石油及化工和气体工业用离心压缩机》执行。按照 ASME B31.3 中的规定校核持续载荷工况（SUS）和热膨胀工况（EXP）；按照 API 617 中附录 F 的规定对操作工况（OPE）下压缩机进出管口载荷进行校核、考虑 API 617 的要求太过严格，压缩机厂商都根据其压缩机的实际测试结果对 API 617 的要求进行了不同程度的放大。例如，美国通用电气公司（GE）对其压缩机提出了技术条件允许值为 4.32 倍的 API 617 许用值；而罗罗公司（RR）则专门针对其不同型号的压缩机编制了技术文件“Compressor Casings Allowoable Design Loadings”，按照 API 617 中提供的分量提出了具体的技术条件限值。

从以上分析可知，现行国标及 CDP 文件对于压缩机管线应力分析的要求太过原则，在实际使用中可操作性较差，建议对 CDP-S-NGP-PR-005-2014-2《输气管道工程燃驱离心式压缩机组技术规格书》和 CDP-S-NGP-PR-036-2014-2《电驱离心式压缩机组技术规格书》增补内容。

所有配管应根据 ASME-B31.3 和 API 617 中的规定进行如下工况的应力校核：

1）持续载荷工况（SUS）

该工况考虑重力和压力影响下管道产生的应力是否满足要求，按照 B31.3 中一次应力的衡准校核。

2）热膨胀工况（EXP）

该工况考虑温度对管道的热膨胀影响所产生的应力是否满足要求，按照B31.3中二次应力的衡准校核。

3）操作工况（OPE）

该工况主要考虑压缩机进出管口载荷是否超出标准要求，根据所选压缩机厂家和型号的不同，选取不同的许用值放大系数。

考虑到该方面校核的专业性和如今缺乏统一的衡准要求，建议参照ASME-B31.3、API 617以及各厂商提供的技术条件编制针对性的技术文件或在现有标准中补充附录，提供具体的校核方法。

四、案例应用3：压缩机出口单向阀内漏导致压缩机反转

（一）对标分析

首站运行过程中涉及压缩机出口单向阀内漏的问题，当前国标GB 50251—2015第6.6节“压缩机组的安全保护”中却未提到该方面的保护要求，CDP文件中也未有相应的保护及控制要求。

（二）技术要求增补建议

从案例经验总结可知，一旦出口单向阀出现内漏，则在现有条件下较大概率会引发天然气回流致使压缩机反转，存在较大的安全隐患。因此建议基于案例中提出的应对措施，对国标和CDP文件补充相应的技术要求。

（1）国标GB 50251—2015《输气管道工程设计规范》增补建议。

在6.2节“压缩机组的安全保护”6.6.2条中补充如下条款：

……

12 压缩机组的安全控制系统应能防止其在停机过程中因发生天然气回流而出现反转。

（2）CDP-G-NGP-OP-012-2013-1《输气管道工艺操作原理设计规定》增补建议。

在6.2.7压缩机区中补充如下条款：

X）天然气控制系统编程过程中宜增加“燃机熄火后，延时，NPT大于等于设定值，触发泄压停机、报警信息”的逻辑，延时时间和NPT的设定值需

结合站场压缩机组的惰走时间转速趋势和停机趋势来确定。

五、案例应用 4：压缩机排烟道出口设计

（一）对标分析

独山子输油气分公司西气东输二线、三线压缩机自带的尾气检测口不满足国家相关检测标准要求的问题，为此分公司组织对相关国家标准进行研究，并结合现场实际情况提出了满足国家标准要求的压缩机组排烟道采样孔的开孔设计形式。

与该问题相关的标准条款见表 2-10。

表 2-10 与压缩机排烟道出口设计问题相关标准条款

序号	标准名	类别	相关条款	备注
1	GB/T 16157—1996《固定污染源排气中颗粒物和气态污染物采样方法》	国标	4.2.1.1 节采样位置应优先选择在垂直管段。应避开烟道弯头和断面急剧变化部位。采样位置应设置在距弯头、阀门、变径管下游方向不小于 6 倍直径和据上述管件上游方向不小于 3 倍直径处。对矩形烟道，其当量直径 $D=2AB/(A+B)$，式中 A，B 为矩形烟道边长	现行标准
2	HJ/T 397—2007《固定源废弃检测技术规范》	国标	5.1. 采样孔的位置 5.2 采样孔和采样点样式和尺寸	现行标准
3	GB 16297—1996《大气污染物综合排放标准》	国标	8.2 采样时间和频次要求 8.3 监测工况要求	现行标准
4	CDP-S-GP-PR-004-2009B《天然气发动机驱动往复式压缩机技术规格书》	CDP 文件	3.1.8 排气系统 ……并保证达到 GB 16297—1996 所规定的排放标准要求	
5	CDP-S-NGP-PR-005-2014-2《输气管道工程燃驱离心式压缩机组技术规格书》	CDP 文件	无对应技术要求	
6	CDP-S-NGP-036-2014-2《电驱离心式压缩机组技术规格书》	CDP 文件	无对应技术要求	

经梳理，GB/T 16157—1996《固定污染源排气中颗粒物和气态污染物采样方法》、HJ/T 397—2007《固定源废弃检测技术规范》、GB 16297—1996《大气污染物综合排放标准》对排烟道出口监测孔的设计及排放标准均提出了具体的技术要求。

当前关于往复式压缩机技术规格的 CDP 文件，在排气系统一节中将尾气排放标准的要求指向了 GB 16297—1996，但对于排烟口的设计，则未提出相应的技术要求，也没有指向推荐国标；关于离心式压缩机技术规格的 CDP 文件中，排放标准和排烟口的设计均未提出对应的技术要求。

（二）技术要求增补建议

鉴于当前国标中已有对排烟道采样孔的具体要求，而 CDP 文件中没有对应内容，且存在压缩机排烟道采样孔不满足国标要求的问题，为避免后期因采标严格而造成经济损失，建议在对应 CDP 文件中补充相关内容并提前按要求执行。

（1）CDP-S-GP-PR-004-2009B《天然气发动机驱动往复式压缩机技术规格书》增补建议。

3.1.8 排气系统

废气排放测试孔的设计应满足 GB/T 16157—1996 和 HJ/T 397—2007 的相关要求。

（2）CDP-S-NGP-PR-005-2014-2《输气管道工程燃驱离心式压缩机组技术规格书》增补建议。

6.4.7 排气系统

j）监测排气污染的取样口的设计应满足 GB/T 16157—1996 和 HJ/T 397—2007 的相关要求。供货商应提供废气中污染物及其控制指标，并保证达到 GB 16297—1996 所规定的排放标准要求。

六、案例应用 5：压缩机组干气密封系统改造工程制氮设备技术

（一）对标分析

与压缩机干气密封系统相关的标准条款见表 2-11。

表 2-11　与压缩机干气密封系统相关标准条款

序号	标准名	类别	相关条款	备注
1	GB 50251—2015《输气管道工程设计规范》	国标	6.6 压缩机组的安全保护 6.6.2 第 11 条：压缩机的干气密封系统应有泄放超限报警装置	现行标准
2	GB 50251—2003《输气管道工程设计规范》	国标	无对应条款	建站标准
3	CDP-S-NGP-PR-005-2014-2《输气管道工程燃驱离心式压缩机组技术规格书》	CDP 文件	6.3.9 密封和干气密封系统	
4	CDP-S-NGP-036-2014-2《电驱离心式压缩机组技术规格书》	CDP 文件	6.3.9 密封和干气密封系统	

经梳理，国标 GB 50251—2003 中对于压缩机组干气密封系统未有对应的技术条款，在 GB 50251—2015 6.6.2 第 11 条中补充了对干气密封系统泄放超限报警装置的要求；上述有关燃驱和电驱离心式压缩机组的 CDP 文件均在 6.3.9“密封和干气密封系统”一节中对压缩机干气密封系统提出了较为详细的技术要求。

结合上述案例及对标分析，现行国标对于压缩机组干气密封系统的要求较少，主要参照 CDP 文件的要求执行。正如案例中所述，当前国标和 CDP 文件存在重视设备本体、忽视辅助设备的问题。例如对压缩机组干气密封系统，上述 CDP 文件采用单独一节对其提出了详细的规定，但对于该节中提到的干气密封系统前置聚结器、加压设备和加热设备等辅助设备却未有相应的验收及测试规定，导致辅助设备本体及其控制和保护措施存在缺陷的隐患。

（二）技术要求增补建议

（1）结合前文案例一中总结的经验，建议对 CDP-S-NGP-PR-005-2014-2《输气管道工程燃驱离心式压缩机组技术规格书》和 CDP-S-NGP-036-2014-2《电驱离心式压缩机组技术规格书》文件 6.3.9 节中对应条款的内容进行调整。

6.3.9 密封和干气密封系统

j）每套干气密封与轴承间应根据实际情况采用压缩空气或氮气进行隔离，防止润滑油进入干气密封装置。

x）第二级密封宜设置独立的供气源。

（2）结合前文案例二和案例三中总结的经验，建议逐步在上述章节中补充和细化对干气密封系统辅助设备本体、控制及保护措施等方面的技术要求。

第三节　电气系统

与电气相关的标准见表2-12。

表2-12　与电气相关标准

序号	标准名	类别	相关章节	备注
1	GB 50251—2015《输气管道工程设计规范》	国标	第10章 辅助生产设施 10.1.7条和10.1.8条 附录J　输气站及阀室爆炸危险区域划分推荐做法	现行标准
2	GB 50251—2003《输气管道工程设计规范》	国标	第9章 辅助生产设施 9.1.6条和9.1.7条	建站标准
3	GB 50183—2004《石油天然气工程设计防火规范》	国标	第9章 电气	建站标准
4	GB 50057—2000《建筑物防雷设计规范》	国标	通用标准，对各类建筑物的防雷措施提出了详细的技术要求	建站标准
5	SY/T 6885—2012《油气田及管道工程雷电防护设计规范》	行标	针对油气田及管道工程的雷电防护措施提出了详细的技术要求，包括油气生产设施雷电防护、电气系统雷电防护、电子系统雷电防护以及接地等内容	

（1）GB 50251《输气管道工程设计规范》。

该标准为建站标准，对于电气系统，建站时所依据的该标准2003版在辅助生产设施一章中提出了两条技术要求：其中9.1.6条将输气站爆炸危险场所的划分依据指向了SY/T 0025—1995《石油设施电气装置场所分类》，并对电气设备和电气线路的选配提出了原则性的要求；9.1.7条则将输气管道工程的防雷保护要求指向了GB 50057—2000《建筑物防雷设计规范》。

现行GB 50251—2015版对2003版提出的两条技术要求进行了细化。

①新版 10. 1. 7 条对应原 9. 1. 6 条，细化了输气站及阀室的爆炸危险区域划分的方法。从编制说明来看，原条文指向 SY/T 0025《石油设施电气装置场所分类》的做法仅规定了压缩机和其他释放源的爆炸危险区域，而没有提供分输站、清管站、阀室等站场的分区意见。因此新版标准在参考美国天然气协会（AGA）和 IEC 相关标准要求后，制定了一套针对输气站和阀室的爆炸危险区域划分的推荐做法，并补充至附录中。该修订增强了标准要求的针对性和可操作性，同时明确了电气设计和电气设备选配的要求，分别指向了 GB 50058—2014《爆炸危险环境电力装置设计规范》和 GB 3836《爆炸性环境》。需要特别注意的是，GB 3863《爆炸性环境》中的条款全部具有强制性，应严格执行。

②新版 10. 1. 8 条对应原 9. 1. 7 条，对于输气站及阀室雷电防护要求，在原有指向的基础上新增了需符合 SY/T 6885《油气田及管道工程雷电防护设计规范》的有关规定。

（2）GB 50183—2004《石油天然气工程设计防火规范》。

该标准为建站标准，在第 9 章中专门针对电气系统提出了技术要求，包括消防电源及配电、防雷、防静电等方面的内容。

（3）GB 50057—2000《建筑物防雷设计规范》。

该标准为建站标准，也为建筑物防雷设计的通用标准，对各类建筑物的防雷措施提出了详细的技术要求。在 GB 50251—2000 中也将输气站和阀室的雷电防护要求指向了该标准。

（4）SY/T 6885—2012《油气田及管道工程雷电防护设计规范》。

该标准针对油气田及管道工程的雷电防护措施提出了详细的技术要求，包括油气生产设施雷电防护、电气系统雷电防护、电子系统雷电防护以及接地等内容。在 GB 50251—2015 中也对该标准进行了指向。

关于电气系统，当前相关的标准要求较多，既有通用性要求，也有针对油气管道工程的针对性要求，在实际执行中需综合考虑，避免技术条款的遗漏。

第四节 仪表与自动控制

一、相关标准梳理

与仪表、自动控制相关的标准见表 2-13。

表 2-13 与仪表、自动控制相关标准梳理

<table>
<tr><th>序号</th><th>标准名</th><th>类别</th><th>相关章节</th><th>备注</th></tr>
<tr><td>1</td><td>GB 50251—2015
《输气管道工程设计规范》</td><td>国标</td><td>第 8 章 仪表与自动控制</td><td>现行标准</td></tr>
<tr><td>2</td><td>GB 50251—2003
《输气管道工程设计规范》</td><td>国标</td><td>第 8 章 监控与系统调度</td><td>建站标准</td></tr>
<tr><td>3</td><td>GB/T 20438—2017
《电气/电子/可编程电子安全相关系统的功能安全》</td><td>国标</td><td rowspan="2">全篇对应，技术要求涉及电气/电子/可编程电子系统在执行安全功能时需考虑的各个方面</td><td>现行标准</td></tr>
<tr><td>4</td><td>GB/T 20438—2006
《电气/电子/可编程电子安全相关系统的功能安全》</td><td>国标</td><td>建站标准</td></tr>
<tr><td>5</td><td>GB/T 21109—2007
《过程工业领域安全仪表系统的功能安全》</td><td>国标</td><td>全篇对应，提出了安全仪表系统的规范、设计、安装、运行和维护的要求</td><td>现行/建站标准</td></tr>
<tr><td>6</td><td>GB/T 50770—2013
《石油化工安全仪表系统设计规范》</td><td>国标</td><td>全篇对应</td><td></td></tr>
<tr><td>7</td><td>CDP-S-GP-IS-061-2009B
《输气管道工程安全仪表系统技术规格书》CDP 文件</td><td>国标</td><td>全篇对应</td><td></td></tr>
<tr><td>8</td><td>CDP-S-PC-IS-078-2009B
《油气管道工程仪表盘、接线箱技术规格书》</td><td>CDP 文件</td><td>全篇对应，针对仪表盘和接线箱提出了技术要求</td><td></td></tr>
</table>

续表

序号	标准名	类别	相关章节	备注
9	CDP-S-PC-IS-080-2009B《油气管道工程仪表管阀件技术规格书》	CDP文件	全篇对用，针对仪表管阀件提出了技术要求	
10	CDP-G-NGP-OP-015-2013-1《输气管道工程站场工艺及自控技术规定》	CDP文件	第6章 自动控制	

新版国标GB 50251—2015中以单独的章节对输气管道工程仪表与自动控制提出了总体的技术要求，CDP文件分别针对其中主要的设备提出了详细的要求，便于在设计和现场操作时执行。另外还有几个该方面的通用性国标要求，对于具体的分析评价方法也有较为详细的阐述。整体而言，当前国内在该方面的标准体系完善，技术要求详细，可操作性强。

二、案例应用1：露天区域可燃气体探测器

（一）对标分析

与露天区域可燃气体探测器问题相关的标准条款见表2-14。

表2-14　与露天区域可燃气体探测器问题相关标准条款

序号	标准名	类别	相关条款	备注
1	GB 50251—2015《输气管道工程设计规范》	国标	正文部分未提到可燃气体探测器的技术要求	
2	GB 50183—2004《石油天然气工程设计防火规范》	国标	第6章 石油天然气站场生产设施 6.1.6 天然气凝液和液化石油气厂房、可燃气体压缩机厂房和其他建筑面积大于或等于150m^{2}的甲类火灾危险性厂房内，应设可燃气体检测报警装置。天然气凝液和液化石油气罐区、天然气凝液和凝析油回收装置的工艺设备区应设可燃气体报警装置。其他露天或棚式布置的甲类生产设施可不设可燃气体检测报警装置	

续表

序号	标准名	类别	相关条款	备注
3	CDP-S-PC-IS-048-2009B《可燃气体探测器及报警器技术规格书》	CDP文件	仅有固定点式可燃气体探测器的技术要求，未包含新型探测器	

经梳理，现行国标 GB 50251—2015《输气管道工程设计规范》在正文部分未提到可燃气体探测器相关的技术要求，但在其第 8 章“仪表与自动控制”8.4.5 条的编制说明中提到在国内设计中，压缩机厂房内均设置了可燃气体探测器和火焰探测器，具备监视与监控功能的室内管道截断阀室也设置了可燃气体探测器；并且将露天或棚式布置工艺设施区可燃气体探测器的设计要求指向了国标 GB 50183—2004；GB 50183—2004《石油天然气工程设计防火规范》在 6.1.6 条中明确露天或棚式布置可不设置可燃气体探测设备；CDP 文件中也未有对露天区域可燃气体探测器的布置要求。综上所述，当前国标及 CDP 文件对于露天区域均未有设置可燃气体探测器的要求，因此我国大多数管道公司所辖输气管道站场露天工艺装置区均未设置可燃气体检测报警装置，在露天区域缺乏有效的监测保护逐渐成为站场监测控制的薄弱点。

（二）技术要求增补建议

从案例总结经验来看，随着技术的发展，可燃气体探测的手段不再限于固定点式一种，各种新型探测技术不断涌现，为露天区域可燃气体的监测创造了有利条件。因此为进一步提升压气站场的安全性，契合未来智能化站场的建设需要，对现有手段的技术要求和适应性进行分析，为站场露天区域增设合适的可燃气体探测设备、扫除站场可燃气体监测“盲区”是非常有必要的。

基于上述分析，建议可对国标和 CDP 文件作如下修订。

（1）GB 50251—2015《输气管道工程设计规范》增补建议。

建议在第 8 章“仪表与自动控制”中增加对站场可燃气体探测器的设计要求，或在正文中明确将该要求指向 GB 50183—2004。

（2）GB 50183—2004《石油天然气工程设计防火规范》增补建议。

在明确露天区域可燃气体探测器布置形式并经大量站场验证普及后，建议在上述6.1.6条中对露天区域可燃气体探测器的设置提出要求。

（3）CDP-S-PC-IS-048-2009B《可燃气体探测器及报警器技术规格书》（3）增补建议。

建议基于上述案例中的专题研究成果和后期站场反馈的试点经验，在该文件中补充对新型可燃气体探测器的技术要求，例如激光开路式可燃气体探测器、超声波可燃气体探测器以及云台式可燃气体遥测仪等。

三、案例应用2：ESD回路中断导致ESD逻辑误触发

（一）对标分析

与ESD回路问题相关的标准条款见表2-15。

表2-15 与ESD回路问题相关标准条款

序号	标准名	类别	相关条款	备注
1	GB/T 50770—2013《石油化工安全仪表系统设计规范》	国标	第8章 逻辑控制器 8.5.6 需要线路检测的回路，应采用带有线路短路和开路检测功能的输入、输出卡	
2	CDP-S-GP-IS-016-2009B《输气管道工程安全仪表系统技术规格书》	CDP文件	4.3.2 站场ESD 未有对ESD按钮输入回路设置故障检测功能的要求	

经梳理，GB/T 50770—2013《石油化工安全仪表系统设计规范》中已有明确要求，在ESD按钮输入回路（重要的输入回路）设置线路开路和短路故障检测功能；在上述CDP文件站场ESD一节中暂无该方面的要求。

结合案例和对标分析结果，鉴于现已有ESD系统误动作导致站场天然气大量放空的情况发生，建议按照国标要求并结合试点经验在ESD系统按钮输入回路中引入在线故障诊断技术。

（二）技术要求增补建议

建议在上述CDP-S-GP-IS-016-2009B《输气管道工程安全仪表系统技术规格书》文件中补充对ESD按钮输入回路在线诊断技术的配置要求。

4.3.2 站场 ESD

……

站场 ESD 系统按钮输入回路应具有符合安全等级要求的在线故障诊断措施。

四、案例应用 3：自动化系统双电源优化改造

（一）对标分析

与自动化系统双电源问题相关的标准条款见表 2-16。

表 2-16 与自动化系统双电源问题相关标准条款

序号	标准名	类别	相关条款	备注
1	GB 50251—2015《输气管道设计规范》	国标	10.1.4 供电要求 3. 输气站因突然停电会造成设备损坏或作业中断时，站内重要负荷应配置应急电源，其中控制、仪表、通信等重要负荷，应采用不间断电源供电，蓄电池后备时间不宜小于 1.5h	
2	GB 50770—2013《石油化工安全仪表系统设计规范》	国标	5.0.16 安全仪表系统的交流供电宜采用双路不间断电源的供电方式	
3	Q/SY 201—2015《油气管道监控与数据采集系统通用技术规范》	企标	4 SCADA 系统机房安全及设备安全 4.4 系统设备应采用 UPS 供电，UPS 提供的后备电源时间不得少于 2h	
4	CDP-G-NGP-OP-015-2013-1《输气管道工程站场工艺及自控技术规定》	CDP 文件	6 自动控制 6.6.1 供电 站场仪表及自控系统应采用不间断电源（UPS）供电，后备供电时间不宜小于 1h。重要站场如大型输气站、压气站的 UPS 宜采用冗余配置	

经梳理，国标、企标以及 CDP 文件中均有对仪表及自控系统供电的要求，且均要求采用不间断电源（UPS）进行供电，对于冗余要求却有不同。其中

GB 50251—2015 中要求对控制、仪表、通信等重要负荷采取 UPS 进行供电，但未提到冗余的要求；GB 50770—2013 中要求对安全仪表系统宜采用双路 UPS 进行供电，提出了冗余的要求；Q/SY 201—2015 对 SCADA 系统提出了 UPS 供电的要求，但未提到冗余配置；CDP 文件对仪表和自控系统提出了 UPS 供电的要求，对于重要站场提出宜采用冗余配置。另外，国标、企标、CDP 文件对于后备供电的时间要求也有所区别。

（二）技术要求增补建议

结合案例和对标分析，对于仪表及自动系统有必要采取双 UPS 冗余设置进行供电，因此建议对上述未提到冗余设置的标准条款进行补充；对于后备供电时间，建议从国标要求为最低要求的原则考虑，对低于国标要求的条款进行调整。

（1）GB 50251—2015《输气管道设计规范》增补建议。

10. 1. 4 供电要求

3、……蓄电池后备时间不宜小于 1. 5h。重要站场如大型输气站、压气站的 UPS 宜采用冗余配置。

（2）Q/SY 201—2015《油气管道监控与数据采集系统通用技术规范》增补建议。

4 SCADA 系统机房安全及设备安全

4. 4 系统设备应采用 UPS 供电，UPS 提供的后备电源时间不得少于 2h。重要站场如大型输气站、压气站的 UPS 宜采用冗余配置。

（3）CDP-G-NGP-OP-015-2013-1《输气管道工程站场工艺及自控技术规定》调整建议。

6 自动控制

6. 6. 1 供电

……后备供电时间不宜小于 1. 5h……

五、案例应用 4：计量时钟同步

（一）对标分析

与计量时钟同步问题相关的标准条款见表 2-17。

表 2-17　与计量时钟同步相关标准条款

序号	标准名	类别	相关条款	备注
1	GB/T 50770—2013 《石油化工安全仪表系统设计规范》	国标	5.0.20 安全仪表系统内的设备宜设置同一时钟	
2	GB 18603—2014 《天然气计量系统技术要求》	国标	8.4.6.6 流量计算机 该条中未有计量时钟同步的要求	
3	CDP-G-GP-IS-003-2009B 《输气管道计量系统设计规定》	CDP文件	4.4.11 流量计算机 …… 流量计算机可接受来自站控制系统的时钟校准信号	

经梳理，GB/T 50770—2013 中对于安全仪表系统有明确的时钟同步要求，而针对天然气计量系统的 GB 18603—2014 在流量计算机一节中未提到时钟校准的要求；CDP 文件《输气管道计量系统设计规定》在 4.4.11“流量计算机”中提出了应具备接受时钟校准信号的要求。

（二）技术要求增补建议

从案例分析来看，流量计算机的时钟不同步最终会影响计量交接结果的准确性，而现行国标中关于流量计算机校准部分内容中未有该方面的要求，建议进行增补。

GB/T 18603—2014《天然气计量系统技术要求》。

8.4.6.6 流量计算机

典型流量计算机的校准，应在全功能校准（8.4.6.7）前进行，它主要包括以下几项：

……

x）流量计算机应根据实际情况选取合适的方式实现时钟同步。

第三章

国产电驱压缩机组运维实践

长期的运行实践证明，电驱机组在大口径长输天然气管道行业更具经济性。可以预测未来电驱压缩机在新建天然气管道应用率也将越来越高。

本章节主要结合分公司近几年在国产电驱压缩机运行维护经验，将电驱机组本体和各辅助系统、控制系统进行充分细致的解构对比、分析诊断。针对其存在的设计、运行缺陷，以提高现场实用性为目标，提出简化优化、管理提升的建议，以助于国产电驱机组的本质安全提升和管理改进，助力“中国制造”高质量发展。

第一节　国产电驱压缩机组运行中存在的主要问题

国产沈鼓 PCL804 电驱压缩机组为 18WM 级离心式压缩机组，采用上广电 Innovert 10/10-25000S 型号变频器配合上电 TAGW20000-2 型电动机作为运行动力，并辅以矿物油系统、干气密封系统、循环水系统、外部风机和控制系统为机组本体及关键设备提供冷却、润滑、封严和控制功能。

通过对机组及其配套系统的安装调试阶段的运行环境、工况、部件质量及人机配合程度进行详细统计和深入分析，发现其存在可改造和优化的空间：

（1）部分设备硬件的选型和质量不符合国家标准和现场实际需求，影响机组运行和维检修作业开展；

（2）设计阶段各系统搭配时未充分考虑运行环境和运行工况的影响，导致功能性缺失和隐患；

（3）理想化的控制逻辑与现场需求出现偏差，导致机组设备存在风险、人机配合效率低下；

（4）机组及其辅助系统在节能降耗、自动化提升方面可优化空间巨大。

第二节　国产电驱压缩机组优化改造方案

一、解决机械结构设计隐患

（一）压缩机入口滤网的改造

压缩机滤网连接方式有缺陷，原有可调螺栓形式，在高气流振动器情况下，有松动、断裂风险。脱落碎片掉落进入压缩机，会导致机组轴承磨损。振动、压力升高，严重时会对压缩机主轴及动静叶轮造成机械损伤，导致机组无法备用。根据其他机组发生的故障，对可调支撑进行改造，将其改为固定式支撑，提高了滤筒（图 3-1）的固定强度。

(a) 改造前滤筒

(b) 改造后滤筒

图 3-1　滤筒改造前后对比

（二）外部风机叶片改造

2017 年 5 月 14 日，1#压缩机故障停机，通过现场调查发现变频室外部 9 台风机叶片根部都出现了不同程度的裂纹，至少一台风机的裂纹扩大导致叶片撕裂，造成风机扫堂。究其原因主要是风机叶片结构设计缺陷导致了根部焊缝应力集中。采用新型的铝合金叶轮重新设计了风机叶片（图 3–2），其优点包括：

（1）铝合金叶轮采用模压工艺生产，其叶形精度高，运行平稳；

（2）铝合金叶轮密度约为钢材的 1/3，减少了功率消耗以及对电动机支撑、轴承产生的载荷；

（3）叶轮采用螺栓连接，避免了焊接导致的轮毂材质刚性变化的问题，而且检修方便；

（4）防腐性能好，维护工作量少等。

9 台风机更换后没有再出现故障，运行平稳。

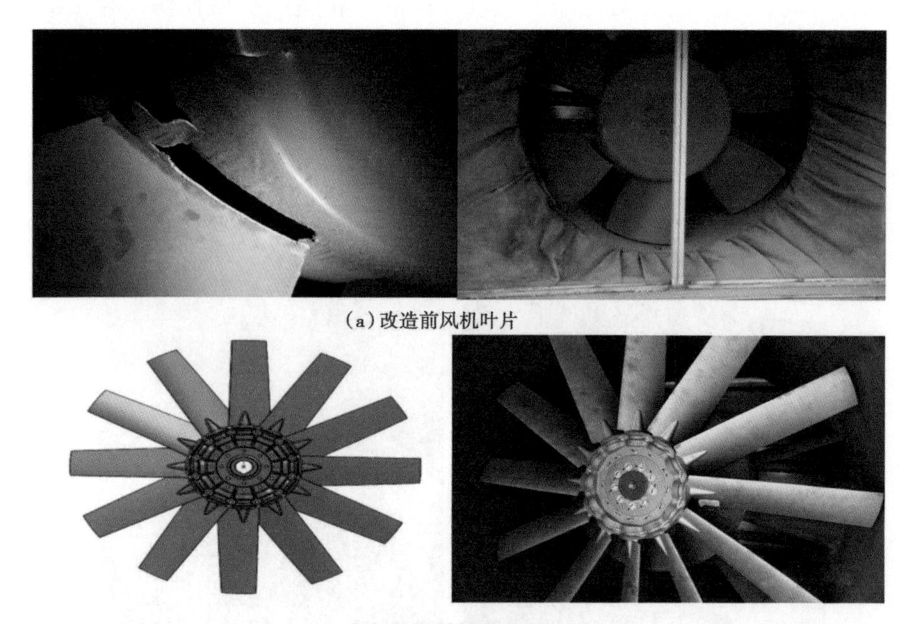

（a）改造前风机叶片

（b）改造后风机叶片

图 3–2　改造前后风机叶片对比

（三）外部风机电动机固定方式改造

外部风机电动机原设计由对称呈 120°安装的 3 颗顶丝固定，电动机悬空安装于风筒中间，其重量为 141kg。但顶丝固定强度不足，电动机在运行过程中产生较大的振动，导致顶丝松动，电动机下沉，风筒中间撕裂，叶片偏心并与风筒外部产生刮擦，最后导致电动机过载故障，机组停机。分析电动机固定方式，对其进行优化设计。在风筒下部新增安装电动机托架，由顶丝固定改为螺栓固定至电动机托架上，由非本安设计改为本安设计，并在风筒外侧新增两道加强筋，增加了风筒的强度。改造实施后，电动机振动明显减小，且从根本上避免外部风机故障导致机组停机事件的发生。

（四）矿物油供油管线堵头改进

压缩机组矿物油系统调节阀“O”型圈设计为密封并固定阀芯的作用，但未充分考虑其损坏断裂后造成阀芯崩脱的风险。由于阀芯脱离后供油管线压力不足，导致轴承填瓦风险突增。作业区对压缩机非驱动端和驱动端两种不同大小的调节阀在正常流量时的旋入深度进行测量（分别为 6.8cm 和 3.6cm），同时测量堵头的总长度（分别为 3.9cm 与 2.84cm），确定堵头在正常旋入接近到底时与调节阀顶部的距离，并以此距离作为堵头下端压柱的总长度（压柱长度应稍长，以保证其能正确挤压住调节阀阀芯）。加工新堵头（图 3-3）并现场安装，确定堵头压柱对阀芯起到限位作用，并可以在“O”型圈损坏后压制住阀芯的振动，避免阀芯崩脱。

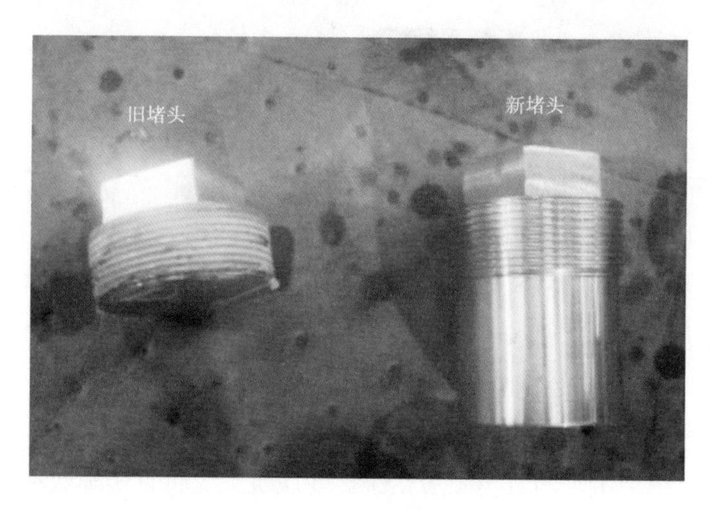

图 3-3　新旧堵头对比

（五）干气密封加热器改造

由于沈鼓控制系统与干气密封加热器控制系统的设计在对接时出现偏差，导致干气密封电加热器控制回路交流 220V 电压进入沈鼓控制柜中（图 3-4），导致沈鼓浪涌保护器动作接地、电加热器控制回路保护跳闸，干气密封电加热器无法实现远程启、停控制及信号反馈。通过在电加热器控制箱内增加信号隔离器件有效解决了该问题。

图 3-4　K7、K8 继电器接线

（六）干气密封加热器安全阀泄放口优化

原设计干气密封加热器导热油安全泄放阀开向为水平，一旦安全阀起跳，导热油将直接水平喷出，容易造成人员灼伤、设备损坏及环境污染情况。作业区对安全阀进行改造，增加了泄压管线并将其引至地面（图 3-5），消除了潜在的风险。

（七）空压机控制柜供电改造

仪表风系统是机组的重要附属系统，空压机失效将直接导致机组气动阀门失控、隔离密封失效，并进一步触发机组停机，发生单站失效事件，从而严重影响站场正常的输气生产任务。空压机控制柜电源没有接入 UPS，而是由低压

图 3-5　新增泄压管线

配电柜供电，导致春秋检和倒闸操作期间，控制柜失电，空压机全部停机，且之后无法置于远程自动模式运行，必须切换至就地控制。此时空压机无法联合运行，出口压力将非常不稳定，从而严重影响机组运行的可靠性。作业区识别到这一风险后，一方面在倒闸切换期间，专职安排人员在空压机房对空压机进行监护；另一方面，完善方案，将控制电源改造接入 UPS 中，从而避免了倒闸对空压机电源的影响，实现了空压机的不间断自动运行，保障了机组的安全。

（八）机组护栏及平台设计优化

沈鼓机组设计之初，其主体设备和各辅助系统对人体工学的考虑均不深入，护栏及平台设置不能满足日常巡检、作业的安全和便捷要求，不符合国家规范。作业区人员根据规范要求进行优化，增设了多处护栏及作业平台（图 3-6），方便了日常的工作，确保了安全。

图 3-6 压缩机护栏及平台

二、硬件选型升级改造

(一) 循环水泵选型优化改造

由于电动机外冷却循环水泵选型不当，流量和扬程不足（表 3-1），在运行过程中 1[#]、3[#]、4[#]水泵相继出现过载烧毁。

表 3-1 原装电动机、水泵参数

设备	型号	转速（r/min）	功率（kW）	电流（A）	厂家
电动机	Y2-225M-4	1480	45	84.7	泉成电机厂
设备	型号	转速（r/min）	流量（m^3/h）	扬程（m）	厂家
水泵	HYL150-50-4	1450	225	45	陕西航天动力高科技股份有限公司

线圈烧毁电动机型号为 Y2-225M-4。分公司查阅国家相关法律及标准规范：根据《中华人民共和国节约能源法》第十七条的规定，原标准能效为 3 级的电动机（Y，Y2 系列）将被禁止生产、进口销售，要求在 2015 年前对该系列电动机全部淘汰。工信部《高耗能落后机电设备（产品）淘汰目录（第三

批）》中明确，Y2-225M-4 电动机不符合《中小型三相异步电动机能效限定值及能效等级》（GB 18613—2012）标准中能效限定值要求，应在 2015 年年底前停止使用。作业区提前采购升级，完成了 1#、3#水泵的整体更换工作（图 3-7），现场运行测试正常（表 3-2）。

表 3-2　改造后电动机、水泵参数

设备	型号	转速（r/min）	功率（kW）	电流（A）	厂家
电动机	YB3-250W-4	1484	55	103.9	江苏锡安达防爆股份有限公司
设备	型号	转速（r/min）	流量（m^3/h）	扬程（m）	厂家
水泵	150GY60	1480	250	45	浙江佳力科技股份有限公司

图 3-7　新旧电动机对比图

（二）冷却塔盘管管束优化

冷却塔盘管管束焊缝存在缺陷，累计 2 台出现裂纹漏水。与厂家对接后，对盘管制造质量及检测标准提出改进（将原有管材 1.5mm 壁厚提高到 2mm），及时采购备件并进行了更换（图 3-8）。

图 3-8　冷却器盘管

1. 冷却器盘管改进条件及要求

此次采购为 3 个盘管漏水替换物资，盘管尺寸与原盘管一致，符合现场安装要求。采用无缝钢管，管材壁厚 2mm，要求无缝钢管连接焊缝 100%做焊缝检测，并合格，整个盘管最后需按照标准做水压测试合格。货到后，要求制造厂商技术员到现场参与 3 套装置安装的技术指导。

2. 参数说明

（1）换热管采用无缝管，规格为 ϕ25mm×2mm 材质为 S30408；

（2）盘管管箱、支撑等材质均为 S30408；

（3）盘管具体尺寸以现场冷却塔实际尺寸为准，须保证现场安装需要，安装应力应符合要求。

（三）耐震压力表改造

原设计的循环水泵进出口压力表为非耐震型。实际运行过程中，由于泵机组的旋转振动，压力表一直存在指针抖动的情况，压力读取不准确。作业区对非耐震压力表进行了重新选型，全部更换为耐震压力表（图 3-9），解决了指针抖动的问题。

（四）矿物油泵联轴器螺栓改进

乌苏站 1#机组矿物油 1#泵发生联轴器脱离现象，对泵进行拆检后发现电动机端靠背轮 3 根连接螺栓全部断裂，泵端靠背轮 3 根螺栓全部掉落。此套联轴器使用 3 对穿插方向相反的螺栓进行连接，由于使用的是普通螺母，在振动下极易旋转松脱。自下而上穿过的 3 根螺栓在螺母松脱后全部掉落，泵仅靠自上

图 3-9　耐震压力表改造

而下穿过的 3 根螺栓传动。此时联轴器膜片失去作用，完全由两片靠背轮与 3 根螺栓硬连接，螺栓与螺孔、支撑圈持续摩擦，磨损后的螺栓因强度不足出现断裂导致泵和电动机脱转。作业区根据规范对螺栓重新进行了选配，采取自锁螺母进行重新安装（图 3-10），提高了连接强度。

图 3-10　联轴器螺栓

（五）继电器选型优化

2018 年，压缩机故障停机，原因是控制回路继电器 KA1 常闭触点发生氧化现象（触点发白）造成接触不良，导致供电回路失电，引起隔离变压器风机停机，变频器故障报警，从而机组停机。排查过程中，发现继电器KA1、KA2均存在明显的触点氧化发白现象，因此判断该厂家生产的继电器产品质量存在一定缺陷。经排查，现已全部更换为质量合格的继电器（图3-11）。

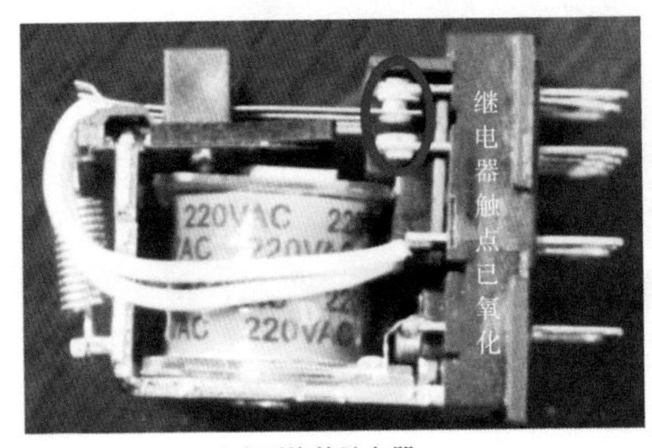

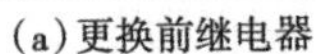
(a)更换前继电器

(b)更换后继电器

图3-11　继电器更换前后实物图

（六）变频器隔离变压器温控仪升级改造

2017年，压缩机故障停机，原因是干式变压器温控仪“超温报警”触发变频器出现PT100温度报警。现场复位时发现“超温报警”指示灯亮，且数据不更新，表明“超温报警”开关量常开触点吸合。经与温控仪厂家进行深入分析，证实温控仪在死机后随机输出温度仪故障信号触发停机。咨询厂家确定该款产品FTM-6CH-A220型安全使用寿命周期为3~5年，其采购周期为2013年，达到了使用寿命。采用最新产品FTM-6CH-A220-B对三线2#机组温控仪进行更换（图3-12），并对其他两台机组进行替换，提高了运行可靠性。

（七）变频器外部风机滤网改造

机组变频器外部风机滤网选型的外框体强度不足，在大风量运行和清洗作业时，易发生散架、滤网破裂的问题，不能有效地对杂质进行过滤。同时滤网框架设计尺寸不合理，且没有把手，抽取过程阻力较大。通过对滤网进行改造（图3-13），加强滤网结构强度，更换寿命更高更易清洁的滤网材质，增加把手，调整框架厚度，在增加滤网使用寿命的情况下方便了清洗作业。

图 3-12　更换后温控器

(a) 改造前滤网

(b) 改造后滤网

图 3-13　滤网改造前后对比图

(八) 整流变压器室进风滤网改造

机组整流变压器室进风道尺寸为 1.5m×3.8m，原选型为整张滤网，采用 42 颗燕尾螺丝固定。因进风道尺寸过大，拆卸非常麻烦。且燕尾螺丝拆卸回装后，常有松动掉落的情况，且拆卸安装时间过长。重新进行设计改造，增加导轨，将原有整片式的滤网改为 3 片式（图 3-14），将原有的螺丝固定改为抽拉式，极大地方便了滤网的抽取、清理和安装。

图 3-14　改造后的滤网

（九）联轴器靠背轮拆卸专用工装液压缸选型改进

沈鼓联轴器拆装过程中，需要用液压泵连接液压缸作为专用工装进行作业。但配备的液压缸选型不合理，其作用面积过小，在液压泵的额定压力下，无法满足靠背轮的拆卸要求，靠背轮无法拆卸。作业区更换了更大压力输出的液压缸（图 3-15），并成功完成了靠背轮的拆卸作业。

图 3-15　重新选型后液压缸

三、设备运行工况、环境适应性优化

(一) 外部风机防雪改造

原风机外部箱体设计时未考虑大量降雪的运行环境。在对进风量进行计算后，将原设计 45°防雪罩改为 90°防雪罩，将入风方式由侧进风改为下进风（图 3-16），在防止大风天气下异物吸入的同时阻挡了风雪。

(a) 改造前风机外部箱体

(b) 改造后风机外部箱体

图 3-16　风机外部箱体改造前后对比图

(二) 冷却塔风机加固

外循环水冷却塔风机设计的支架根部支撑与安装方式不匹配，且不适用长期运行的需求，在其他站场同型号风机发生了电机偏移和掉落的情况。针对这一情况，对风机支架进行了加固改造（图 3-17），确保了其安装的稳定可靠。

(a) 改造前风机

(b) 改造后风机

图 3-17　冷却水塔风机改造前后对比

（三）冷却塔进出水管线连接形式改造

循环水系统冷却水塔的进出水管线设计采用法兰和短节的硬连接形式，因地面沉降、电机振动等原因，经常发生错位、应力集中的现象，导致水系统密封不严而漏水。作业区与维抢修队合作对该处硬连接短节进行了设计改造，增加了一段柔性软连接（图 3-18），一举解决了安装偏差及密封面漏水的问题。

（a）改造前进出口管线

（b）改造后进出口管线

图 3-18　冷却水塔进出口管线改造前后对比图

（四）喷淋泵优化

喷淋泵电机发热比较严重，导致电动机轴承容易失效。经核算，喷淋泵排量应大于现场工况需要。作业区对喷淋泵进行了重新选型（图 3-19），并通过在喷淋泵出口增加限流孔板（外径 $D=125$mm，内径 $d=85$mm）。孔板安装后，

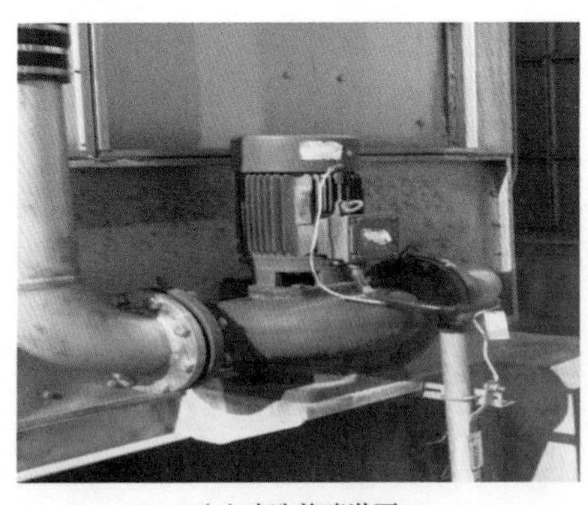
（a）改造前喷淋泵

（b）改造后喷淋泵

图 3-19　喷淋泵改造前后对比图

电动机振动、温度明显下降。另外，改造前喷淋泵泵壳、进出口管线及压力表未设计伴热保温，冬季易冰堵。作业区自行增加电伴热，并增加保温外壳，确保了循环水系统冬季运行的安全。

（五）循环水加热器改造

原有循环水加热器加热芯设计为一体式，12 组加热芯任一组短路都会造成加热器失效。对加热芯重新进行设计改造，并对电缆连接方式也进行了调整，实现了分组通断和更换功能。同时原有加热芯未设置单独的跳闸线圈进行过热保护，接线错误会导致手动、自动模式均不能正常投用。作业区在控制柜面板上增加控制器（图 3-20），实现了加热器的自动控制和硬件超温跳闸功能。

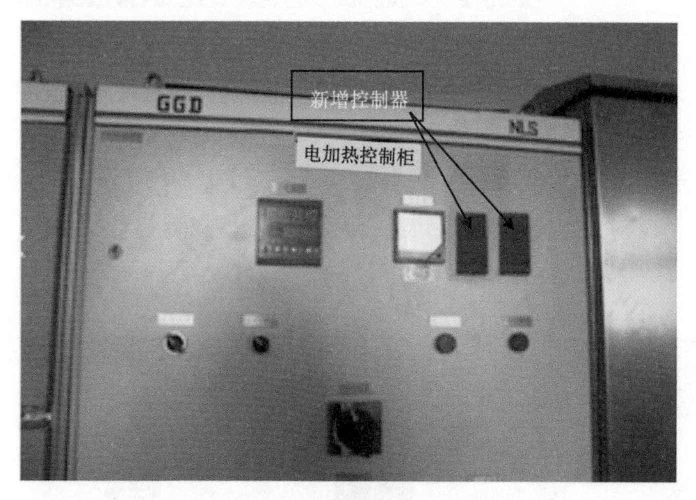

图 3-20　加热器新增控制器实现自动控制

（六）循环水工艺阀门更换

原有循环水系统工艺阀门全部采用蝶阀，在实际检修过程中，发现蝶阀内漏严重，无法有效隔离循环水泵、冷却水塔，影响设备检修。在与设计人员对接论证后，将蝶阀改造为球阀（图 3-21）。现循环泵进口蝶阀已全部更换为球阀，循环泵出口在保留原有电动蝶阀进行压力调节的基础上，已全部增加一道球阀。

图 3-21　蝶阀更换球阀改造图

（七）循环水泵房高点安全阀手阀改造

循环水系统循环水泵进口管线汇管高点安全阀设计时未在前端设置截断手阀，导致安全阀检定无法有效开展。作业区对安全阀进行改造，增加了手阀（图 3-22）。

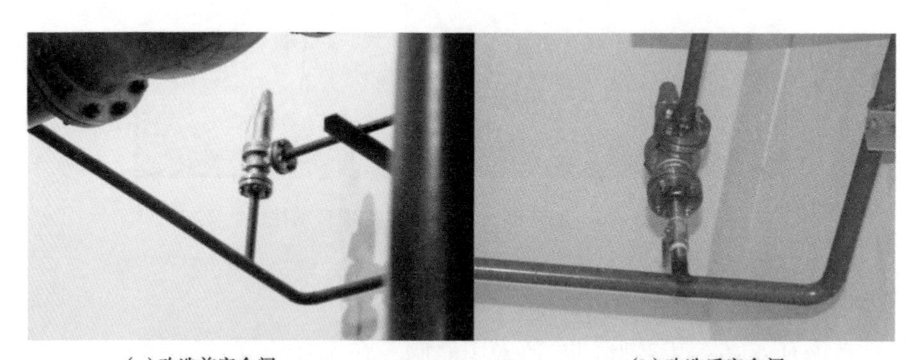

（a）改造前安全阀　　（b）改造后安全阀

图 3-22　安全阀增设手阀前后对比图

（八）循环水泵房排污水槽改造

循环水泵房原设计一处 30cm 深的排污水槽，但水槽排满后无法继续进行排污。作业区多次在循环水泵检修、加热器检修过程中排水时，废水将循环水泵房地面溢满，并接近了线缆槽架。一方面影响巡检、维修作业的进行，另一方面存在极大的设备短路风险。作业区对循环水泵房排污管线进行了改造，将排污水槽引至30m外的污水井中（图3-23）。排污过程中，废水可直接沿新增排污管线留至污水井处，避免了泵房内的废水溢流现象。

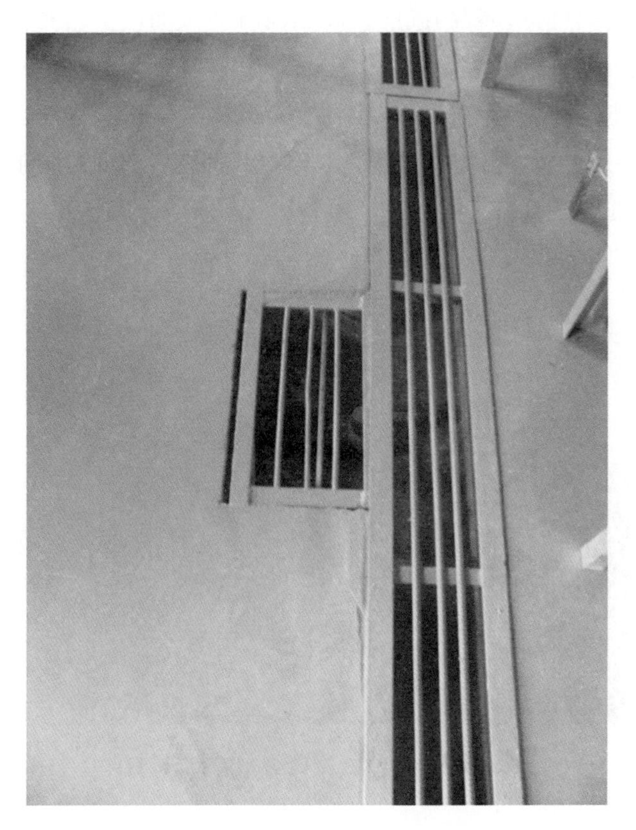

图3-23　排污水槽内排污管线

（九）冷却塔控制柜散热改造

循环水系统的冷却塔控制柜原设计为密闭设计，但循环水控制间为非防爆环境，对控制柜的密封性没有过高的要求。密闭的设计方式，且控制柜内无风扇散热，严重影响了控制柜的温度调节。夏季柜内温度过高，极易造成电气和控制元件失效，造成循环水系统故障、机组停机。作业区对机组进行改造，增开了散热孔，并在房间内新增空调。通过空调对机柜内部进行冷却，避免了温度过高的情况发生。

（十）压缩机振动探头漏油整治

沈鼓压缩机驱动端和非驱动端各有部分振动探头存在，振动探头接线穿过压缩机壳直接到达转子附近，并靠密封胶进行密封，密封效果很差。机组运行过程中，润滑油一直持续较高温度，高温润滑油又加速了密封胶的老化，造成密封效果不良，漏油严重。润滑油沿振动探头接线管流到前置放大器接线盒内，严重时可能导致振动信号出现干扰，造成机组停机。作业区借鉴公司其他QC成果的思路，重新设计了一种橡胶密封件（图3-24），用于替代密封胶密封。经验证，其效果良好。

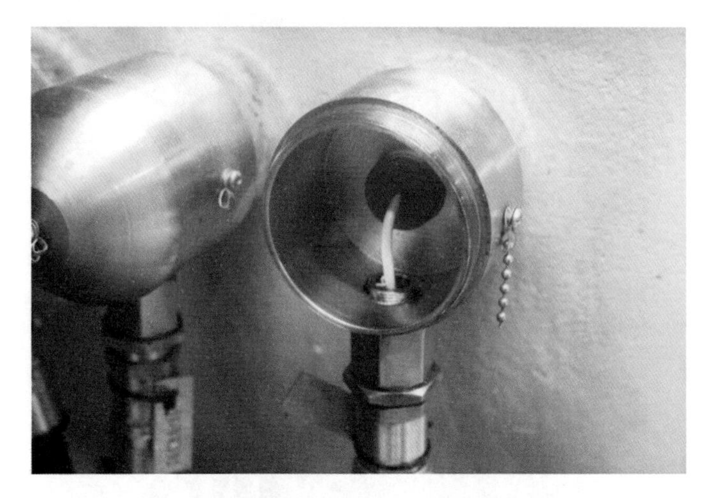

图3-24　振动探头穿线盒新增橡胶密封件

四、控制系统设备、逻辑安全性优化

（一）手动放空后的干气密封供气阀的动作逻辑优化

2017年，三线机组正常停机并放空后，由于变频器温度传感器突发故障触发了保压停机命令，导致已经泄压停机的机组干气密封供气阀自动打开并对机组内进行充压。此时干气密封加载阀手阀仍处于关闭状态，无法平衡机组缸体内和主管线的压差。若发现不及时，将导致缸体内压力直接达到出口汇管压力，干气密封压差无法建立，有可能导致干气密封损坏。如果此时有机组的管线打开作业，将直接导致天然气的泄漏，极易造成火灾、爆炸等严重后果。

此外机组进行手动放空后，因无泄压 ESD 命令，干气密封供气阀无法自动关闭，而下次启机时仍将执行保压启机，将出现超时错误，从而导致启机失败。

干气密封供气最终目的是防止工艺气轴向窜动和防止工艺气杂质附着在干气密封石墨环上，其功能核心是在缸体内有压力时保护干气密封和机组，从而提出从干气密封气动阀打开命令的判断条件着手进行改进，对控制逻辑进行优化，增加机组转速、压缩机入口压力判断条件。优化后干气密封供气阀在触发保压或顺控启机失败时保持持续打开状态，在机组无转速、压力小于 0.4MPa、机组不在启机过程中时，自动关闭干气密封供气阀；在停机但已经充压时；阀门可手动打开以保证干气密封的安全。

（二）机组防喘隔离阀开关时间优化

对其他作业区出现干气密封动环反转事件进行分析，作业区人员发现了在逻辑顺控中防喘管线隔离阀打开时间过早的问题。防喘管线单向阀一旦失效，可能造成机组启动过程中存在出现机组反转甚至烧坏干气密封的风险。机组泄压停机后，若单向阀内漏，防喘与隔离阀之间的气体也有可能通过内漏的单向阀跟随自动放空阀泄走，导致下次开启隔离阀时前后压差过大从而损伤隔离阀密封面。经过与进口机组的比对分析，作业区提出对启机顺控逻辑中隔离球阀打开的 DO 信号发出步序进行调整，将隔离阀打开步骤与主工艺管线进出口球阀打开步骤由先后进行改为同时进行（图 3-25）。此时充压已经结束，缸体内压力已经平衡，可直接避免因为单向阀的失效导致球阀前后压差过大和机组反转等问题。

（三）机组 ESD 信号锁存逻辑优化

沈鼓电驱机组的 ESD 信号为脉冲信号，触发后会立即恢复，逻辑中不会进行锁存，导致全站 ESD 逻辑过程中，机组 ESD 执行完毕信号无法输出，全站 ESD 逻辑的下一步无法执行，全站 ESD 失效。针对此问题，作业区对接线方式进行调整，将停机信号由瞬时脉冲触发修改为锁存信号，确保了全站 ESD 逻辑的顺利执行。

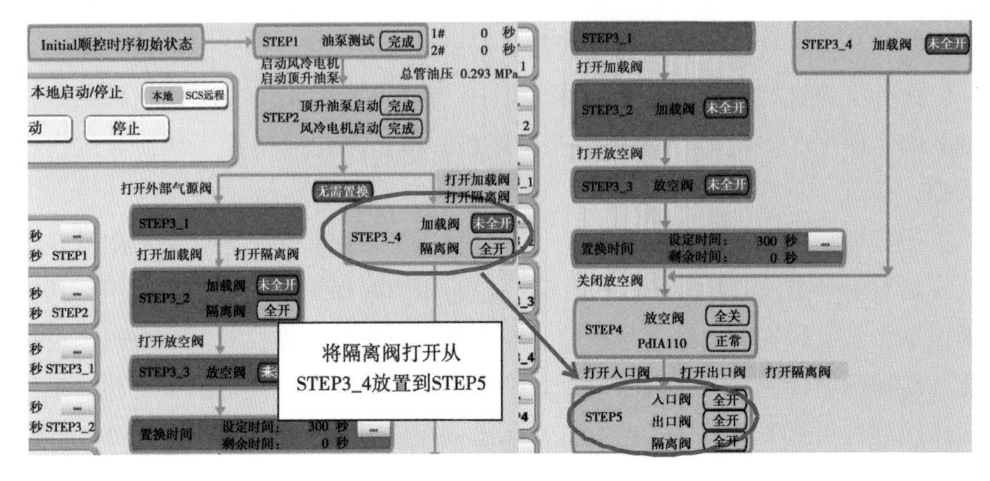

图 3-25　防喘隔离阀动作程序优化

（四）循环水泵供电回路改造

循环水泵双电源转换开关为机械开关，断电后转换时间为 3s，开关均在一路，在切换过程中会导致 4 台电动机全部断电。为减小循环水泵电动机同时失电的风险，作业区拆除双电源开关，将 1#、2#水泵电动机接入低压一段电源供电，3#、4#水泵电机接入低压二段电源供电，保证循环水电动机总有两台备用且不会因主电源断电造成电动机全部停运，提高了系统抗外电的扰动能力。

（五）循环水系统控制逻辑优化

西三线乌苏站现有 4 台循环水泵于 2018 年 4 月 21 日因 3#泵电动机过载导致外冷水温升高后压缩机组停机。查看逻辑发现在控制逻辑中没有在用泵故障后及时切换到备用泵的逻辑程序。

作业区通过对比，确认需要重新编写程序（图 3-26），增加在用循环泵故障后自动切换到备用循环泵逻辑程序。采集在用泵的故障信号作为启动备用泵的启动信号，并在一定时间内再次判断现场泵的运行状况。如果已经满足实际运行要求则说明逻辑执行完成，无须继续启动备用泵；如果不满足实际工况要求，则再启动一台备用循环泵，直至循环水满足现场工艺需求；同时将会上传再用循环泵故障的信号，提示站控操作人员到现场检查确认泵故障情况。

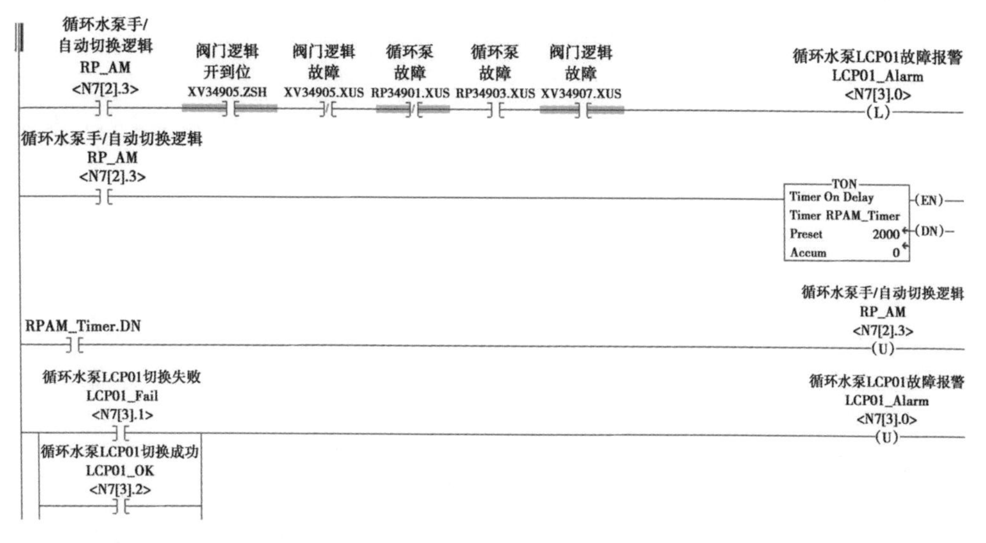

图 3-26　循环水泵控制程序优化

（六）矿物油 100 轴、200 轴流量计控制逻辑优化

机组矿物油系统给励磁机、电动机供油的管线上，设置了 100 轴、200 轴流量计。该流量计为椭圆齿轮流量计，机械式结构一方面容易卡阻，另一方面易故障导致信号跳变。100 轴、200 轴流量低低报警时，会触发机组 ESD 停机。

作业区经过分析和实际论证，现有轴承保护措施已经足以保护机组运行安全。与厂家沟通后，将程序中润滑油管线上 100 轴流量计、200 轴流量低低连锁停机信号进行屏蔽（LL），但是仍保持信号输入，保持低流量报警（L），可以随时对数据及报警进行监控（图 3-27）。

（七）油冷百叶窗控制逻辑优化

在国产机组投产期间，由于启机后油冷风机顶部百叶无法打开，导致油冷风机长期双机满负荷运行，且混油阀后油一直处于高温状态。百叶窗的开关由现场气动阀控制，但在开关百叶窗的 DO 命令下达后气动阀无动作。经排查，原设计百叶窗控制阀具有 DO 开关信号线和 DI 反馈信号，但现场阀门接线点只有一组接于反馈信号线上，导致电磁阀无法正常失电或得电，从而影响了阀门正常开关。作业区对接线进行了调整，将控制信号线接到阀门接线点上。此时因继电器输出相反，对 K0-605 的继电器控制线由常开位置改接到常闭位

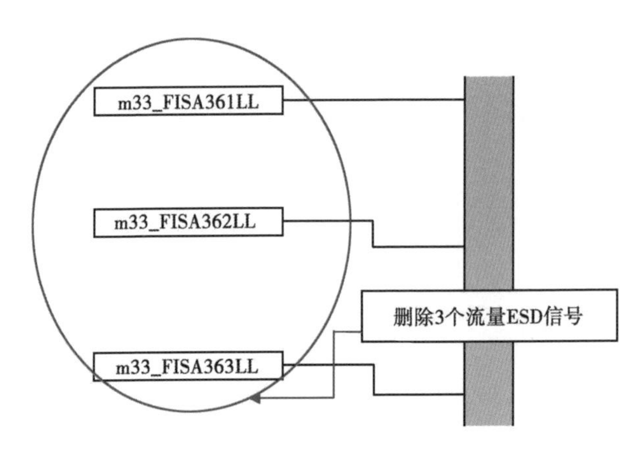

图 3-27　100 轴、200 轴流量计控制逻辑优化

置。鉴于阀门本体无法提供反馈，在 HMI 上新增控制状态显示（图 3-28）。巡检时与现场核对，从而实现了油冷器百叶窗的自动控制逻辑。

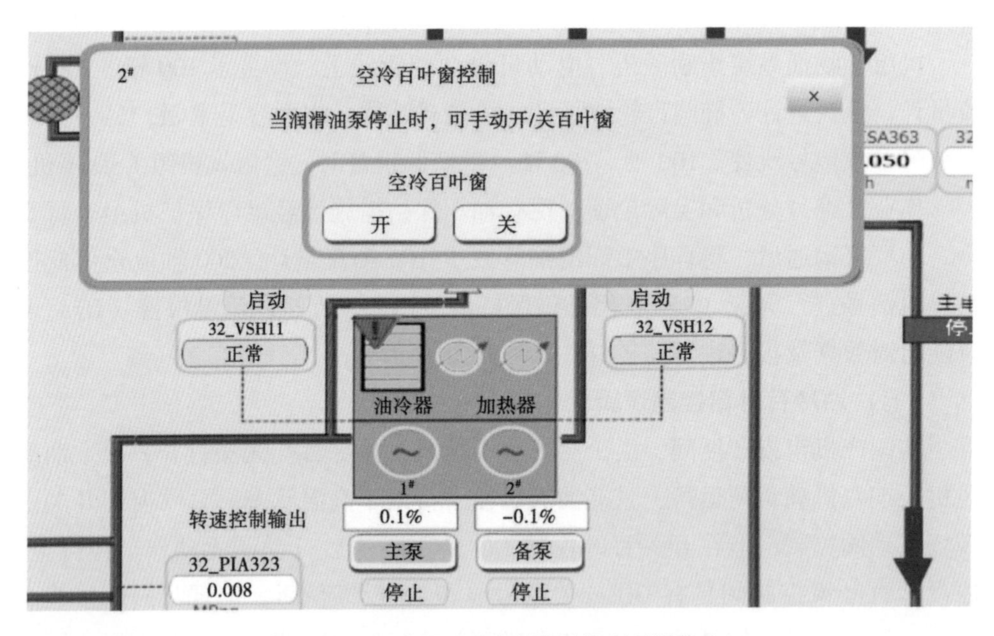

图 3-28　油冷器百叶窗的自动控制逻辑优化

(八) 矿物油泵切换逻辑优化

2018 年 8 月 16 日，乌苏站西三线 1#机组主滑油泵故障，原有逻辑不能自动切换至备用润滑油泵。对程序进行优化，实现了备用润滑油泵的自动切换运行。但在切换过程中，油压降至低低报警值（图 3-29），机组跳机。经与厂家咨询对接后，判断为油泵变频器设置启动时间过长所致。作业区将润滑油泵的启动时间由 60s 调整为 30s，并现场进行测试，3 台机组油压均可维持在 0.13MPa 以上（联锁停机值为 0.1MPa），且此时电动机电流处于额定范围以内，满足运行要求。

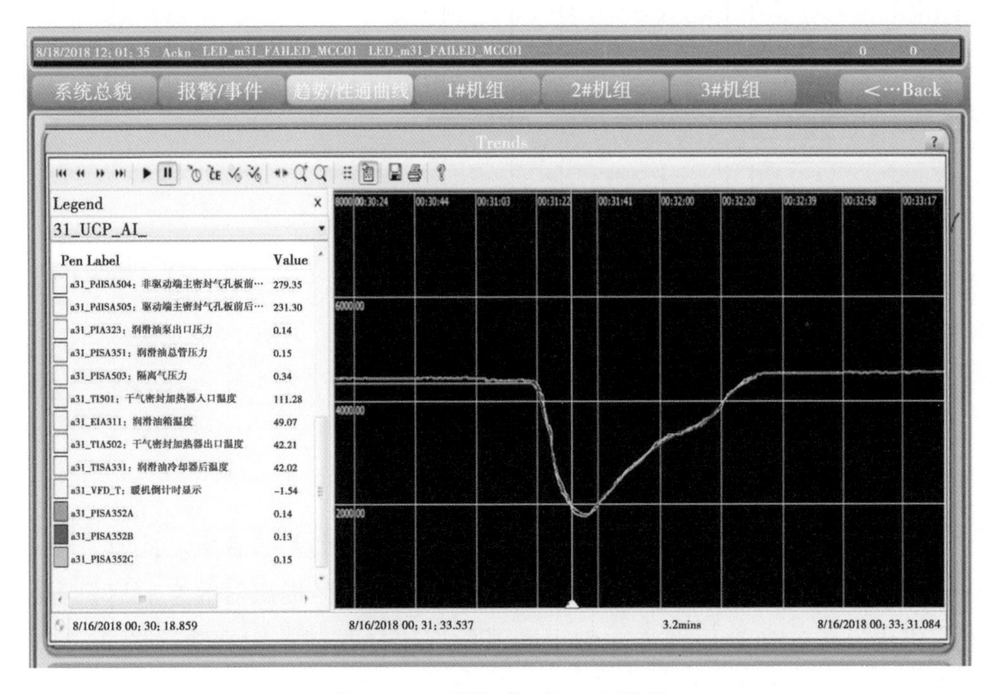

图 3-29　油泵切换时的油压曲线

(九) 干气密封增压橇启停逻辑优化

干气密封系统原设计中只考虑了机组在运行过程中增压橇正常工作时的启动和停止，未考虑机组不运行时增压橇的停止问题，导致增压橇无法自动停止。对该部分进行分析后，增加接线，并重新设计逻辑程序，解决了机组不运行时增压橇的停止问题。每台机组安装两个 ICC312 模块，安装在 1 号和 2 号控制柜中，目的是把现场传输过来的一路信号，分成两路，一路保留原控制，另一路传输到SCP控制柜。根据这路信号判断机组停机后，停止增压橇（图3-30）。

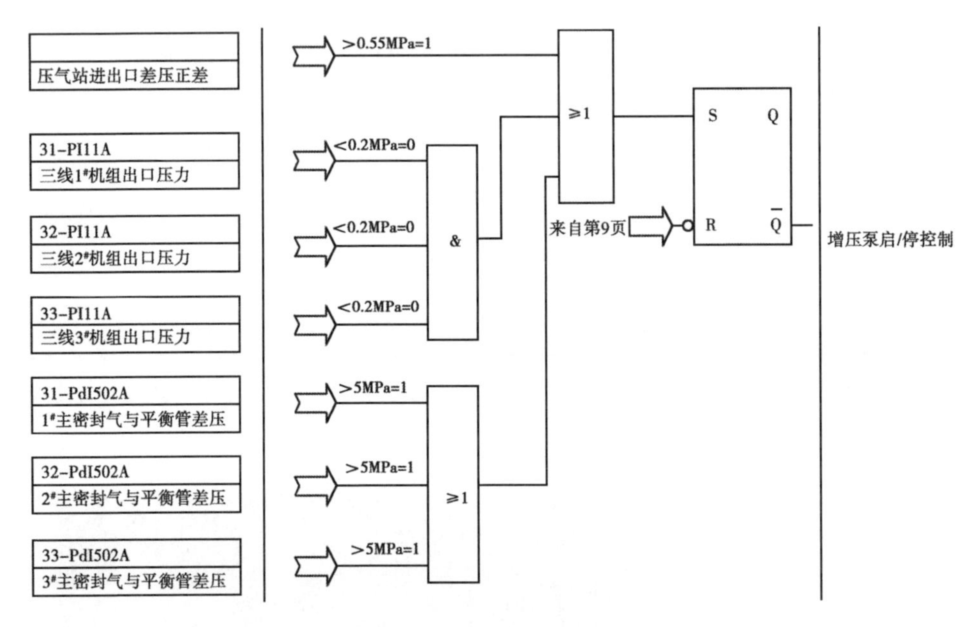

图3-30　干气密封增压橇逻辑优化

五、控制逻辑适用性与人机配合度优化

（一）机组一键放空功能优化

机组正常停机后放空只能拍ESD按钮，否则下次无法启机。此时，SCADA系统同时报警，对机组运行工况造成干扰。作业区提出对放空后启机程序进行优化，在HMI界面增加一键手动泄压按钮并联锁转速判断（图3-31）。点击时，只要机组处于停机状态，就可立刻执行泄压，且不出发泄压ESD命令反馈。

（二）启机失败报警优化

沈鼓机组在启机顺控逻辑中过程失败时，程序全部回到初始状态却没有任何报警提示，不便于故障排查处理。作业区通过在程序中添加报警触发点，通过将失效的步序进行记录和明示，使顺控逻辑中无论哪步触发了机组ESD，都会出现相应的报警提示，方便技术人员找到启机失败的具体原因。

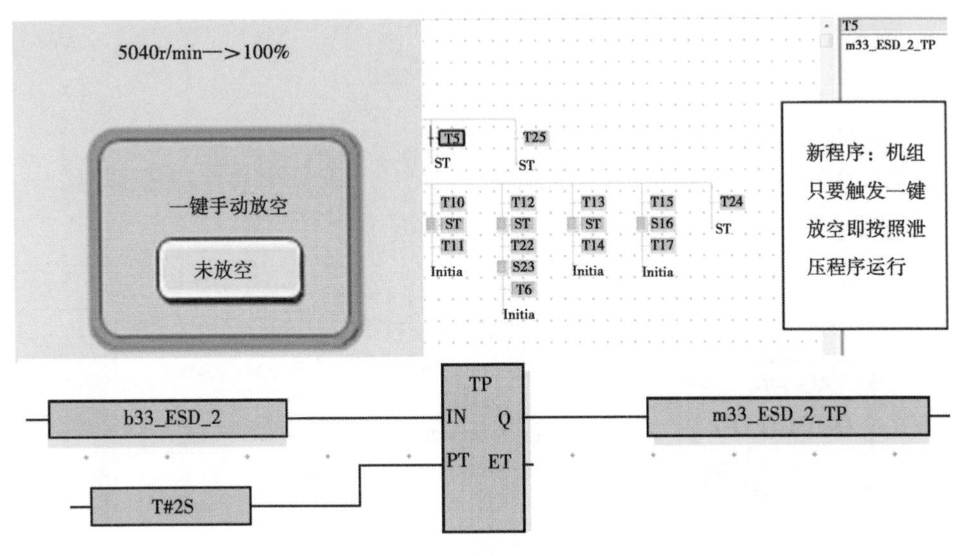

图 3-31　一键放空程序优化

（三）报警限制提示功能开发

沈鼓 HMI 界面不方便数据检查和机组状态判断。CCC 的 traintools 界面无法便利地显示机组各重要参数正常运行范围，也没有简单易行的报警限制和机组锁定限值的查找方法，每次机组启动，都需要在“工艺—干气密封—矿物油—变频器—电气—冷却水—变频”七大系统共 181 个监控点依次点入测点清单查看其是否处于正常范围。特别是干气密封及油系统等辅助系统在热备时均处于运行状态时，要想准确判断机组状态非常烦琐。作业区自行开发了 HMI 人机界面报警限制的实时提示功能（图 3-32），通过优化 HMI 界面，可以在启机前的检查过程中通过人机界面更直观、便捷地看到机组关键监控点的当前状态，并以此作为依据，判断现场机组各系统及机组本体的状况和关联情况，极大地方便了作业人员对全局的掌控。

（四）变频器双向报警区分优化

根据机组的安全设置，在压缩机或其辅助系统触发机组 ESD 停机时，向变频器下发“变频器故障”报警并进行锁存，避免变频器的误启动。而变频器本事发生故障的时候，也将导致 ESD 停机，向机组发出“变频器故障”

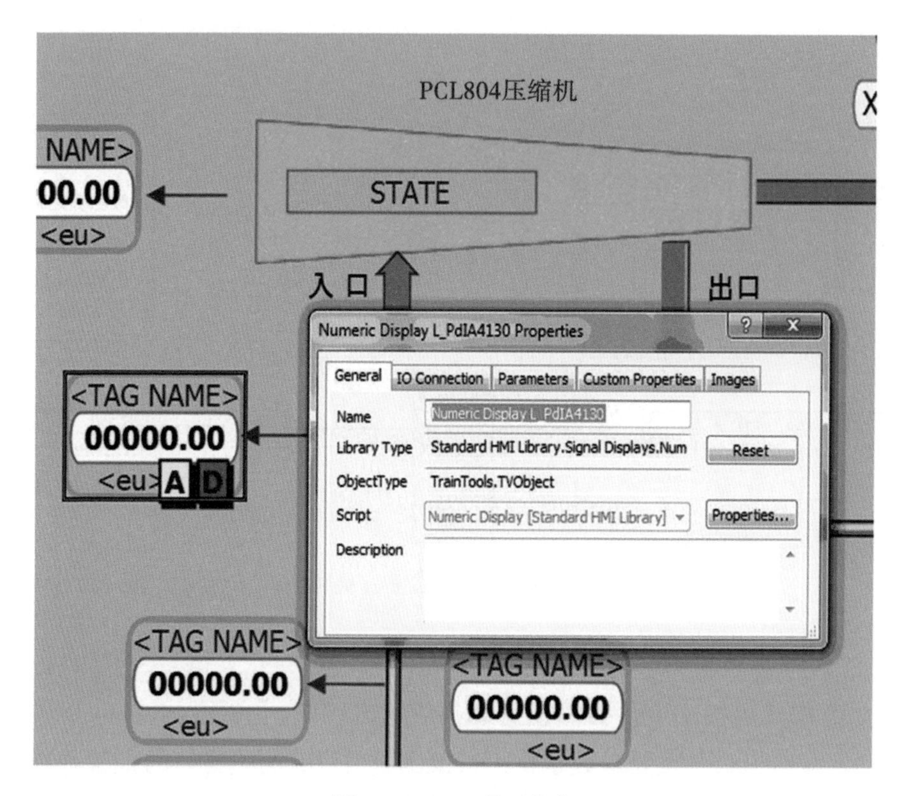

图 3-32　HMI 界面优化

报警并锁存。这样就导致了一旦机组出现故障，难以第一时间判断故障是来自压缩机及其辅助系统，还是来源于变频器。作业区经过研究后，在 S5+系统里的 DI 信号中增加了一组点位，在 AADVANCEDI3A 功能块上增加报警条目，并对两条报警条目进行重新配置，分别修改为“压缩机急停信号到达 VFD”和“变频器故障（来自 VFD）”，从而清晰地分辨了报警的来源，方便了现场故障的排查。

（五）机组停机状态报警切除优化

沈鼓机组对各系统报警点的工作状态区分考虑不周。在机组停机时，相关参数与机组正常运行时的范围并不一致，仍然按照运行状态下的报警限制进行报警，导致机组停机后压缩机 HMI 和 SCADA 系统上仍存在较多的误报警，这会对即将投产的集中监视系统产生误报警偏多的问题。作业区梳理相关报警信息，这会对停机状态下重复出现频率最高的油泵启停报警、矿物油总管压力低报警、顶升油泵压力低报警等进行了自动切除，避免了大量报警对值班人员的干扰。

六、节能降耗、自动化提升改造

（一）缩短启机时间

乌苏压气站西三线沈鼓电驱机组在正常泄压启机模式下，机组启动过程中，按照顺控逻辑要求，整个启机时间大约需要 2h，其中暖机时间为 30h；保压启机模式下整个启机过程大约需要 43min，其中暖机时间 30min。

启机时间过长，导致在紧急情况下达不到公司 1h 内启动备用机组应急的目的。机组长时间处于 1200r/min 怠速暖机模式、防喘阀全开、未压缩输送天然气的工况，消耗浪费了大量的电能。暖机时机组未能正常带载，严重影响了正常的输气计划。暖机时防喘阀全开，阀腔长时间承受气流冲刷，天然气中杂质沉积在阀腔内，造成阀门卡阻、卡涩。

为减轻并消除以上存在的问题，乌苏作业区尝试对启机时间进行优化缩短，对沈鼓暖机时间设定和上电变频器暖机时间程序进行修改。经过对压缩机、电动机、励磁机、润滑油系统等关键参数进行记录、分析和验证，最终将暖机时间由 30min 缩短为 10min，实现了机组的运行安全和节能改造。

（二）执行逻辑优化

机组在启机顺控逻辑执行至管线吹扫置换步序时，若因变频器故障触发保压 ESD，加载阀与放空阀同时打开，会出现持续放空问题，导致放空量增加、生产原料浪费。作业区对逻辑进行修改（图 3-33）后，机组启机置换过程中若触发 ESD 停机信号，则机组执行泄压停机指令，加载阀关闭，放空阀维持打开，干气密封供气阀关闭，保证机组处于零压状态，极大减小了放空量。

（三）启机逻辑判断条件优化

机组运行中，常需要手动充压检漏。如果充压后进行启机，将无法正常保压启机。必须进行泄压启动，打开放空阀将机组内放空后才能重新进行启机。

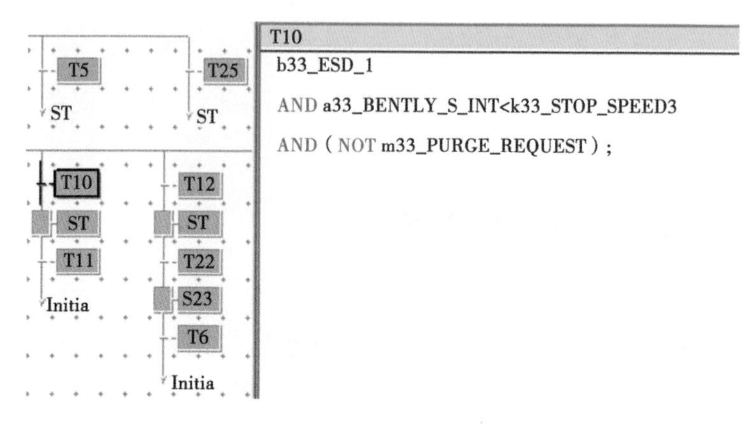

图 3-33　阀门执行逻辑优化

事实上，逻辑设定时未考虑手动充压情况，此设计严重增加了机组放空量和启机时间。作业区更改顺控逻辑，将机组是否需要吹扫的逻辑条件变为判断缸体内是否存在压力。当机组无转速，缸体内压力大于 5MPa，且加载阀前后压差小于 100kPa 时，机组可以直接执行保压启机程序，不用再进行置换和打开放空阀放空（图 3-34）。这一改进不仅简化了判断逻辑，更节约了大量放空气量，缩短了手动充压状态下的启机时间。

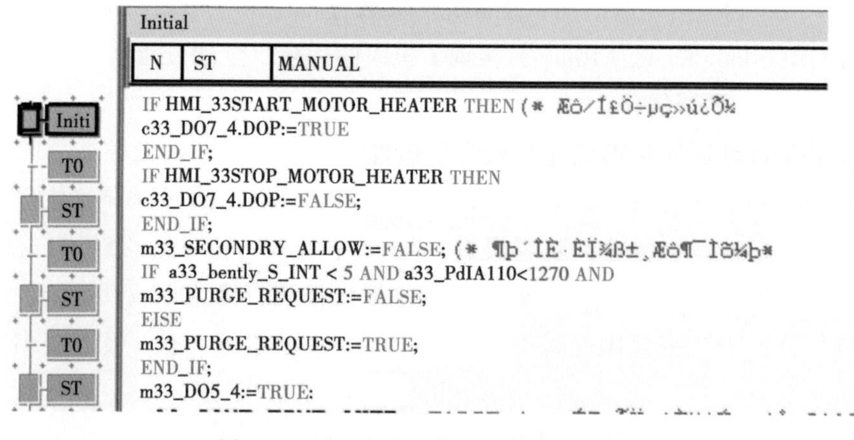

图 3-34　启机逻辑判断条件优化程序修改

(四) 顶升油泵运行逻辑优化

沈鼓机组顶升油泵的作用主要是在电动机启动初期和停机阶段顶起电动机转子。电动机运行前，必须先开启高压油泵，检查油量、油压。待电动机转子被顶起超过0.02mm时，才具备电动机开启的条件。一般情况下，电动机转速大于2000r/min时，转子即可处于液体摩擦状态，可关闭高压顶升装置。但沈鼓设计顶升油泵在机组运行过程中仍保持持续运行，缩短了设备使用寿命，增加了能耗。与厂家对接后，对顶升油泵控制逻辑进行优化（图3-35），设定电动机转速高于3000r/min时，自动关闭顶升油泵，大大降低了顶升油泵耗电以及高压油持续运行的风险。

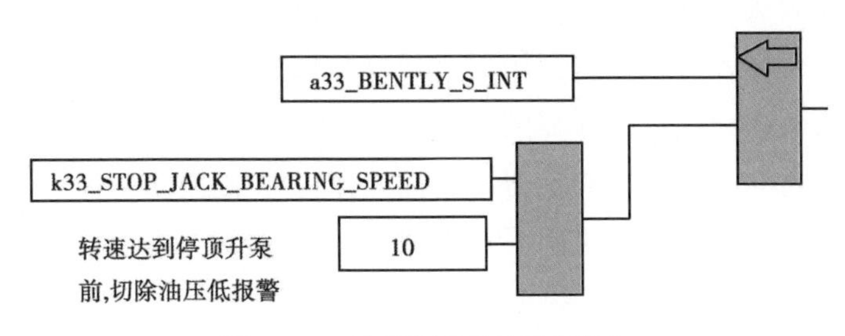

图3-35　顶升油泵运行逻辑优化

第三节　创新方法夯实机组管理水平

（1）机组健康体检提高可靠水平。

压缩机组的管理，需要有预防性和前瞻性。在机组分级维护保养的基础上，针对性开展机组健康体检。一方面，全面梳理机组自投产以来发生的各类停机故障进行统计分析，对检修历史、检修数据、机组故障处理报告进行落实跟踪；另一方面，彻查机组存在的报警信息、设备缺陷、故障隐患情况，通过对机组进行全面的、预防性的检查，提前消除可能发生的缺陷，总结运行过程中的方法和经验，从而提高机组平均无故障运行时间。

压缩机体检报告内容为：

①油冷器翅片管无漏油痕迹、密封面无漏油；

②散热翅片管表面有积灰已用毛刷清理；

③管束外表面无腐蚀；

④气动百叶窗与气动执行机构运行正常；

⑤矿物油泵电机无异常声响，电机轴承已注脂；

⑥储能器压力偏低已充气；

⑦矿物油系统供油压力正常、200 轴、100 轴供油流量正常；

⑧矿物油加热器加热棒有结焦现象。

（2）编制现场巡检表。

随着机组投产后运行经验的不断积累，在机组日常操作、健康体检、维护保养、故障处理等过程中，对机组的了解不断加深，掌握了更多机组运行中的风险点和薄弱点，并针对性地及时修订完善了巡检表的内容（图 3-36），如主电动机电流监控、循环水泵电动机、矿物油泵电动机温度测量、循环水缓冲罐液位检查等，确保了巡检表能够有效地覆盖机组，指导巡检人员及时发现现场异常情况。

27		检查电机正压通风系统密封空气软管、空气冷却器及连接部件等静密封点是否正常	无漏气、漏水现象		正常□ 异常□		
28		检查电机、励磁机油呼吸器是否正常	无明显油气排放		正常□ 异常□		
29	电机温度、振动	检测外循环水泵电机温度	温度值在正常范围	1# ℃ 2# ℃ 3# ℃ 4# ℃	正常□ 异常□		
30		检测冷却水塔散水泵电机温度	温度值在正常范围	1# ℃ 2# ℃ 3# ℃ 4# ℃	正常□ 异常□		
31		检测循环补水泵电机温度	温度值在正常范围	1# ℃ 2# ℃	正常□ 异常□		
32		检查冷却水电机振动	振动值在正常范围	1#冷却水：1# 2# 2#冷却水：1# 2# 3#冷却水：1# 2#	正常□ 异常□		
33		西二线矿物油电机振动	振动值在正常范围	1#机组：1#电机振动： 2#电机振动：	正常□ 异常□		
			振动值在正常范围	2#机组：1#电机振动： 2#电机振动：	正常□ 异常□		
			振动值在正常范围	3#机组：1#电机振动： 2#电机振动：	正常□ 异常□		
34		西三线矿物油电机振动	振动值在正常范围	1#机组：1#电机振动： 2#电机振动：	正常□ 异常□		
			振动值在正常范围	2#机组：1#电机振动： 2#电机振动：	正常□ 异常□		
			振动值在正常范围	3#机组：1#电机振动： 2#电机振动：	正常□ 异常□		
35		西二线油冷风机电机振动	振动值在正常范围	1#机组：1#电机振动： 2#电机振动：	正常□ 异常□		
			振动值在正常范围	2#机组：1#电机振动： 2#电机振动：	正常□ 异常□		
			振动值在正常范围	3#机组：1#电机振动： 2#电机振动：	正常□ 异常□		
36		西三线油冷风机电机振动	振动值在正常范围	1#机组：1#电机振动： 2#电机振动：	正常□ 异常□		
			振动值在正常范围	2#机组：1#电机振动： 2#电机振动：	正常□ 异常□		
			振动值在正常范围	3#机组：1#电机振动： 2#电机振动：	正常□ 异常□		

图 3-36　压缩机现场巡检表修订（部分）

（3）查阅标准规范掌握规则细节。

作业区购买了机械设备、工业管道防腐、电气仪表等各类国家标准和行业标准，如机组矿物油泵联轴器螺栓的型式、机组作业平台及护栏要求、压缩机厂房防静电地面参数、钢结构防火涂层厚度、电缆沟防火防爆封堵要求等。在更新改造过程中，作业区依据标准规范实施。在施工作业过程中，依据标准规范进行作业质量监护和验收，提高了工作质量。针对常见的各项作业，梳理相关的标准规范要求，对材料要求、技术参数、环境参数、施工流程、关键环境监督内容等进行总结，编制出一套施工停检卡（图 3-37），极大地方便了作业

机柜间接线、布线施工过程控制检查卡

<table>
<tr><td rowspan="3">主要材料（含甲供、乙供物资）</td><td>名称</td><td>型号</td><td>参照标准（国际/行标）</td><td>主要技术参数</td><td>施工流程及环境参数</td><td>关键环节控制、监督内容（含公司要求）</td></tr>
<tr><td>柜内设备布置</td><td>—</td><td>CDP-S-OPL-IS-063-2017-2 输气管道工程站场及阀室控制系统技术规格书</td><td>1）在机柜设计时，应充分考虑机柜内部和外部电线/电缆的布线空间；
2）通常每面机柜内安装的PLO的I/O机架不应超过2个。当安装1个I/O机架时，每个机架实际占用槽位不超过14个；当安装2个I/O机架时，每个机架实际占用槽位不超过9个；
3）冗余系统处理器机架与I/O机架不宜安装在同一面机柜内；
4）机柜内机架与端子排的布置应考虑留有扩展余地且方便维护、检修；
5）通常控制器‘I/O机架安装在机柜正面上半部分，整流电源、断路器、继电器、电源型电涌保护器、信号分配器、信号转换器及放大器等建议安装在机柜下半部分，最低安装设备或接线端子排距机柜底部不小于400mm；
6）端子、信号电涌保护器、保险等安装在机柜后部或机柜侧面（按机柜类型布局）；
7）下进线机柜，在机柜内部距底部100mm高处应设有电缆固定支架；上进线机柜，在机柜外部距柜顶100mm高处应设有电缆固定支架；
8）信号接线端子排宜纵向排列，进线处应设有横向汇线槽；9）阴保设备宜独立安装，必要时可安装在电气配电柜内，禁止安装在自控、通讯机柜内；
10）设备布置应避免干扰设备接线</td><td>a）温度要求：5%~85%@40℃（不结算）；
b）工作温度：0~50℃；
c）存储温度：-20~60℃</td><td rowspan="2">1. 施工前对照标准进行材料验收，主要检查材料合格证是否与判断标准符合，必要时可进行简单实验进行验证；
2. 仪表工程施工应根据施工组织设计和施工方案进行组织，对复杂、关键的安装和试验工作应编制施工技术方案。
3. 仪表施工前，建设单位或监理单位应组织施工图文件会审，施工单位应参加会审。
4. 仪表工程施工前，应对施工人员进行技术交底。
5. 施工完毕后，须监督施工单位及时完成机柜间接线、布线（含点表、接线图、程序交付）</td></tr>
<tr><td>柜内配线</td><td>—</td><td>CDP-S-OPL-IS-063-2017-2 输气管道工程站场及阀室控制系统技术规格书</td><td>1）柜内配线应通过汇线槽，柜内设备接线应加装理线器；
2）柜内配线要求采用铜芯软导线或专用电缆，且每根导线均应有永久性标记；
3）线缆的绝缘耐压等级应为额定电压的2倍且不小于450V，其绝缘电阻不应小于20MΩ；
4）信号电缆的线芯截面积不应小于2.5mm²，设备接地线芯截面积不应小于6mm²；
5）信号线与电源线应分开敷设；
6）电涌保护器入口和出口的配线应分开敷设；
7）由外部进入机柜的信号、电源电缆应经过接线端子，其他电涌保护器、继电器和安全栅等 均不宜作为进出接线端子使用；
8）端子排距离地面不应小于300mm；在顶部或侧面时，与盘（箱、架）边缘的距离宜为100mm。端子排并列安装时，间隔不应小于200mm；
9）柜内采用相对呼应接线法进行标记。进/出机柜端子的电缆的单芯端头和柜内由端子到每个设备的每根导线两端均应有标记。进出电缆应标现场仪表的位号、端子号；柜内导线两端应标注相互对应一端的设备位号、端子号或端子排位号+端子号；
10）信号线、接地线及电源线端子间应采用标记端子隔开；
11）本安及其相关联电路与非本安电路的接线端子应分开，其间距应不小于50mm；
12）宜采用笼式弹簧夹持型接线端子连接电缆/电线。接线端子抗接力值应优于IEC60999的要求；
13）相邻接线端子之前如需要连接，应采用短路片；
14）多股线缆在盘内接线时，线芯应加接线鼻度用焊锡加固；
15）汇线槽内的空间，端子数量和电源的断路器应有30%的余量；
16）本安回路接线端子应采用兰色端子，接地端子应采用黄绿色端子；
17）柜内端子排、开关、设备均应设有标记</td><td>a）温度要求：5%~85%@40℃（不结算）；
b）工作温度：0~50℃；
c）存储温度：-20~60℃</td></tr>
</table>

图 3-37　施工停检卡（部分）

区对施工作业的管控，提升了施工质量。

经过对国产压缩机运行的不断总结，针对机组主体及各辅助系统的简化优化工作已完成50余项。通过推动硬件质量提升、适应性改造、控制逻辑优化和管理思路创新，国产电驱压缩机组的可靠性和利用率得以提高，设备本体安全和站场运行稳定性得到很大提升。

要想让国产压缩机组管理水平更加全面细致，以更优的技术水平和管控能力去守护压气站场的“心脏”，就需要现场运维人员以持之以恒的态度在机组管理方面去钻研、总结、提炼，以实际行动让“中国制造”在管道行业开花结果。

第四章

专题技术分析

为了集中力量解决现场实际问题，在霍尔果斯压气首站刚刚投产，下游站场尚处于边建设边投产阶段，分公司就成立了工艺设备、压缩机、电气与仪表、计量等专业小组，集中开展技术攻关，组织解决现场遇到的问题。多年实践中，各专业小组通过查阅文献、建模分析、技术论坛等方式开展技术交流和攻关，逐步总结形成了一些专题技术分析报告。

本章摘选的技术分析报告和论文大多是由技术和管理人员撰写，并在相关专业会议或技术论坛分享讨论形成一定共识的专题性技术或管理成果。

气液联动阀引压管根部改造的实践与思考

张海宁　赵　云　张强德

摘　要：西气东输二线在建设初期，截断阀室气液联动阀动力气引压管采用5mm壁厚1寸引压管与主干线焊接，且该处为埋地处理，因地面沉降等原因造成引压管应力集中存在一定的风险。西部管道公司在改造动力气取压点之后，原有的取压口废弃，但改造后的取压口处仍残余一段引压管，该处结构依然存在潜在的危险。本文利用有限元软件ANSYS对改造后的取压口建模，对主管线直径、填埋方式和管帽等影响因素下的剩余引压管的应力进行模拟分析。研究表明：当无管帽时，剩余引压管的最大平均应力位于引压管的角焊缝处；增加管帽后，管帽对剩余引压管有保护作用，剩余引压管破损发生泄漏时，结构的最大平均应力出现在主管线靠近管帽的角焊缝处，且部分工况的最大平均应力值超出了材料的屈服强度；土方填埋的方式可以减小剩余引压管和管帽处的应力；同时，主管线的管径越大，剩余引压管和管帽处的应力越大。研究结果可为气液联动阀引压管的改造提供参考。

关键词：气液联动阀；引压管；数值模拟；改造

1　引言

西气东输工程是中国距离最长、口径最大的天然气输气管道工程。由于天然气是可燃性气体，输气管路一旦损坏造成天然气泄漏，与空气混合达到爆炸极限后极可能发生火灾，甚至爆炸。为了保证长输管道长期、平稳、安全的运行，每间隔一定的距离，在特殊地段两侧及进出站管线上均需按规定设置截断阀，以便发生爆管时紧急切断管路，减少天然气放空，降低事故风险。目前，在西气东输管道上应用较为广泛的截断阀是美国SHAFER气液联动阀，可以实现远程控制和ESD功能。

SHAFER气液联动阀的执行机构一般由压力信号引压管和动力引压管组成，引压管安装在主管线上监测压降速率，并为执行机构提供动力源。在实际运行过程中，SHAFER气液联动执行机构的异常关断时有发生。袁金宁、汪世军、郭华等从气液联动阀的基本原理出发，通过对实际运行过程中执行机构异常关断事故的分析和整理，讨论了执行机构异常关断的原因，并指出因引压管故障引起的事故是主要原因之一。为解决引压管故障引起的执行机构异常关断、管路泄漏等问题，一些学者进行了相关研究。单辉等针对执行机构起源动力不足的问题，将安装在分输调压后的动力引压管改装至分输调压后的主管线，确保执行机构充足的动力源。姜永涛针对阀门误关和引压管变形的问题，提出了引压管的铺设方式，即引压管由主管线垂直引至地面以上，配合直角弯配管与执行机构相连，避免地面以下引压管的非正常受力。彭忍社采用在线封堵技术，增大了引压管的直径和壁厚，解决了因引压管内部压力过大造成的引压管颤动的问题。

从上述研究可见，引压管发生故障的主要的原因是引压管直径小、壁薄，且动力引压管是与埋于地下的主管线连接，由于土壤沉降和其他机械动作，不可避免地会发生变形，且填埋在地下的引压管不便检修，存在潜在的风险。

霍尔果斯首站在十年运行中也出现了这类问题，如本书第一章中列出的“站内管道引压管设计安装不合理典型问题”“Shafer气液联动阀取压问题”“气线站场、阀室引压管简化优化改造”和“气液联动阀取压点改造后剩余结构评估与优化”等。

2 改造方案

为解决上述问题，杜绝潜在的风险隐患，西部管道公司组织人员进行研究并提出了一种引压管改造方案，总体思路为：截断主管线及放空管上的引压管，仅保留150mm，然后将剩余引压管进行封堵，气液联动阀执行机构的动力源改从外部接入，以此来杜绝现有引压管所引起的安全风险隐患。但引压管根部与输气主管线连接，一旦发生机械损伤、腐蚀、泄漏等事件，无法就地截断控制，可能引起严重的后果，因此在引压管截断管线外焊接管帽，对剩余引压管形成保护，详细方案如图1所示。

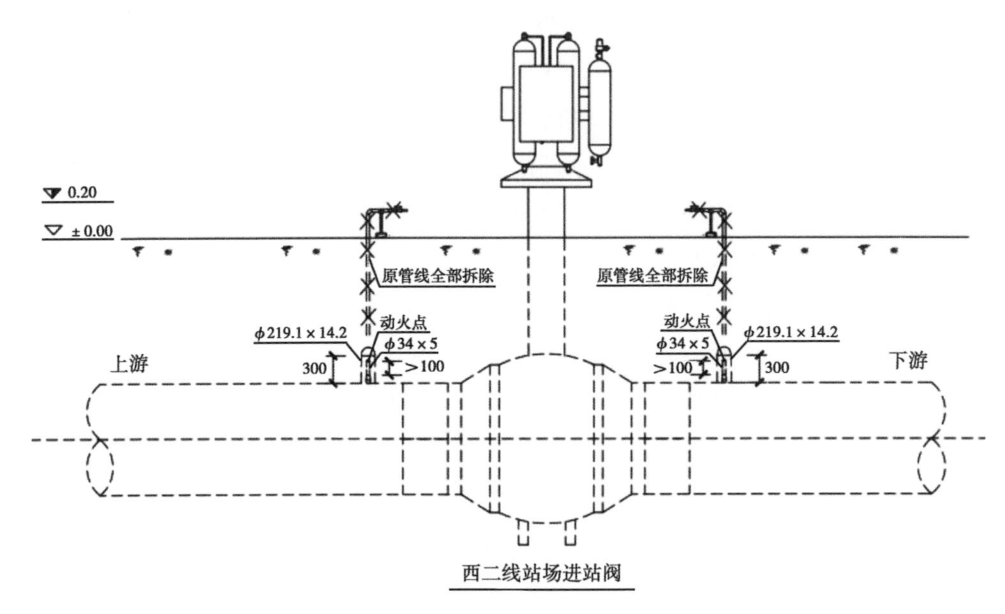

图1 引压管改造方案示意图

改造后，取压点处的结构发生改变，因此需要对取压点处的结构重新进行应力分析，以确保改造方案的安全性。对于埋地管道，管道主要受土壤的压应力、自重引起的压力、管内输气压力和管道内温度变化引起的热应力作用。对于天然气长输管道，在天然气输送过程中，管道内的输气压力和输气温度是变化的，是天然气管道受力的主要影响因素，因此对输气管道的内压力和温度应力的分析尤为重要。

3 数值模拟

本文运用有限元软件 ANSYS 对改造后的取压口进行数值模拟，分析了不同影响因素下剩余引压管的应力分布情况。

3.1 计算模型

计算模型分为无管帽和有管帽的剩余引压管模型，由于主要是针对改造后取压点处的结构进行受力分析，因此只截取了主管线的一段进行建模，如图 2 所示。

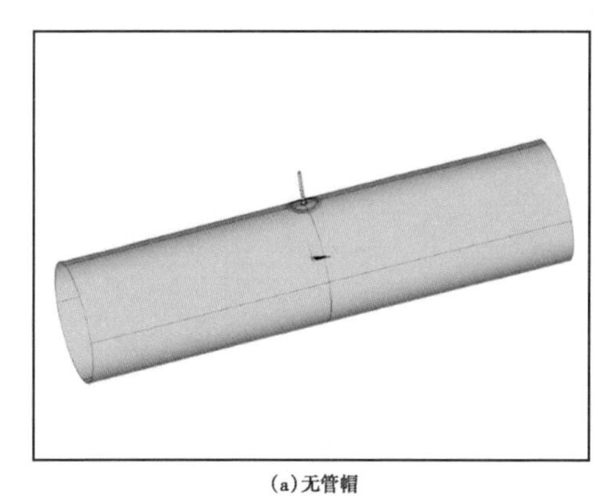
(a)无管帽

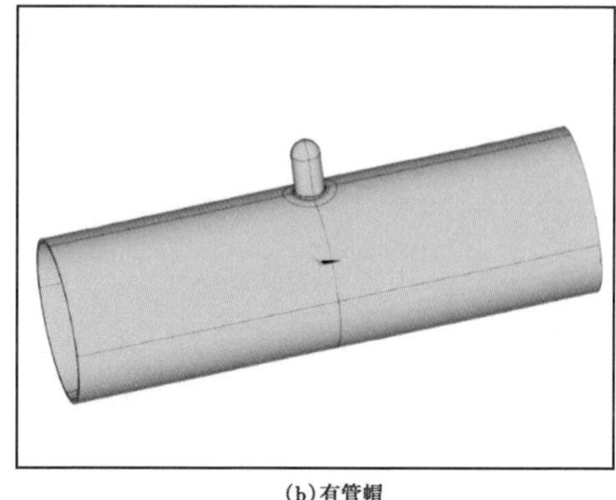
(b)有管帽

图 2　引压管截断封堵模型

目前西气东输工程有两种管径的主管线，一种是一线采用的管径为 1016mm 的主管线，另一种是二线和三线采用的管径为 1219mm 的主管线。针对这两种管径分别建立了模型，模型参数如下：主管线 A 管径 1016mm，壁厚 26. 2mm，管材等级 X70；管线 B 管径 1219mm，壁厚 27. 5mm，管材等级 X80；引压管直径 34. 5mm，壁厚 5mm，管材等级 B；管帽直径 219. 1mm，壁厚 14. 2mm，管材等级 X52。

3. 2　边界条件选取

在计算过程中，忽略土方填埋方式中土壤对主管线、剩余引压管和管帽的压力作用。以西气东输三线西段霍尔果斯首站冬季的极端低温-35℃作为环境温度，以主管线的设计最大工作压力 12MPa 作为压力，模拟剩余引压管在温度和压力载荷下的应力分布情况。采用管沟方式的主管线外部的温度与环境温度相同，温度值-35℃；采用土方填埋工艺的主管线由于上方土壤的保温效果，根据数据统计，主管路外部的土壤温度为 0℃。引压管管壁内侧和主管路管壁内侧的温度与传输介质的温度相同，温度值为 55℃。温度载荷直接施加在主管线和剩余引压管的内外管壁处，对于有管帽的引压管模型，假设管帽内的引压管已经发生轻微破损，管帽内的压力与引压管内的压力相同，管帽内与引压管之间的空腔区域采用热对流来模拟温度，热对流系数为 5W/(m^2 · ℃)。

3. 3　工况计算

针对不同管径、不同填埋工艺和有无管帽等工况进行模拟。计算工况见表 1。

表 1　计算工况

工况名称	管线名称	有无管帽	管内温度（℃）	环境温度（℃）	管内压力（MPa）
LC 1	A	无	55	0	12
LC 2	A	无	55	-35	12
LC 3	A	有	55	0	12
LC 4	A	有	55	-35	12
LC 5	B	无	55	0	12
LC 6	B	无	55	-35	12
LC 7	B	有	55	0	12
LC 8	B	有	55	-35	12

3.4　计算结果

3.4.1　填埋工艺对温度和应力分布的影响

不同填埋工艺下剩余引压管处的应力分布如图 3 所示。由图可见，剩余引压管最大平均应力主要发生在引压管的角焊缝处，LC1 的最大平均应力为 195.895MPa，LC2 的最大平均应力为 287.773MPa，引压管管材等级 B，屈服强度 245MPa，LC2 的最大平均应力值已经超出了材料的屈服强度。由于管沟方式中的剩余引压管暴露在环境中，冬季环境温度较低，剩余引压管内外温差大、温度梯度大，两个工况因管线内压力产生的应力相同，但 LC2 因温度差引起的温度应力较大。因此，使用无管帽引压管改造方案时，宜采用土方填埋的方式。

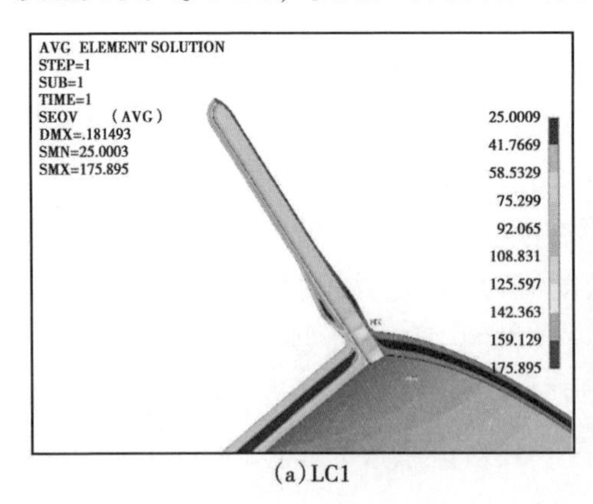

(a)LC1

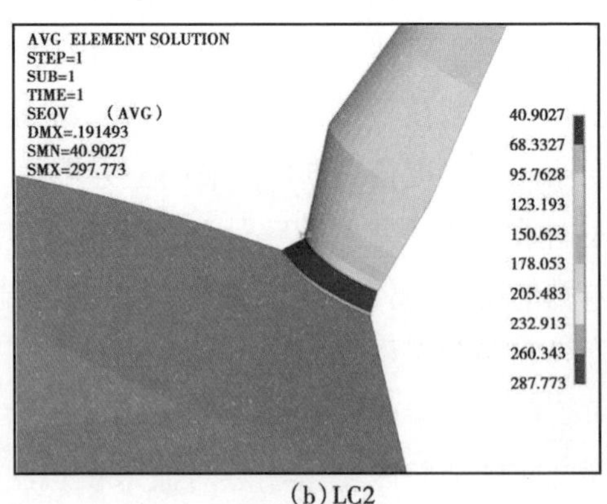

(b)LC2

图 3　不同填埋工艺下剩余引压管的应力分布云图

3.4.2　管帽对应力分布的影响

安装管帽的引压管发生泄露后管帽处的应力分布如图 4 所示。由图可见，管帽处的应力不大，最大平均应力主要发生在主管线靠近管帽的角焊缝处，LC3 的最大平均应力为 343.102MPa，LC4 的最大平均应力为 397.768MPa。主管线管材等级 X70，屈服强度 475MPa，管帽管材等级 X52，屈服强度 360MPa，因此，LC4 的最大平均应力未超出主管线材料的屈服强度，但已经超出管帽材料的屈服强度。对比图 3（a）LC1 和图 4（a）LC3 应力分布云图可见，剩余引压管一旦发生破损，管帽可以对结构起到保护的作用，但由图 4（b）的应力分布情况可知，有管帽的改造方式同样不宜采用管沟的方式。

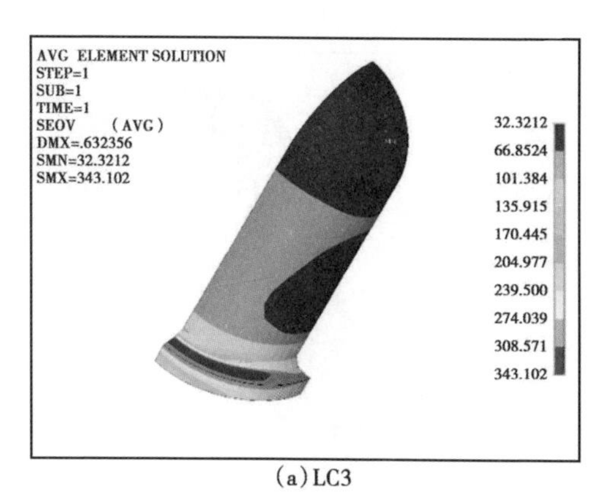

(a) LC3

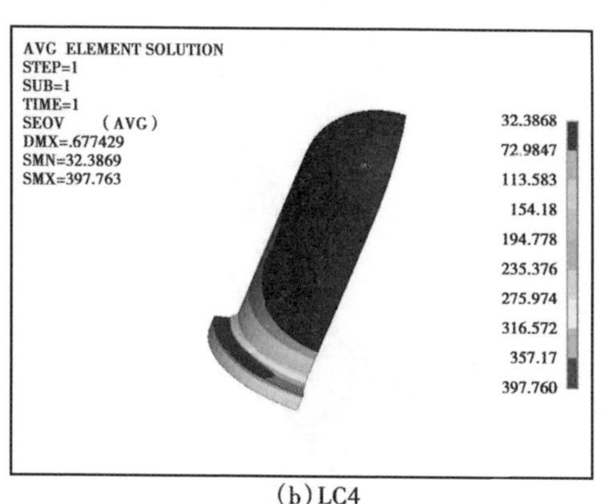

(b) LC4

图 4　管帽的应力分布云图

3.4.3　主管线管径对应力分布的影响

管线 A 和管线 B 均为西气东输工程在运行的两种主管线。引压管不同改造方案对管线 B 的温度应力分布的影响如图 5 所示。对比图 3、图 4 和图 5 的温度应力分布云图可见，不同管径的主管线经引压管改造后，应力的分布规律相似，但最大平均应力值均随管道管径的增大而增大。无管帽时，结构的最大平均应力发生在引压管外侧与主管线连接的角焊缝处，且 LC6 的最大平均应力值已经超出材料的应力极限。有管帽时，结构的最大平均应力发生在主管线靠近管帽的角焊缝处，LC7 和 LC8 的最大平均应力值分别为 394.478MPa 和 470.422MPa，管线 B 管线等级 X80，屈服强度 555MPa，因此两种工况的最大平均应力均未超过主管线材料的应力极限，但超出管帽材料的应力极限。

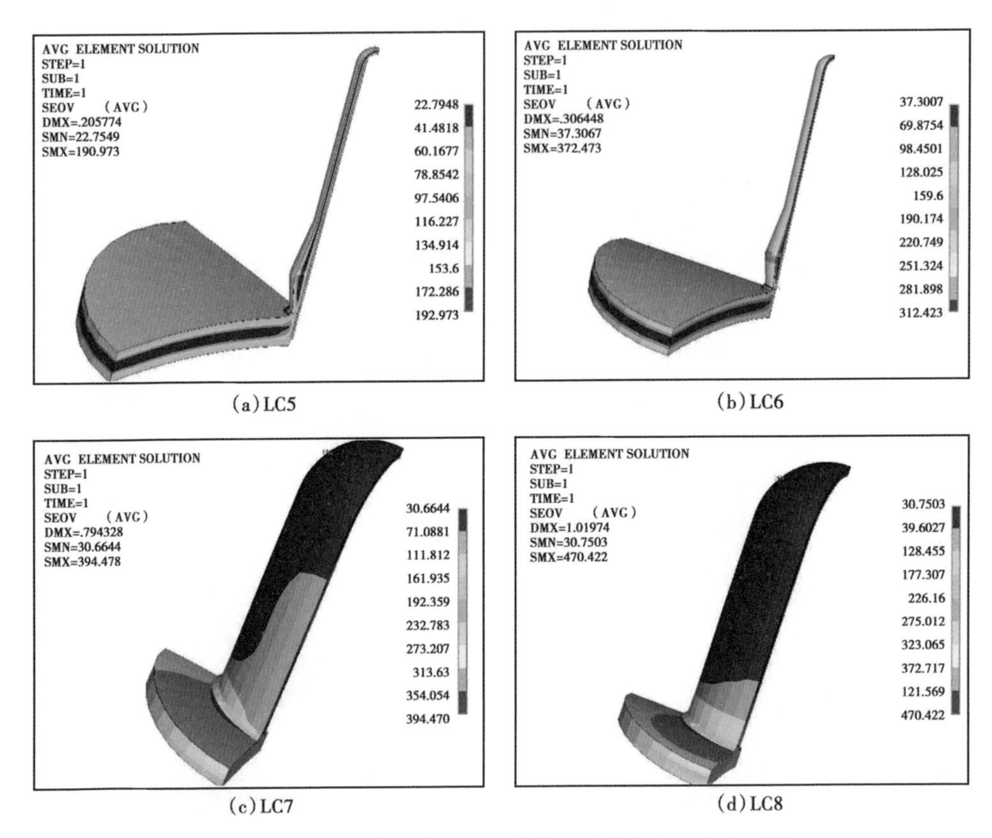

(a) LC5　(b) LC6

(c) LC7　(d) LC8

图 5　不同引压管改造方案下管线 B 的温度应力分布云图

4　结论

针对西气东输气液联动阀取压点改造完工后，取压口处剩余引压管结构强度存在潜在危险的问题，本文利用有限元软件 ANSYS 对剩余引压管处的应力进行了数值仿真，得出了填埋工艺、管帽和主管线管径对剩余引压管应力分布的影响，并提出了不同改造方案的适用情况和施工建议。

（1）无管帽时，剩余引压管的最大平均应力位于引压管与主管线的角焊缝处，增加管帽后，引压管一旦发生泄露，引压管自身的应力较小，可以对剩余引压管起到二次保护的作用，最大平均应力位于主管线靠近管帽角焊缝处。

且随着主管线管径的增大，各工况的最大平均应力增大。当主管线的管径较大（主管线管径为1219mm及以上）时，宜采用无管帽土方填埋的引压管改造方案。若必须加装管帽，则需采用土方填埋的方式且应对盖帽的角焊缝处进行结构补强处理，例如增加补强板并重新校核加装后的强度，直至符合衡准要求。

（2）采用管沟方式的各工况LC2、LC4、LC6、LC8结构的最大平均应力均超出材料的应力极限，因此在环境温度较低的地区，改造后的主管线宜采用土方填埋的方式，主管线上方的土壤具有保温隔热的功能，可以降低剩余引压管和盖帽的应力，但是土方填埋方式不便于主管线和引压管的检查和维护。若必须采用管沟方式，需对引压管角焊缝和盖帽的角焊缝处进行结构补强处理。

（3）仿真过程中环境温度最低为-35℃，管道内的压力是最大工作压力12MPa，在管道实际运行中无法达到这种极端的工况，因此，这种计算方式获得的仿真结果偏保守，但从应力分布规律可看出，引压管和管帽的角焊缝处是危险区域，在实际施工过程中需着重关注这些位置的焊接质量，必要时对这些部位进行结构补强处理。

5 结语

基于本文的研究成果，对霍尔果斯首站的引压管进行了改造，主管线直径1219mm，引压管截断封堵后加装管帽，根据上述结论，该情况下管帽角焊缝处需进行结构加强处理，因此在该处焊接了补强板，改造后的结构如图6所示。

(a)截断封堵后的取压口处剩余引压管

(b)加装管帽后的取压口

图6 加装管帽的取压口改造完工图

该线路改造完成后已经安全运行，结合本文的研究结论和改造过程中积累的经验，有如下应用建议：

（1）引压管和管帽的角焊缝处应力最大，属于危险区域，在实际施工过程中需着重关注这些位置的焊接质量并进行100%的探伤。

（2）主管线管径越大，加装的管帽角焊缝处的应力也越大，当主管线管径为1219mm及以上时，改造方案应在管帽角焊缝处增加补强板并对结构进行重新校核，确保强度满足衡准要求。

参考文献

[1] 曾亮泉，傅贺平．天然气进出管道设置截断阀的重要性［J］．天然气与石油，2005，23（01）：24-28，66.

[2] 陆美彤，罗叶新，何嘉欢．输气管道线路截断阀爆管保护模拟［J］．天然气与石油，2015，33（5）：14-17.

[3] 张力伟．SHAFER气液联动阀远控开关工作原理［J］．广东石油化工学院学报，2014，24（01）：42-45.

[4] 付维新，杨经国．长输管道线路气液联动阀引压管安装方案探讨［J］．城市建设理论研究：电子版，2014（19）.

[5] 马驰．输气管道线路截断阀气液联动执行机构引压管安装［J］．中国高新技术企业，2012（20）：58-59.

[6] 袁金宁，陈黎明，廖福金．Shafer气液联动执行机构异常关断事故树分析［J］．油气储运，2013，32（10）：1093-1097.

[7] 汪世军．Shafer气液联动阀执行机构功能与维护［J］．油气储运，2010，29（04）：296-298，237.

[8] 郭华，张学舜．气液联动阀的日常维护及故障处理［J］．油气储运，1999（10）：43-46.

[9] 单辉，王爱玲，程静．天然气站场ESD系统气液联动执行机构引压管改造［J］．石油规划设计，2017，28（06）：28-30，51.

[10] 姜永涛．线路截断阀气液联动执行机构引压管安装［J］．管道技术与设备，2007（01）：34-35.

[11] 彭忍社，王龙帅．在线封堵技术在西气东输引压管改造的应用［J］．油气储运，2009，28（08）：52-53.

压气站场露天区域可燃气体探测器选型及布置方案研究

马振军　陈超声　卢东林

摘　要：为进一步提升压气站场的安全性，拟在站场露天工艺区域布置可燃气体探测器。由于工艺区为开敞区域，常规的点式探测器难以发挥效用，因此拟采用激光开路式可燃气体探测器、超声波可燃气体探测器以及云台式可燃气体遥测仪等新型探测手段。由于上述新型探测手段目前暂无相关标准对其布置进行指导，因此本文针对不同探测器的技术特点，采用仿真模拟、现场性能测试等方法展开了研究，根据研究结果提出了露天工艺区域可燃气体探测器的选型和布置方案建议，为后续压气站露天工艺区域可燃气体探测器的选型和布置方案提供指导。

关键词：压气站；露天工艺区；数值模拟；开路式探测器；布置方案

1　引言

《石油天然气工程设计防火规范》GB 50183—2004 中 6.1.6 要求：“天然气凝液和液化石油气厂房、可燃气体压缩机厂房和其他建筑面积大于或等于 150m^2 的甲类火灾危险性厂房内，应设可燃气体检测报警装置。天然气凝液和液化石油气罐区、天然气凝液和凝析油回收装置的工艺设备区应设可燃气体报警装置。其他露天或棚式布置的甲类生产设施可不设可燃气体检测报警装置。”

由此可知，按照现有国标的要求，输气管道站场露天工艺区域可以不设置可燃气体检测报警装置。但随着技术的进步和对于本质安全需求的提升，露天区域未设置可燃气体检测报警装置逐渐成为站场安全监测控制的薄弱环节。

为进一步提升压气站场的安全性，契合未来智能化站场的建设需要，有必要在站场露天工艺区域增设可燃气体探测器，扫除可燃气体监测“盲区”。但由于天然气泄漏后在开敞区域难以集聚，常规的点式探测器不能发挥效用，因此拟采用比如激光开路式可燃气体探测器、超声波可燃气体探测器以及云台式可燃气体遥测仪等新型可燃气体探测器来对该区域进行监测。对于上述新型手段的可燃气体探测装置，目前尚缺乏相关的标准和相应的布置经验，因此需结合探测器的技术特点研究设备在露天区域的选型和布置原则。

目前霍尔果斯首站露天区域也未安装可燃气体探测设备，如本书第一章中“露天区域可燃气体探测技术研究”案例中所述，为解决上述站场露天区域内可燃气体探测器的选型和布置问题，分公司针对霍尔果斯首站等典型站场的露天区域，开展了新型可燃气体探测技术的专题研究工作。

2 研究方案

针对各种新型可燃气体探测器的技术特点，分别制订了研究方案 2.1。

2.1 激光开路式可燃气体探测器

激光开路式可燃气体探测器分为接收端和发射端，依据光路所接触的可燃气体云团进行探测，如图 1 所示。

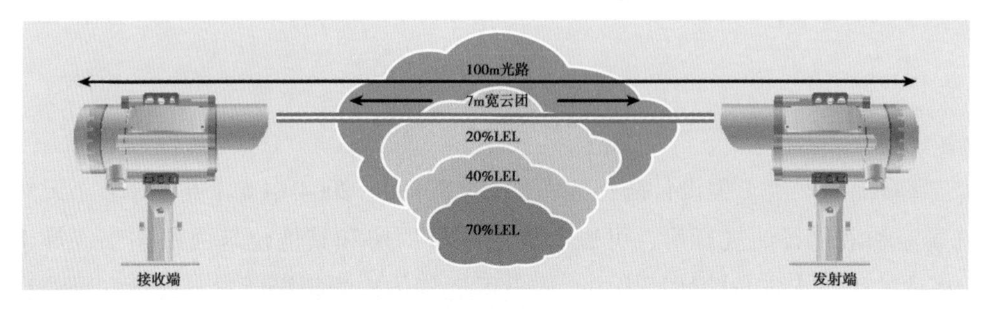

图 1 激光开路式可燃气体探测器探测原理

开路式探测器报警与否取决于两个因素：探测蒸气云的浓度和蒸气云在光路方向的长度，因此采取仿真模拟的手段对激光开路式探测器的布置开展研究，即依据对目标区域内蒸气云泄漏扩散的仿真结果来设计探测器的布置方案。

2.2 超声波可燃气体探测器

超声波可燃气体探测器通过检测由带压气体泄漏而产生的超声波（超声频

段的声压变化）来识别约 0.1kg/s（对应甲烷标态为 4mm 孔泄漏，45bar）持续微小的气体泄漏发生。因此采用氮气瓶模拟和现场实际泄漏测试相结合的方式来对其布置方案展开研究。

2.3　云台式可燃气体遥测仪

云台式可燃气体遥测仪为目前最新型的可燃气体探测设备，其由激光甲烷遥测仪、视频摄像头和二维旋转云台 3 个部件构成，如图 2 所示。

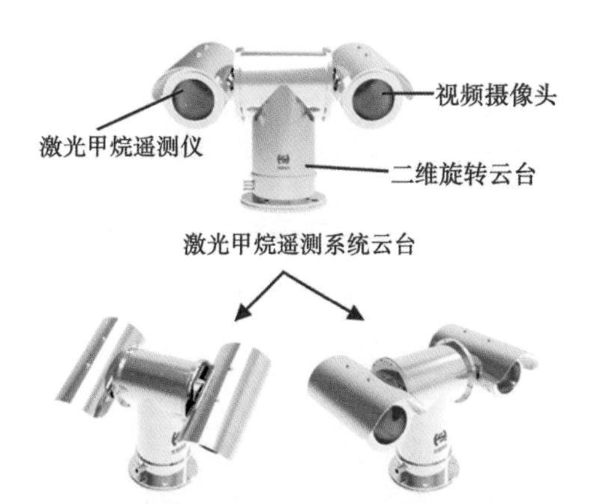

（a）

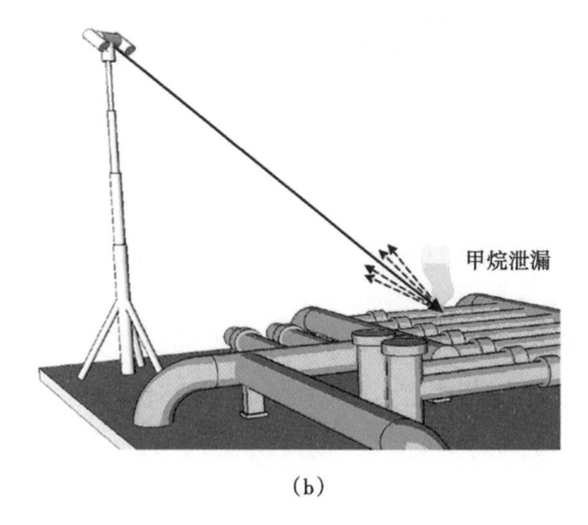

（b）

图 2　云台式可燃气体遥测仪

（1）其中激光甲烷遥测仪同时具备激光发射和接收功能。

（2）视频摄像头具有夜视功能，可在夜间完成视频反馈。

（3）二维旋转云台垂直方向可进行±90°的、水平方向上可进行360°的自由转动，可实现全方位角度的探测。

其研究方案以现场测试为主，对其基本性能和站场实际泄漏的检测能力进行测试。

3 研究过程

3.1 数值仿真分析

3.1.1 计算模型及工况设置

选取典型站场露天区域的实际布置建立三维仿真分析模型，模型对露天工艺区、压缩机进出口阀组与后空冷区等重点评估区域进行了详细建模，其余非评估区域简化处理，如图3所示。

(a)

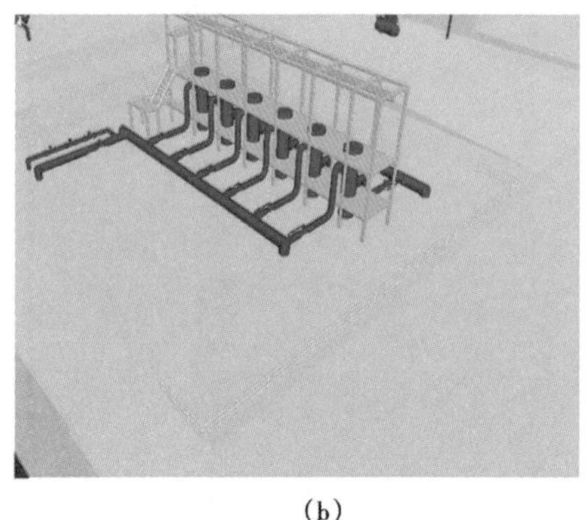

(b)

图3 典型站场露天区域仿真计算模型与实景对照图

在计算中对露天工艺区中所有易泄漏的点进行模拟，包含电动球阀、旁通管路、阀前三通以及仪表封等，对于较为临近的泄漏点进行适当合并，每个泄漏点根据实际情况最多计算+X，−X，+Y，−Y，+Z，−Z等6个泄漏方向，并考虑站场平均风速、最大风速和高频风向对结果的影响。计算事件树设置示例如图4所示。

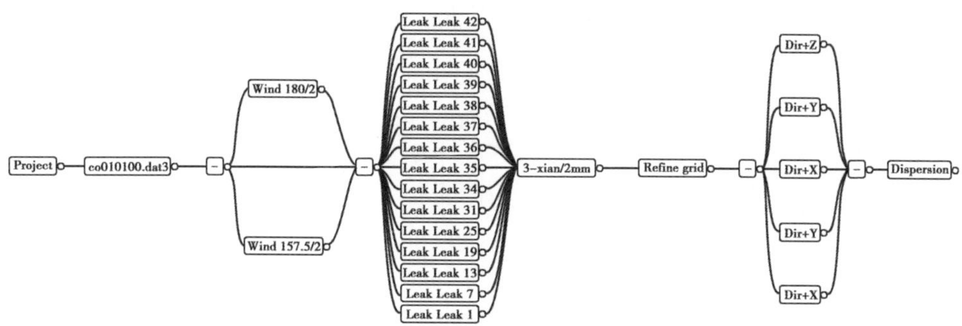

图 4　计算工况事件树示例

3.1.2　报警浓度值选取

气云的报警浓度值在不同区域有不一样的设定，例如壳牌 DEP 31.30.20.11 中 Table 7-1 的规定为：对于设置在压缩机厂房内的点式可燃气体探测器，一级报警设定的浓度为 10%LEL。本文根据国内目前的报警值实际设定情况进行调整，参考国内工程经验，目前以 20%上限值作为 1 级报警，40%上限值作为 2 级报警。

3.1.3　激光开路式探测器布置间距分析

以单一泄漏点沿探测光束方向喷射进行分析，距离泄漏点 4~15m 距离的天然气浓度（0~0.2LEL m）分布二维切片图如图 5 所示。

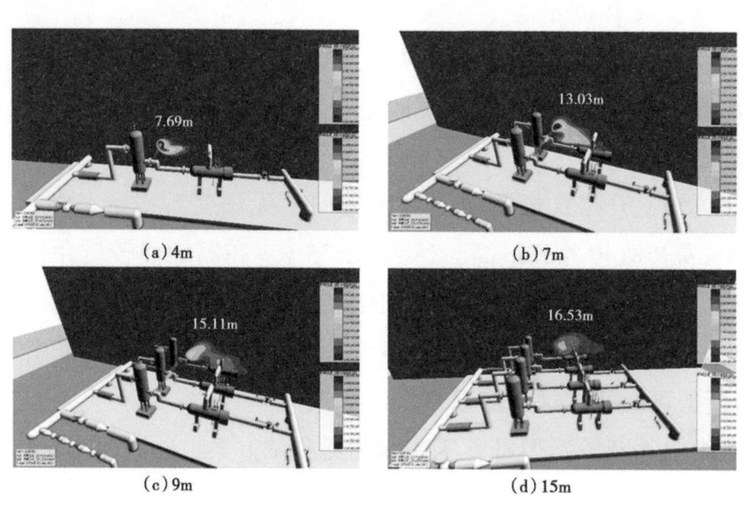

(a) 4m　(b) 7m　(c) 9m　(d) 15m

图 5　不同距离天然气浓度分布二维切片图（0~0.2LEL m）

以上数据进行线性拟合得出天然气浓度（0~0. 2LEL m）覆盖范围沿泄漏点喷射方向变化关系如图 6 所示。

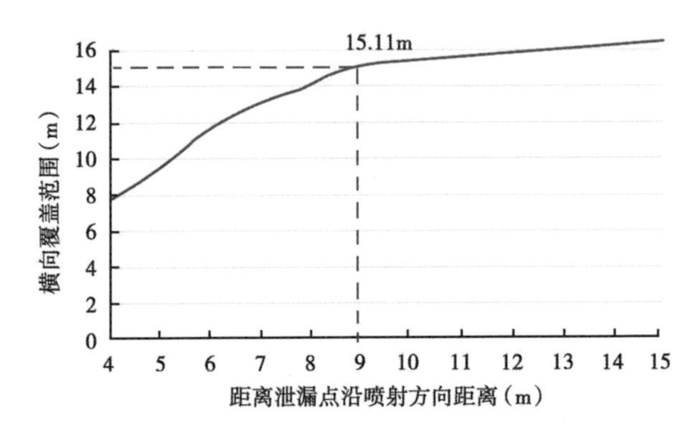

图 6　天然气报警浓度 0. 2LEL m 覆盖范围沿泄漏点喷射方向变化

由以上计算分析可得，激光开路式探测器的最大探测范围在 9m 距离以后增幅不明显且蒸气云浓度已明显下降，虽还处在可探测范围内，但云团在风力作用下出现了中间截断的低浓度区域，为保证探测可靠性，选取 9m 距离探测范围 15. 11m 进行布置，左右汇管间的距离为 28. 8m，因此如需实现区域内的完全覆盖，加上两端边界及调压橇区域的保护，则至少需安装 4 对探测器，探测器之间间隔不大于 15m。

3. 1. 4　激光开路式探测器布置高度分析

从地面开始每隔 1m 对天然气气团进行切片分析，不同高度下天然气云团的二维切片图如图 7 所示。

从图 7 可知，开路式探测器在高度方向上无法实现对天然气云团的全覆盖，在 5. 5m 高度处覆盖率最高，达到 92. 35%；在离地面较近距离中，以 3m 高度处的覆盖率最高，达到 84. 05%。因此在考虑支架牢固性及设置维护梯的前提下，建议开路式探测器的布置高度选择为 5. 5m，否则建议采用 3m 高度。

3. 2　新型可燃气体探测器基本性能测试

分公司组织编制了新型可燃气体探测器测试方案，并依照方案中的内容分别对激光开路式可燃气体探测器、超声波可燃气体探测器和云台式遥测仪的基本性能进行了测试。

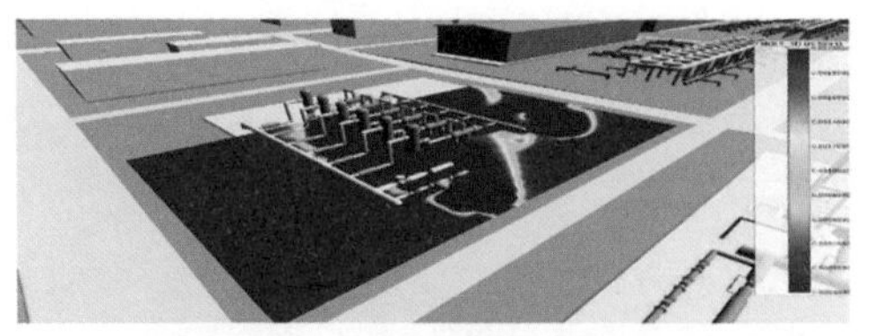

(a)距离地面1m（占所有泄漏气云覆盖率60.45%）

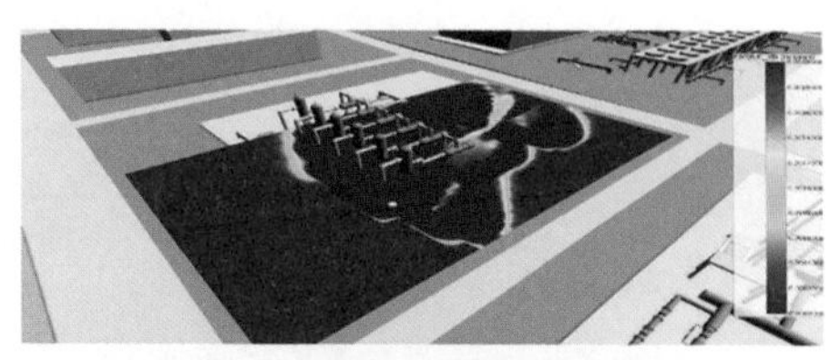

(b)距离地面2m（占所有泄漏气云覆盖率69.89%）

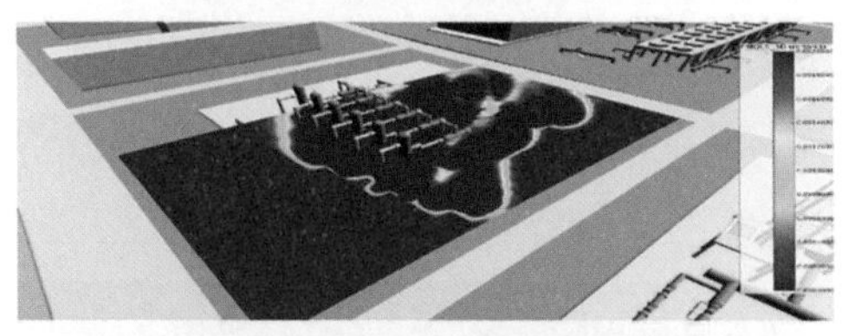

(c)距离地面3m（占所有泄漏气云覆盖率84.05%）

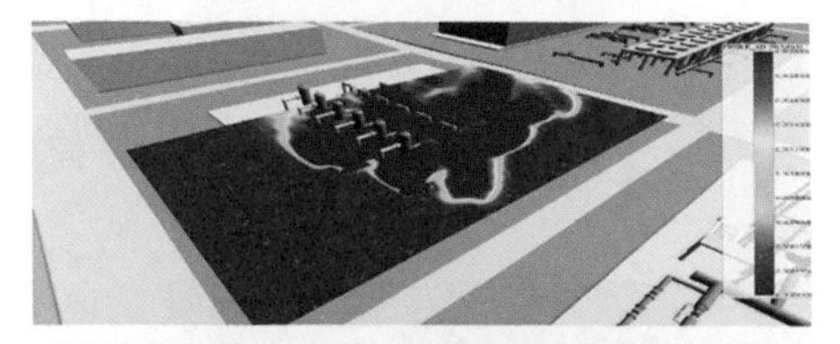

(d)距离地面4m（占所有泄漏气云覆盖率80.22%）

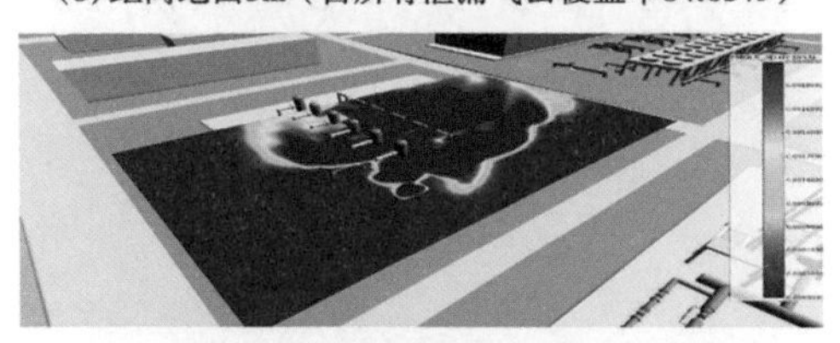

(e)距离地面5m（占所有泄漏气云覆盖率85.01%）

(f)距离地面5.5m（占所有泄漏气云覆盖率92.35%）

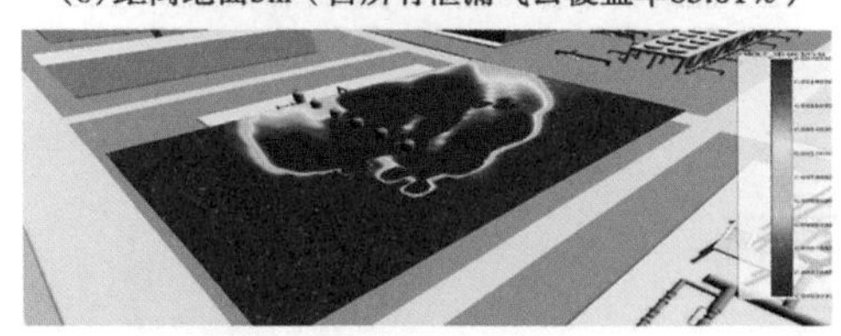

(g)距离地面6m（占所有泄漏气云覆盖率90.43%）

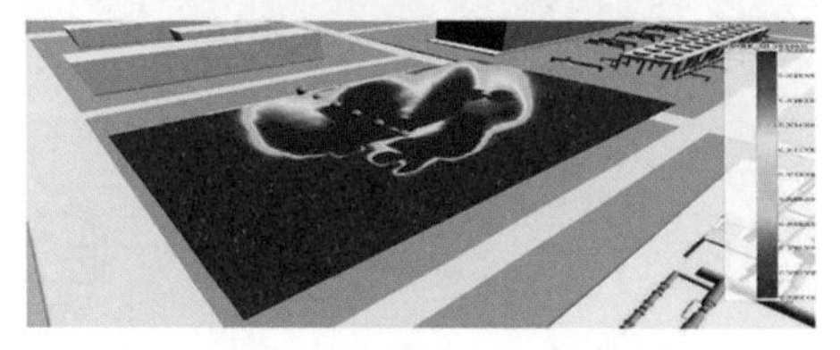

(h)距离地面7m（占所有泄漏气云覆盖率77.67%）

图7　不同高度下天然气云团的二维切片图及覆盖率

3.2.1　激光开路式可燃气体探测器

测试严格按照测试方案中1.3.2（5）中所列内容执行，分别采用2%、8%和12%三种不同浓度的标气，测试距离按照40m、75m和100m，分别测试设备在短距、中距和长距的性能表现情况。

测试采用长度为0.236m的标准气筒，首先将气筒完全置换为标气，然后放置于设备光路内进行测试，如图9所示。

采用上述测试方法分别对设备的探测距离、响应时间、示值误差、故障状态、抗干扰能力、特殊天气应对能力以及对中偏差等基本性能进行了测试，部

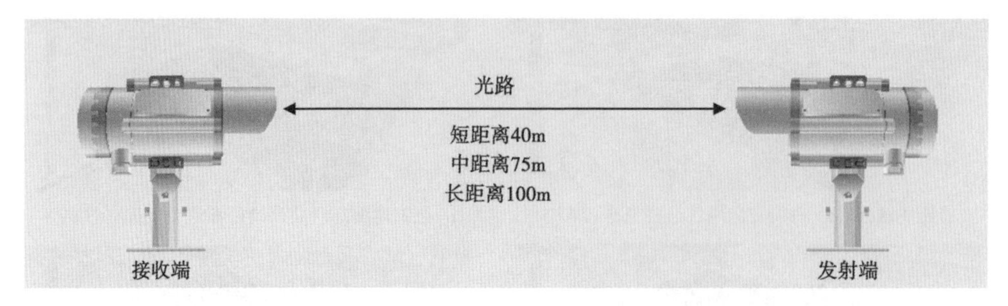

图 8　测试不同距离下设备的基本性能

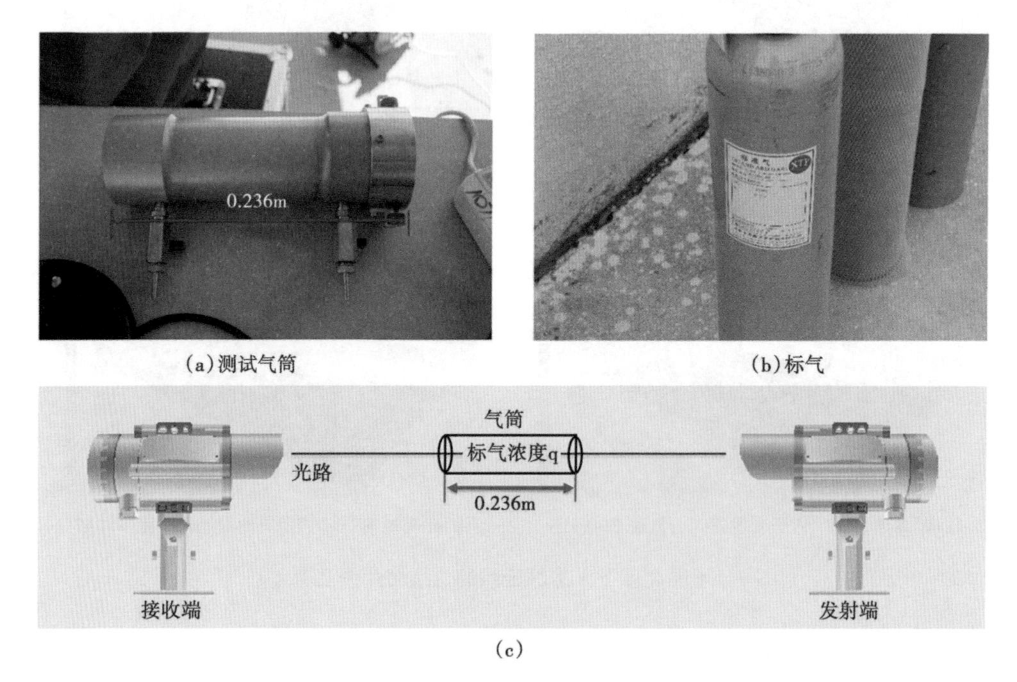

(a)测试气筒　(b)标气

(c)

图 9　测试方法

分测试情况如图 10 所示。

从测试结果来看，目前主流激光开路式探测器的技术已较为成熟，可应用于站场露天区域可燃气体的检测。

3.2.2　超声波可燃气体探测器

由于超声波探测器的探测性能受现场的背景噪声、布置等因素影响较大，

(a)测试结果实时显示并记录　　(b)特殊工况的应对性能测试

图 10　激光开路式可燃气体探测器基本性能测试

因此按照测试方案 1.3.2 的内容，将探测器置于站场露天区域进行测试，如图 11 所示。

(a)

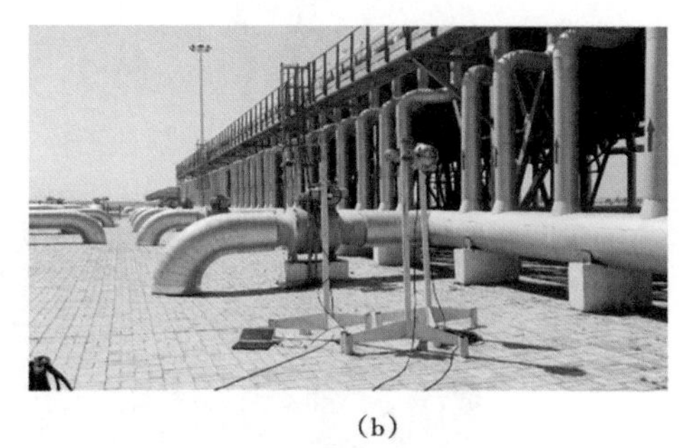

(b)

图 11　超声波探测器置于工艺区、压缩机进出口阀组与后空冷区

按照测试方案 1.3.2（4）中的测试内容，以 4mm 孔径、4.5bar 压力下的泄漏作为标态进行测试，分别在布置点 4 个方向上以 5m、10m、15m、20m 距离采用氮气瓶模拟的方式执行泄漏，当 20m 处仍能报警时，延长测试距离探测设备的测试边界。

从测试结果来看，目前主流超声波探测器的技术也已较为成熟，可应用于站场露天区域可燃气体的检测。

3.2.3　云台式遥测仪

与激光开路式探测器类似，采用样气的方式对云台式遥测仪的探测距离、响应时间、示值误差以及对特殊天然气的应对能力等进行了测试，如图 13 所示。

(a)不同泄漏压力

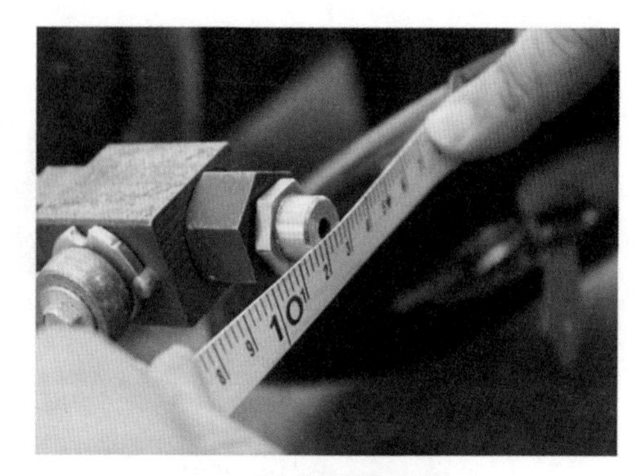

(b)不同泄漏口径

图 12　以氮气瓶模拟的方式执行不同泄漏探测性能的测试

图 13　云台式遥测仪基本性能测试

云台式遥测仪为新型产品，目前还未得到任何机构的认证证书，单从这次短期的测试结果来看，其未出现可靠性的问题，但从使用的角度出发，其需保证长时间的可靠性，因此建议该设备尽快取得专业机构的 SIL 证书，并在具体站场进行长期的试点测试以对设备的可靠性进行验证。

4　结论与建议

针对霍尔果斯首站等典型压气站露天区域可燃气体探测器的选型和布置问

题，本文采用仿真模拟和现场实测相结合的手段，对激光开路式可燃气体探测器、超声波可燃气体探测器和云台式遥测仪等新型探测技术展开研究，提出了压气站露天区域可燃气体探测器的选型和布置建议。

（1）激光开路式可燃气体探测器的最大探测范围在9m距离以后增幅不明显且蒸气云浓度已明显下降，虽还处在可探测范围内，但云团在风力作用下出现了中间截断的低浓度区域，为保证探测可靠性，选取9m距离探测范围15.11m进行布置，左右汇管间的距离为28.8m，因此如需实现区域内的完全覆盖，加上两端边界及调压橇区域的保护，则至少需安装4对探测器，探测器之间间隔不大于15m。

（2）由于探测原理的限制，激光开路式可燃气体探测器在高度方向上无法实现对天然气云团的全覆盖，在5.5m高度处覆盖率最高，达到92.35%；在离地面较近距离中，以3m高度处的覆盖率最高，达到84.05%。因此在考虑支架牢固性及设置维护梯的前提下，建议开路式探测器的布置高度选择为5.5m，否则建议采用3m高度；同时为保证布置方案的区域全覆盖，建议在（1）中所述激光开路式可燃气体探测器布置方案的基础上增加一台其他原理的探测器作为补充，例如超声波可燃气体探测器。

（3）超声波可燃气体探测器探测范围无死角，但易受到高频声波的干扰，在实际布置时建议远离弯管、调压橇等易发出高频声波的设施。

5 结语

根据本文的研究成果，选取典型站场的露天区域进行了试点布置，部分布置方案如图14所示。

（1）覆盖率验证。

布置完成后，进行了现场真实泄漏的测试，用活络扳手将管道上不同位置的压力表稍微拧松以产生天然气的轻微泄漏，来测试布置方案的有效性。

实测结果中未出现泄漏探测不到的情况，该结果验证了按本文研究结论进行布置可有效实现站场露天区域可燃气体检测的全覆盖。

（2）误报率验证。

由于本次测试周期较短，对于实际的误报率性能难以准确测试，因此将测

图 14　典型站场二线压缩机进口阀组与后空冷区探测器布置方案及实测泄漏点位置

试设备的相关数据接入站控系统，包含开路式和超声波探测器，进行长期误报率测试，如图 15 所示。

自长期测试布置开始至今已半年有余，查看记录无误报发生。

（3）应用建议。

①目前主流激光开路式探测器和超声波探测器已具有较为成熟的技术，根据现场实际情况进行合理选型和布置可有效实现站场露天区域可燃气体检测的全覆盖。

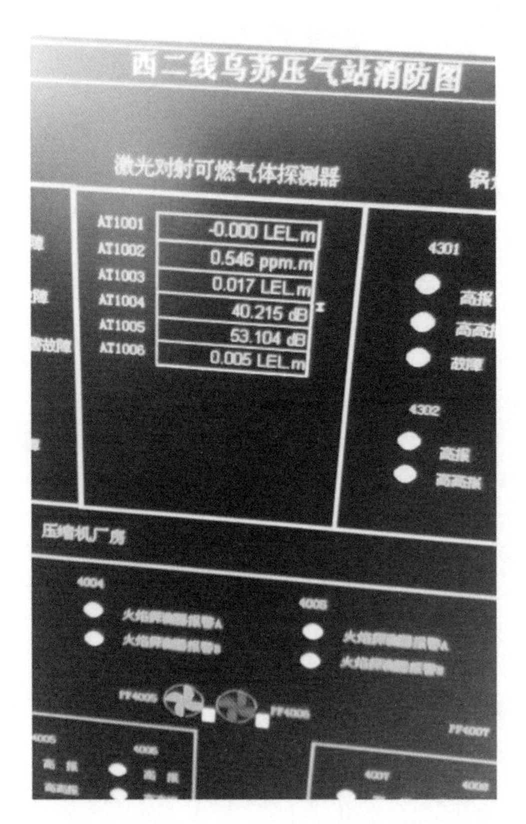

图 15　设备接入站控系统进行长期误报率测试

②云台式遥测仪由于无须设置接收端、探测范围灵活无死角、探测灵敏度高达 5ppm · m 等优势，实际应用前景要明显优于当前的激光开路式探测器和超声波探测器，尤其是在高度方向覆盖率和大风天气的应对方面，并且随着产品产量的增加，其价格也有明显下降，相较于其他两种检测手段，经济性优势日益凸显。但目前该设备成熟的应用案例有限，认证和实际使用方面尚有需要完善的部分，建议先在一座站场开展长期试点，一方面验证其可靠性，另一方面针对站场特点对设备功能进行完善，实现最大的经济效益和应用价值，为后续站场露天区域可燃气体检测的普及奠定基础。

参考文献

[1] 祝岩青．火气系统和火灾报警在西气东输二线中的应用［J］．石油工程建设，2010（S1）：74-75+298.

[2] 宋珍，刘凯，翁立坚．点型红外可燃气体探测技术［J］．建筑电气，2007（02）：46-48.

[3] GB 50183—2004，石油天然气工程设计防火规范［S］.

[4] TNO. Guideline for quantitative risk assessment［R］. Netherlands：Gevaarlijke Stoffen，2005.

[5] AQT 3046—2013，化工企业定量风险评估导则［S］.

[6] JJG 693—2011，可燃气体检测报警器［S］.

[7] GB 15322 石油天然气工程设计防火规范［S］.

用于压缩机房火焰探测器灵敏度试验标准探索及定量风险评估

赵吉龙　冯　军　张　权

摘　要：目前关于火焰探测器灵敏度的测试方法较多，实际使用过程中测试方法及评判衡准较难选取，以致在对霍尔果斯首站等三个站场压缩机房内火焰探测器执行灵敏度检测时出现了测试方法和评判衡准的意见分歧，对火焰探测器的保护性能难以给出准确的评价，存在安全隐患。为解决上述问题，本文对现有火焰探测器的相关标准进行了梳理，综合分析对标后制订了满足标准的火焰探测器通用测试方法和评判衡准，并选取典型压缩机房布置进行建模，采用定量风险评估的方法对压缩机房内保障安全的最低衡准进行了研究，提出了针对压缩机房的火焰探测器最低灵敏度要求，为后续压缩机房火焰探测器灵敏度的测试和优劣判断提供了依据。

关键词：压缩机房；火焰探测器；灵敏度试验标准；定量风险评估

1　引言

目前关于火焰探测器灵敏度的测试方法和评判衡准较多，在实际使用过程中难以选取合适的方法和衡准，影响对所选设备的保护性能判断，存在一定的安全隐患。西气东输三线霍尔果斯首站等三个站场的压缩机房内共安装有美国FIRE SENTRY公司FS24X火焰探测器（点型红外火焰探测器）88台，公司于2017年1月委托第三方机构在设备安装现场对其中87台（有一台因故障状态未测试）进行了报警功能检测，结论为符合国家消防规范标准要求，但公司与测试机构之间就检测方法和评判依据存在分歧。

由于在霍尔果斯首站等三个站场出现了火焰探测器灵敏度测试采标及检测方法存疑的问题，公司组织对现有火焰探测器相关标准进行了梳理，确定了报警灵敏度的现场检测方法和验收依据，制订了试验方法，并按该试验方法实施了现场测试，基于测试结果分析了现有火焰探测器的采标情况。

2　根本原因分析

火焰探测器灵敏度现场试验方法和评判依据的分歧其根本原因在于标准的理解和选取，因此对相关标准进行了梳理和分析。

2.1　现行相关标准

（1）GB 15631—2008《特种火灾探测器》。

（2）GB 50166—2007《火灾自动报警系统施工及验收规范》。

（3）GB 50116—2013《火灾自动报警设计规范》。

（4）CDP-S-OGP-IS-048-2015-2《油气管道工程可燃气体和火焰探测及报警系统技术规格书》。

（5）DB65/T 3253—2011《新疆建筑消防设施检测质量评定规程》。

2.2　技术要求梳理

GB 50166—2017 和 GB 50116—2013 未对火焰探测器的灵敏度做出特别规定，仅在布置和其他方面有要求，以下仅对其余三个标准进行比较，详见表1。

表1　各标准对灵敏度测试的要求对比

<table>
<tr><th colspan="2"></th><th>CDP-S-OGP-IS-048-2015-2</th><th colspan="2">GB 15631—2008</th><th>DB65/T 3253—2011</th></tr>
<tr><td colspan="2">试验方法</td><td>未具体说明</td><td colspan="2">将4只试样平行固定在1.5m±0.1m的高处并与试验火隔离，接通控制和指示设备，使其处于正常监视状态。点燃试验火，经过一段时间辐射稳定后，除去隔热物并开始计时</td><td>在火焰（或感光）探测器监测视角范围内，距离探测器0.55~1.00m处，放置紫外光波长<280nm或红外光波长>850nm光源，查看探测器报警确认灯和火灾报警控制器火警信号显示</td></tr>
<tr><td rowspan="4">检测体</td><td>燃料</td><td>正庚烷</td><td>正庚烷</td><td>工业乙醇</td><td rowspan="4">试验光源</td></tr>
<tr><td>质量</td><td>未规定</td><td>650g</td><td>2000g</td></tr>
<tr><td>布置</td><td>1ft²</td><td colspan="2">用2mm厚钢板制成、底面尺寸为33cm×33cm、高为5cm的容器</td></tr>
<tr><td>点火方式</td><td>未说明</td><td colspan="2">火焰或电火花</td></tr>
<tr><td colspan="2">合格标准</td><td>15m内典型反应时间应≤5s</td><td colspan="2">应在30s内发出火灾报警信号，25m时为Ⅰ级灵敏度，17m时为Ⅱ级灵敏度，12m时为Ⅲ级灵敏度</td><td>在规定的响应时间内动作</td></tr>
</table>

CDP-S-OGP-IS-048-2015-2 与 GB 15631—2008 的试验方法基本相同，但 CDP-S-OGP-IS-048-2015-2 对试验方法和检测体的规定没有 GB 15631—2008 具体。

3 压缩机房火焰探测器灵敏度现场试验实施要点

结合现行相关标准的要求，制订了火焰探测器灵敏度现场试验方法，实施要点如下。

3.1 试验目的

检测火焰探测器在试验火/光源条件下的响应性能。

3.2 试验方法

（1）从霍尔果斯、精河和乌苏每个站场随机抽取 4 台探测器进行现场灵敏度检测，试验场所应与站场压缩机房内环境相似。

（2）用 2mm 厚钢板制成底面尺寸为 33cm×33cm、高 5cm 的容器，盛装 650g 正庚烷 [如确实无法采用正庚烷，可采用 2000g 乙醇（浓度含量 90%以上）替代]，采用火焰或电火花点燃。

（3）将 4 台试样火焰探测器固定在 1.5m±0.1m 的高处并与试验火隔离，接通控制和指示设备，使其处于正常监视状态。点燃试验火，经过一段时间辐射稳定后，除去隔离物并开始计时。

（4）试验中试样火焰探测器与试验火中心的距离分别为 12m、17m、25m 和 35m。

（5）在距离试样火焰探测器 0.55~1.00m 处，放置紫外光波长小于 280nm 或红外光波长大于 850nm 光源，查看探测器报警确认灯显示；撤销光源后，查看探测器的复位功能。

3.3 试验结果评价原则

（1）试样火焰探测器 FS24X 为四频红外，如在 35m 处响应时间不大于 5s，则判定为符合 CDP-S-OGP-IS-048-2015-2 要求，否则判定为不符合 CDP-S-OGP-IS-048-2015-2 要求。

（2）如 25m 处 30s 内发出火灾报警信号，则判定为符合国标 GB 15631—2008 Ⅰ级灵敏度要求；17m 处 30s 内发出火灾报警信号，则判定为符合国标 GB 15631—2008 Ⅱ级灵敏度要求；12m 处 30s 内发出火灾报警信号，则判定为符合国标 GB 15631—2008 Ⅲ级灵敏度要求；如以上情况均不满足，则可判定为不符合国标要求。

（3）采用 25m 处抽样的 12 台设备实测响应时间的算术平均值作为后续定量风险评估的输入参数。

（4）国标第 4、5、6、7 章的内容为强制性，即试样灵敏度试验的要求属于强制条款。

4 用于压缩机房的火焰探测器灵敏度评判衡准探索

从表 1 中 CDP 文件、国标和新疆地标对比可知，对于火焰探测器的灵敏度评判衡准并不一致，为此，结合压缩机房的具体布置，利用仿真模拟的手段对压缩机房内火焰探测器的灵敏度要求进行了探索。

选取典型压缩机房，采用 FLACS 软件对房内布置进行建模，如图 1 所示。FLACS 软件是全球最知名的用于油气灾害后果分析的三维计算流体力学（CFD）软件，在天然气蒸气云扩散模拟方面具有权威性。

失效衡准采用荷兰应用科学研究院（TNO）提出的热辐射（温度）对建

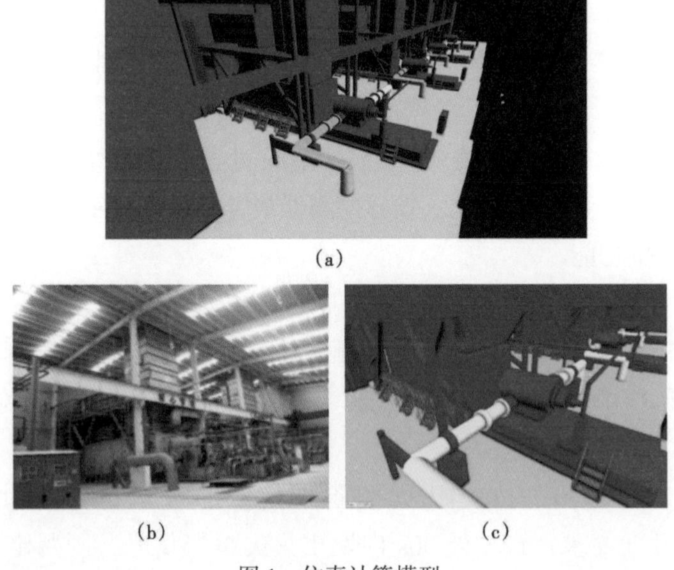

(a)

(b)　　(c)

图 1　仿真计算模型

筑物及机械设备的影响（材料：钢），见表 2。

表 2　热辐射（温度）对建筑物及机械设备的影响（材料：钢）

失效温度（K）	失效等级，影响
473	2 级：材料表面的严重变色，油漆剥落，和/或构件出现明显变形
773	1 级：材料表面被点燃、断裂，或构件出现其他形式的严重失效

说明：

（1）严格来说，失效温度与材料所受载荷及尺寸相关，上述 1 级和 2 级失效温度为平均失效温度。

（2）材料表面直接接触喷射火焰时，其表面温度必定超过 1 级失效温度，此时将立即发生 1 级失效。

（3）材料表面暴露于热辐射且未直接接触喷射火焰时，其温度将随时间逐渐升高，并在一段时间后达到最大值，如图 2 所示，描述了不同热辐射下

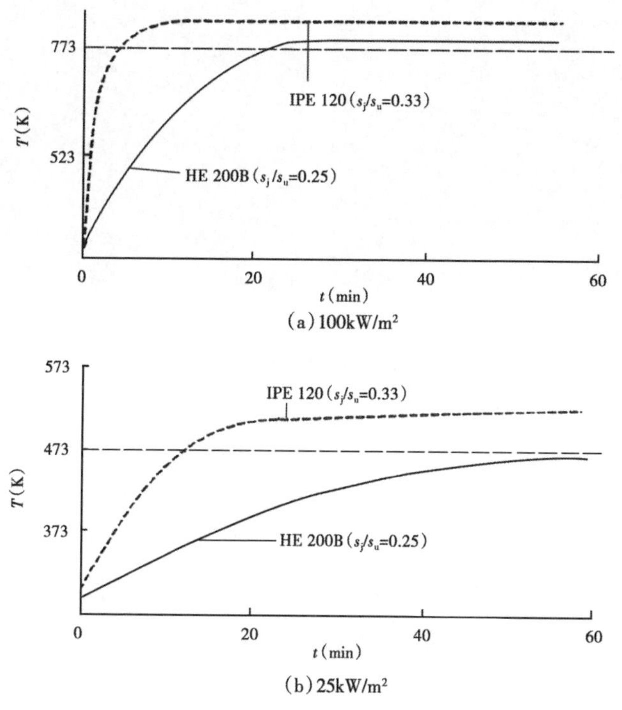

图 2　不同热辐射下两种钢材的典型温度响应曲线

（100kW/m^2 和 25kW/m^2）两种钢材的典型温度响应曲线。

计算首先进行喷射火模拟确定厂房墙面、钢结构和设备表面的热通量分布，然后确定材料表面的温度上升趋势，并分析温度对材料的影响，部分计算结果如图 3 所示。

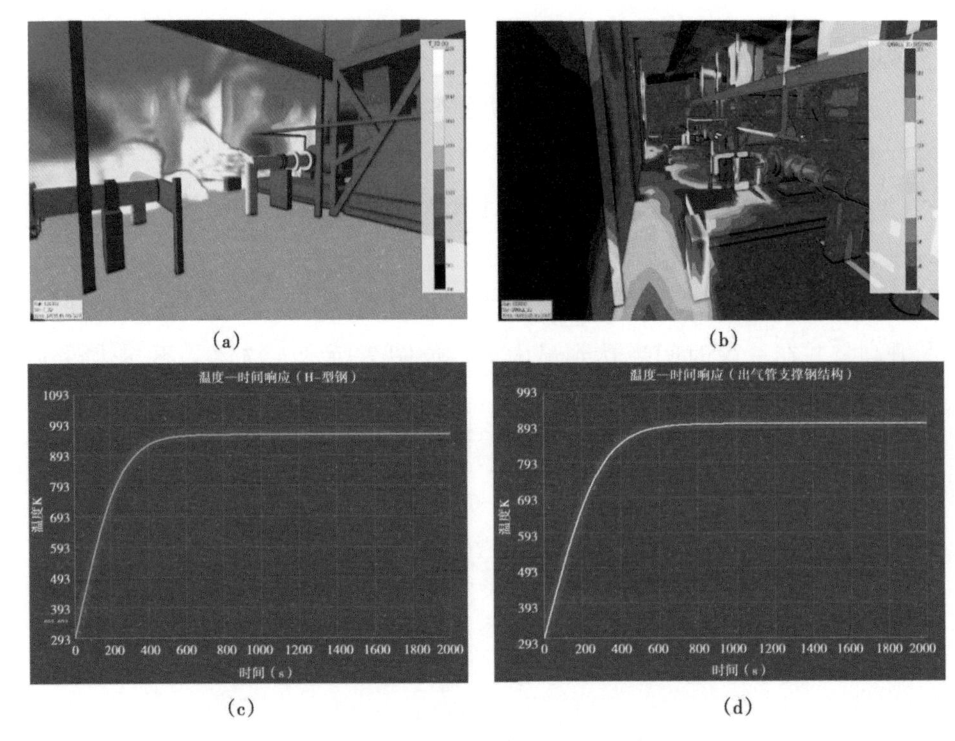

图 3　典型压缩机房内火灾后果模拟结果

典型压缩机房内火灾后果的仿真计算结果显示，当发生火灾时，房内支撑结构 H 型钢最先达到失效温度，点火后 1 分 10 秒，H 型钢发生 2 级失效，点火后 3 分 37 秒发生 1 级失效。参考火灾报警后通常的切断时间为 30 秒，因此为保障房内设施的安全，建议按本节制订的试验方法测试所得的火灾探测器灵敏度最低不应超过 40s，即安装在压缩机房内的火焰探测器应在火灾发生后 40s 以内报警。

5　结论与建议

（1）目前国内关于火焰探测器灵敏度主要有三个标准：CDP 文件、国标和新疆地标。国标 GB 15631—2008 对于点型红外火焰探测器灵敏度试验的要求属于强制要求，现场测试应严格按照 GB 15631—2008 中 5.20.2.1 条描述的方法执行。

（2）根据国家标准的要求，制订了具体的火焰探测器灵敏度试验方法。为确保安装的火焰探测器能起到有效的探测预警作用，建议按照本节 3 中的试验方法对其进行抽样测试。对于无法满足标准灵敏度要求的产品，应进行更换或等效处理。

（3）典型压缩机房内火灾后果的仿真计算结果显示，当压缩机发生泄漏，气体点燃后 1 分 10 秒压缩机房内支撑的 H 型钢发生 2 级失效，点燃后 3 分 37 秒发生 1 级失效。参考火灾报警后通常的切断时间为 30s，因此为保障厂房内设施的安全，建议按本节制订的试验方法测试所得的火灾探测器灵敏度在任何情况下最低不应超过 40s，即安装在压缩机房内的火焰探测器应在火灾发生后 40s 以内报警。

6　结语

基于本文研究成果，公司组织开展了火焰探测器灵敏度的测试，试验采用滤光片滤去了波长小于 0.85μm 的光波，满足新疆地标波长大于 0.85μm 的要

(a)

(b)

图 4　现场测试火焰探测器灵敏度

求，与探测器说明书描述的0.4~7.0μm的波长范围相符。

测试结果见表3。

表3 火焰探测器灵敏度测试结果（响应时间单位：s）

抽样序号	CDP-S-OGP-IS-048-2015-2	国标 GB 15631—2008			地标 DB 65/T3253—2011
	35m（不大于5s）	25m（小于30s）	17m（小于30s）	12m（小于30s）	0.55~1m 光源
1		67.36	61.59	48.75	
2		65.5	83.6	64.5	
3		58.7	44.2	17.6	
4		62.33	50.58	64.6	
5		67.7	62.56	15.56	未报警
6		73.95	63	56.66	
7		72.27	66.3	59	
8		53.46	63.75	47	
9		17.5	15.13	15.43	
10		12.15	20.5	11.55	
11		13.15	11.1	12.5	
12		16.07	12.87	14.35	未报警

从霍尔果斯首站等三个站共抽取了12台火焰探测器样本，经测试，其中4台满足国标Ⅰ级灵敏度，2台满足国标Ⅲ级灵敏度的要求，其余6台不满足现有的三个标准要求且超过了本文计算的压缩机房安全最低灵敏度要求，存在安全隐患。公司对于上述型号设备进行了更换，更换后的火焰探测器运行至今已近两年，运行状况良好，有效保障了压缩机房的安全。

应用建议：基于本文的研究，在后续火焰探测器的灵敏度测试时，建议可参照本文提供的测试方法进行测试，并依据文中梳理的三个标准中的评判衡准和针对具体保护区域的最低灵敏度要求对测试结果进行评估，对于不满足评判衡准的产品需进行更换，以确保所保护区域的安全。

参考文献

[1] GB 15631—2008，特种火灾探测器 [S].

[2] GB 50166—2007，火灾自动报警系统施工及验收规范 [S].

[3] GB 50116—2013，火灾自动报警设计规范 [S].

[4] CDP-S-OGP-IS-048-2015-2，油气管道工程可燃气体和火焰探测及报警系统技术规格书 [R].

[5] DB65/T3253—2011，新疆建筑消防设施检测质量评定规程 [S].

[6] TNO. Guideline for quantitative risk assessment [R]. Netherlands：Gevaarlijke Stoffen，2005.

[7] AQT 3046—2013，化工企业定量风险评估导则 [S].

压缩机进出口管线应力分析及设计优化建议

葛建刚　李星星　张海宁

摘　要：压缩机为天然气长输管道中的重要设施，其安全问题至关重要，压缩机进口和出口管线中介质的运行温度、压力等参数差异较大，因此如设计不当则极易导致管线应力过大、管口及压缩机支撑等载荷过高等问题，长期运行下会导致管口开裂、支撑损坏等问题，严重时甚至会导致压缩机损坏，造成重大的人员和财产损失。为此，本文针对霍尔果斯等典型站场目前已出现的压缩机进出口管线问题，采用管道应力分析专业软件 CAESAR Ⅱ 对问题原因开展了研究分析，并提出了设计优化建议，消除了目前因压缩机进出口管线设计不当而存在的安全隐患，为后续站场的建设提供参考。

关键词：压缩机；进出口管线；应力分析；设计优化

1　引言

压缩机为天然气长输管道中的重要设施，其安全问题至关重要，压缩机进口和出口管线中介质的运行温度、压力等参数差异较大，因此如设计不当则极易导致管线应力过大、管口及压缩机支撑等载荷过高等问题，长期运行下会导致管口开裂、支撑损坏等问题，严重时甚至会导致压缩机损坏，造成重大的人员和财产损失。

霍尔果斯等典型站场在运行过程中也发生过类似的问题，如本书第一章中所列的“压缩机平衡气管线法兰连接螺栓断裂（无应力安装）”问题，具体情况如下。

问题一：霍尔果斯压气首站压缩机出口管线首个管卡处发生螺栓断裂，如图 1 所示。

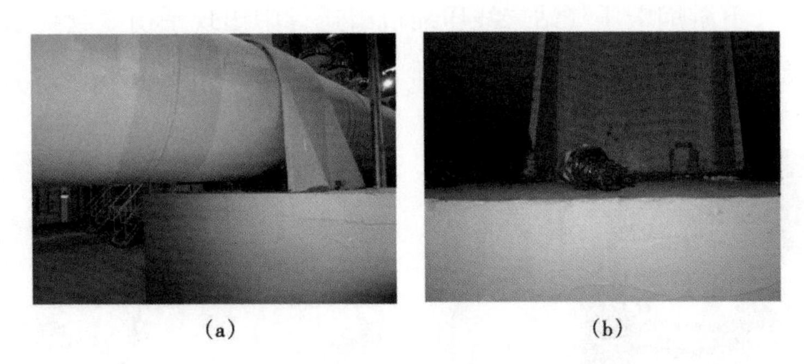

(a)　　　　　　　　　　(b)

图 1　霍尔果斯首站出口管线首个管卡处螺栓断裂

问题二：霍尔果斯压气首站 4#压缩机进口汇管三通与立管段焊口开裂，立管前端球阀支墩处也出现明显裂缝，如图 2 所示。

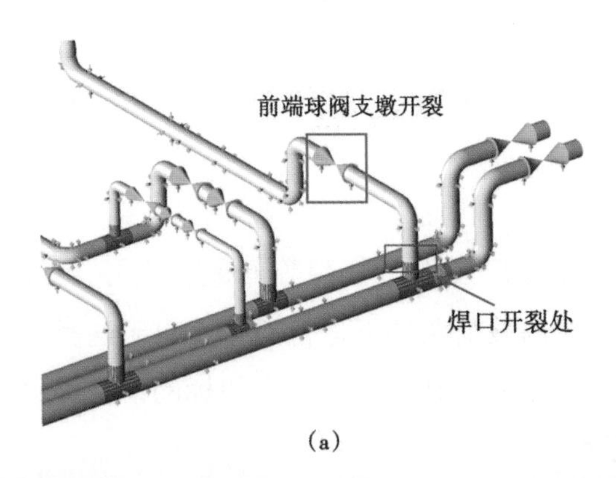

(a)

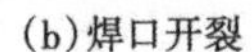

(b)焊口开裂

(c)前端球阀支墩开裂

图 2　霍尔果斯首站压缩机进口汇管三通与立管段焊口开裂

问题三：下游烟墩压气站二线压缩机组运行中出现平衡气管线崩脱、支墩环氧树脂浇筑层碎裂及管卡紧固螺栓断裂等情况，如图3所示。

(a)平衡气管线崩脱

(b)支墩碎裂

图3 烟墩站二线压缩机组平衡气管线崩脱

乌苏压气站等与烟墩站采用完全相同的管线布置，存在较大的安全隐患。

2 原因分析

管线崩脱、螺栓断裂以及焊口开裂等问题，实际上都是由于管路设计欠妥，引起管线长期处于高载荷条件下运行所致。对于这类问题，需重新校核现有管路设计的应力水平，针对其中导致应力超标的设计提出优化整改方案。

2.1 遵循的标准

表1 管道应力分析需遵循的标准

序号	标准号	标准名称
1	ASME B31.3	工艺管道
2	API 617—2014	石油及化工和气体工业用离心压缩机
3	NBT 47038—2013	恒力弹簧支吊架
4	NBT 47039—2013	可变弹簧吊架

目前管道应力主要参照ASME B31.3和API 617—2014的方法进行评估，如设计中引入弹性支撑，则根据弹性支撑的型式对应按照NBT 47038—2013或

NBT 47039—2013 进行选型和设置。

2.2　需校核的工况

ASME B31.3 中规定了对持续载荷工况（SUS）和热膨胀工况（EXP）的应力校核方法；API 617—2014 则规定了对操作工况（OPE）下压缩机进出管口载荷的校核方法。

2.2.1　持续载荷工况（SUS）

该工况考虑重力和压力影响下管道产生的应力是否满足要求，按照 ASME B31.3 中一次应力的衡准校核。

2.2.2　热膨胀工况（EXP）

该工况考虑温度对管道的热膨胀影响所产生的应力是否满足要求，按照 ASME B31.3 中二次应力的衡准校核。

2.2.3　操作工况（OPE）

该工况主要考虑压缩机进出管口载荷是否超出标准要求，根据所选压缩机厂家和型号的不同，选取不同的许用值放大系数。

例如 GE 厂家提供的压缩机管口载荷许用值为 8 倍的 NEMA SM23 标准值，考虑到 API 617—2014 许用值为 NEMA SM23 标准的 1.85 倍，换算得到 GE 压缩机的许用值为 4.32 倍的 API 617—2014 许用值。API 617—2014 对管口载荷的许用值则根据其附录 F 提供的公式进行计算：

（1）压缩机中心点独立载荷分量许用值，单位 N 或 N · m：

$$SF_x = 16.1D_c \times 4.32 \quad SM_x = 24.6D_c \times 4.32$$

$$SF_y = 40.5D_c \times 4.32 \quad SM_y = 12.3D_c \times 4.32$$

$$SF_z = 32.4D_c \times 4.32 \quad SM_z = 12.3D_c \times 4.32$$

式中　D_c——当量直径，$D_c = \dfrac{460+\sqrt{D_{吸}^2 + D_{排}^2}}{3}$，mm；

（2）各管口合成力和力矩许用值（吸气口和排气口需分开校核）：

$$F_r + 1.09M_r \leqslant 54.1D \times 4.32$$

式中　F_r——管口合力，$F_r = \sqrt{R_x^2 + F_y^2 + F_z^2}$，N；

M_r——管口合力矩，$M_r=\sqrt{M_x^2+M_y^2+M_z^2}$，N·m；

D——管口直径，当管口公称直径大于200mm时，$D=\frac{400+D_{公称}}{3}$。

（3）压缩机中心点总的合成力和力矩许用值，原报告未对该方面进行校核：

$$F_c+1.64M_c\leqslant 40.4D_c\times 4.32$$

式中　F_c——压缩机中心总的合成力，N；

M_c——压缩机中心总的合成力矩，N·m。

管道应力分析通常采用美国COADE公司研发的压力管道应力分析专业软件CAESAR Ⅱ进行，该软件广泛应用于油气管道的设计、评估和校核，在业界认可度高。

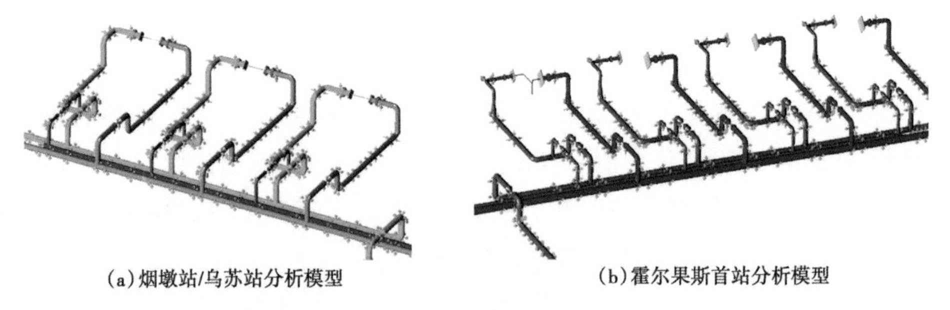

(a) 烟墩站/乌苏站分析模型　　(b) 霍尔果斯首站分析模型

图4　分析模型

2.3　分析结果

针对问题一：烟墩站原有管线设计下SUS工况和EXP工况应力符合标准的要求，但OPE工况下的管口载荷过大，大幅超出了标准和厂家提供的许用值，导致管口附近法兰、支撑等部件长期处于高负载状态下运行，从而引起平衡管线崩脱、支墩环氧树脂浇筑层碎裂等问题。进一步分析，这种管口布置在设计上存在不合理的地方，例如原有设计中，压缩机附近管段均为刚性管卡约束，限制了管段在压力和热胀作用下的位移，使得载荷无法释放，这样一方面导致系统整体载荷过大，另一方面容易导致作业过程中产生的力和力矩过多的由压缩机、管口及其附件来承担，较为突出的有三个地方，如图5所示。

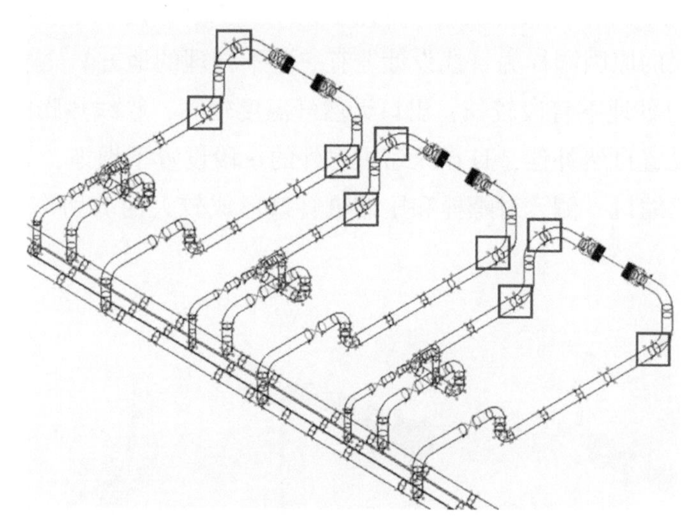

图 5　烟墩站/乌苏站原有设计中不合理的地方

针对问题二：霍尔果斯站原有管线设计下 EXP 工况应力较高，达到了许用应力的 85.58%，这在热膨胀应力中属于较高水平，最大应力发生的部位为进出管线汇管三通处，如图 6 所示。

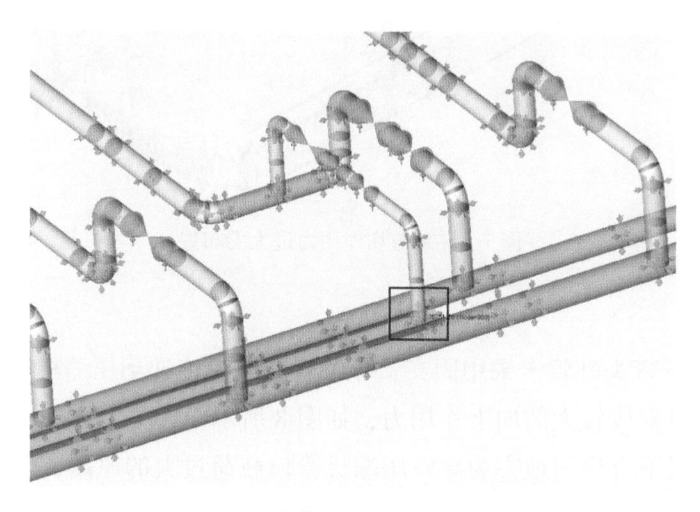

图 6　霍尔果斯首站 EXP 工况应力最大处

OPE 工况下的管口载荷最大为许用值的 130.72%，超出了标准要求。分析管口载荷过大的原因同样为管线设计上有一些不合理的地方。

（1）出口处地下管段较长，出口天然气温度较高，管线热膨胀严重，但该段管线没有设置自然补偿，且在压缩机房外的一段设置了埋地，导致热膨胀作用力传递到压缩机一侧，对螺栓和压缩机管口形成较大的剪切作用力，如图 7 所示。

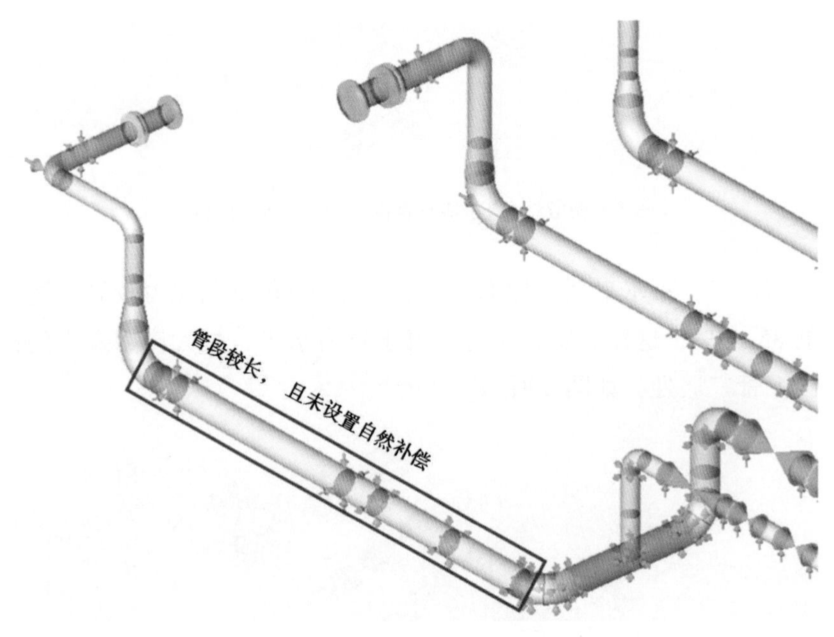

图 7　导致剪切作用力过大的布置

（2）地下弯头处管卡采用固支，导致管路载荷传递到压缩机一侧，对螺栓和压缩机管口形成较大的向上作用力，如图 8 所示。

以上布置不合理的地方为导致压缩机管口载荷过大的原因，但并非出口第一个螺栓断裂的直接原因，因此提取断裂螺栓管卡处的载荷作进一步分析，如图 9 所示。

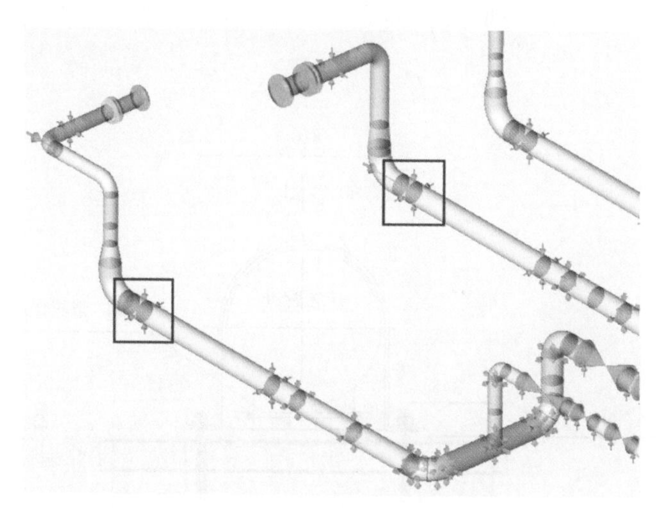

图 8　导致向上作用力过大的布置

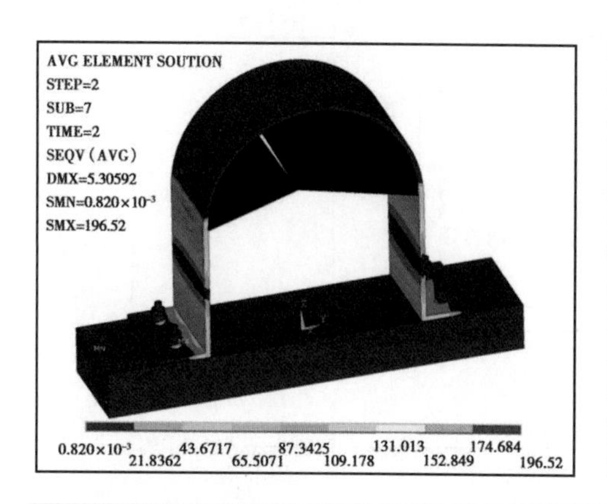

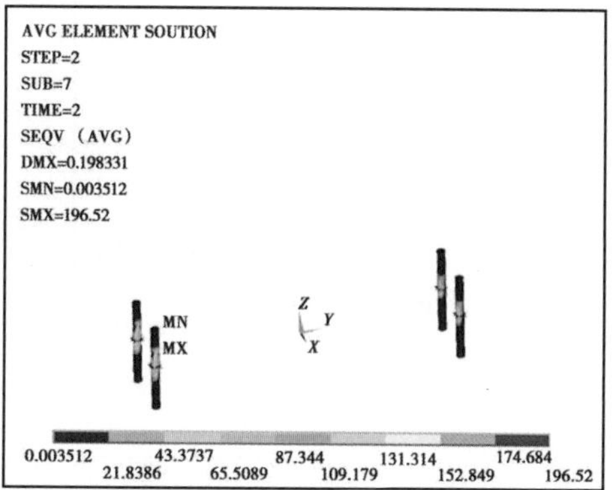

最大 von mises 应力 (MPa)	X 方向轴向应力 (MPa)	Y 方向轴向应力 (MPa)	Z 方向轴向应力 (MPa)	XY 方向剪切应力 (MPa)	YZ 方向剪切应力 (MPa)	XZ 方向剪切应力 (MPa)
232.866	7.6582	8.9389	225.7	3.7156	26.396	9.6191

图 9　断裂螺栓处的应力分析结果

所用 8.8 级 M24 螺栓的许用应力值为 640MPa，从计算结果来看，其所受应力值为 232.866MPa，远未达到螺栓的许用值，因此管口载荷过大并不是导致本次螺栓断裂的最主要原因。经查施工图纸，发现在施工中并未按原设计方案采用螺栓预埋的形式，而是采用了支架上部两侧焊接螺栓的形式，如图 10 所示。

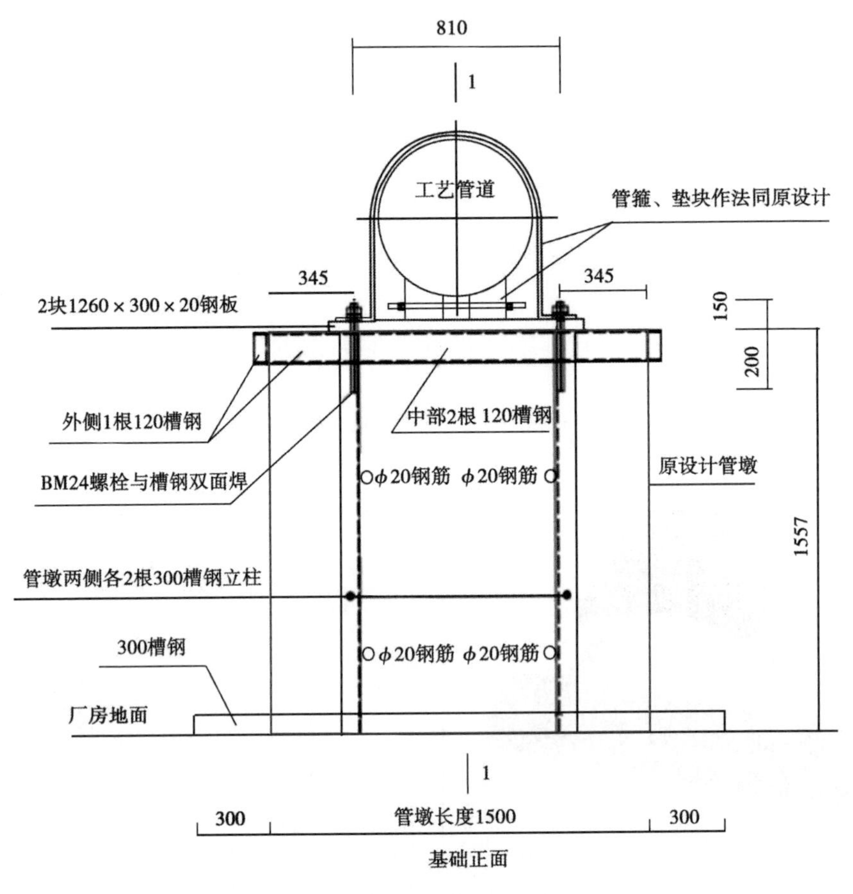

图 10　节点 40 管卡施工图

8.8 级高强螺栓为合金结构钢，使用状态为调质状态；其自身焊接性能较差，氢脆冷裂倾向比较大；焊接后破坏了原来的热处理状态，机械性能严重下降，经检索相关文献显示，8.8 级 M24 螺栓在焊接下会导致螺栓的许用应力大幅下降，文献给出的焊接后推荐许用值为 160MPa 左右，从计算结果来看，原始设计载荷下螺栓应力已达 232.866MPa，超过了焊接条件下的许用应力，因此发生断裂。

针对问题三：从案例二的分析可知，由于进出管段较长且未设置有效的补偿措施，因此导致整体管线热膨胀应力较大，且最大值发生在汇管三通与立管相连处。进一步分析管线的冷态工况，由于霍尔果斯首站冬季温度低，冷态工况较安装工况温差较大，因此冷态工况下热膨胀应力会进一步加大，如图 11 所示。

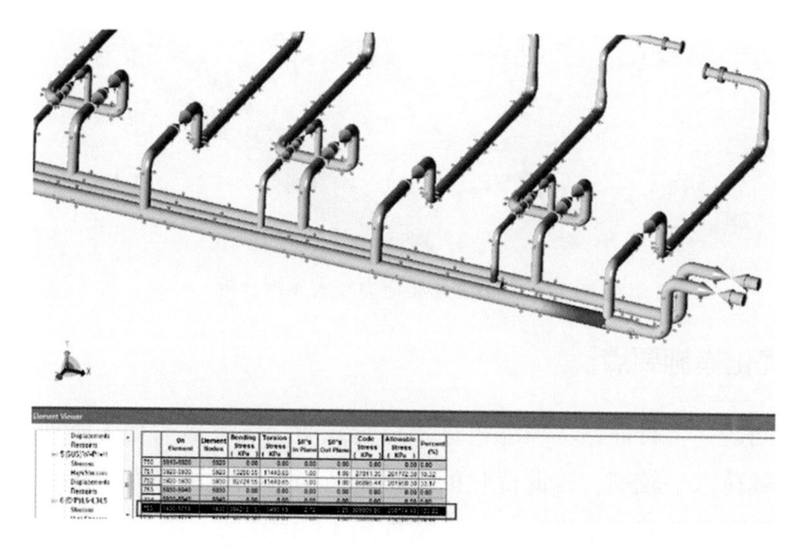

图 11　冷态工况下热膨胀应力最大处

冷态工况下，管线系统中共有三个区域的应力超出了规范要求，分别为进口汇管三通与立管段相连部位、进口汇管三通与左侧管段相连部位以及出口汇管三通与立管段相连部位，其中以进口汇管三通与立管段相连部位应力超出最多，为规范要求值的 123. 22%，与实际开裂位置相符。

现有的管线布置导致汇管三通与立管相连部分膨胀应力较大，正常运行工况下为许用值的 85. 58%，属于较高水平；冷态工况下为许用值的 123. 22%，超出许用值。开裂位置处膨胀应力较大的原因为进出口管沟内直管段较长，且未设置补偿，导致该段膨胀应力较大，为保护压缩机，在压缩机一侧设置了止推支架，将该膨胀应力引向三通一侧，三通一侧管段与地面管线形成 U 型弯来消除膨胀应力，但该 U 型弯的一个支点正处于三通与立管相连处，因此承受了较大的膨胀应力，如图 12 所示。

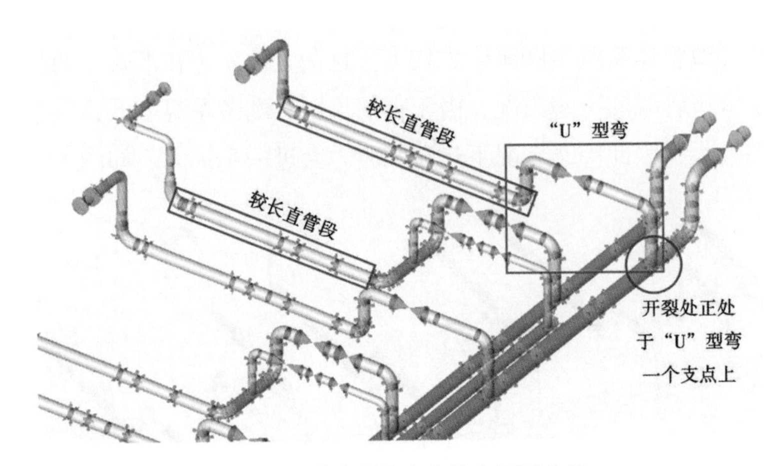

图 12　开裂处膨胀应力较大原因分析

3　优化措施要点

针对问题一：目前站场压缩机进出口管线所用约束形式均为刚性支撑，导致应力及载荷水平较高，因此优化的思路是适当引入柔性支撑，在保证系统稳定性的前提下降低载荷水平，优化方案如图 13 所示。

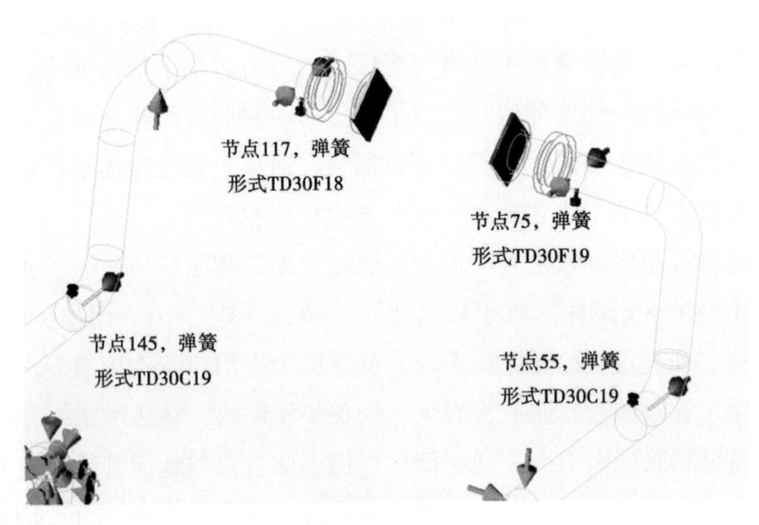

图 13　优化方案

将进出管口的约束改为导向架加弹簧支架的形式，将管沟内第一个约束改为弹簧吊架。经核算，该种方案下管线应力及管口载荷水平下降到标准许用值之内。采用弹簧支吊架进行进出口管线约束时，弹簧的选型和安装载荷的计算需要特别注意，为保障管线系统运行时的稳定性，需要控制尽可能低的载荷变化率，按照标准要求，选用的管口弹簧支架的载荷变化率应不超过 10%，管沟内弹簧吊架的载荷变化率应不超过 25%，因此在选型时需根据具体情况进行准确核算，图示所列方案经核算，所选弹簧的载荷变化率均控制在 3% 以内。

另外为更好地限制横向管段对压缩机出口管段的冲击，在横向管段弯管处增设止推支架，如图 14 所示。

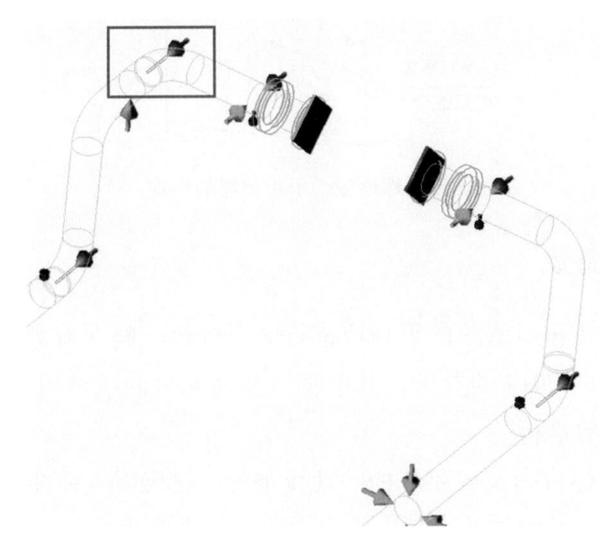

图 14　出口管线增设止推支架

针对问题二：对于管线系统应力超标的问题，采取与案例一相同的解决方案，将部分刚性约束改为弹簧约束，释放部分载荷，降低整体应力水平。对于螺栓因焊接导致强度降低的问题，采取预埋施工的形式，如图 15 所示。

针对问题三：消除膨胀应力最佳的做法是在进出管沟内较长的直管段设置补偿，建议后续管线建造中设置“U”型弯来形成自然补偿，如已建成较长直管段，则建议在汇管三通之前设立一小段水平管线，以使其避开作为“U”型弯的支点来消除膨胀应力，同时增加对该处焊缝的探伤频次。

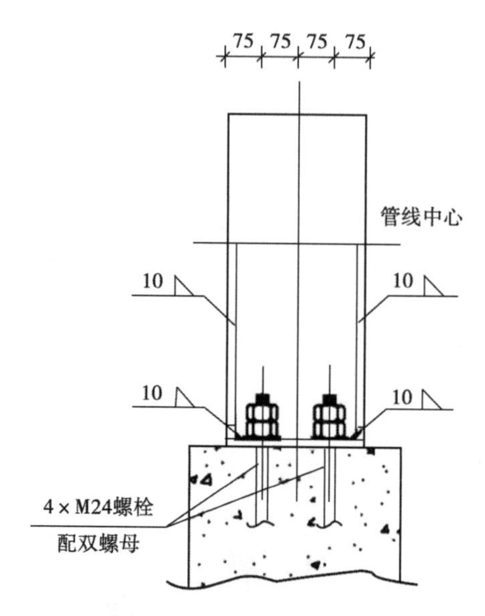

图 15　螺栓施工采用预埋的形式

4　结论与建议

（1）压缩机进出口管线的设计应进行应力校核，确保应力水平满足 ASME B31. 3 和 API 617—2014 的要求，其中管口载荷部分的校核可根据压缩机供应商提供的放大系数进行。

（2）对于整体应力及载荷超标的管线布置，建议引入弹性支撑，将进出管口的约束改为导向架加弹簧支架，管沟内首个约束改为弹簧吊架，具体弹簧选型及安装载荷的选取应严格参照相关标准执行。

（3）高强度螺栓施工禁止采用焊接的方式，建议采用预埋形式施工。

（4）安装温度与运行温度相差较大的管段，设计上应尽量避免出现较长的直管段，如确有必要，应在该直管段设置适当的补偿措施，如“U”型弯或膨胀节等。

5 结语

基于本文的研究成果，改造项目于 2018 年 8 月 28 日在霍尔果斯正式开工，先后完成霍尔果斯二线 1# 压缩机、乌苏二线 3# 压缩机进出口管道的改造及无应力安装作业，如图 16 所示。作业期间，分公司在做好挖掘、动火等危险作业管控的同时，对安装质量进行全过程监督，主要包括弹簧预应力检查、弹簧安装环境温度控制、压缩机进出口法兰安装数据对标、压缩机对中数据复核、进出口法兰螺栓预紧扭矩等，各项参数均在标准范围内。10 月，完成混凝土养护后，霍尔果斯、乌苏先后启机测试均正常。

图 16　改造后管口约束形式

按照后评估计划，在运行 4000h 后将对改造管线的振动、应变等参数进行测试，并与未改造管线进行对比分析，基于分析结果综合评价改造方案的效果，为后续站场的建设提供指导。

参考文献

[1] 毛斌，李冬雪．CAESAR Ⅱ软件在管道应力具体分析中的应用［J］．工业技术，2016（22）：145.

[2] 何志，倪向贵，徐洲．高温高压工艺管道应力分析计算［J］．设计计算，2004，21（06）：18-22.

[3] 唐菁菁，蔡春梅，张世忱．工艺管道应力分析中对偶然载荷的静态处理［J］．化工设备与管道，2014，51（01）：83-86.

[4] ASME B31.3，工艺管道［S］.

[5] API 617—2014，石油及化工和气体工业用离心压缩机［S］.

[6] NBT 47038—2013，恒力弹簧支吊架［S］.

[7] NBT 47039—2013，可变弹簧吊架［S］.

管道建设用地存在的主要矛盾和经济对策

陈莉华

摘　要：在石油天然气长输管道建设用地征用实践中，长期存在两个关键矛盾。一是企业与地方政府（尤其是基层政府）在国有土地利用方面的矛盾；二是企业与农民在农村集体土地利益方面的矛盾。究其原因，主要是现行征地制度设计与管理机制同当前经济社会发展不适应，忽略了管道企业后期运营对社会管理的依赖性，也忽略了地方政府和失地农民因土地发展权价格上涨导致利益受损因素。最终导致基层政府和失地农民缺乏支持管道建设和后期运营管理的动力。本文试图从经济融合发展角度提出解决管道建设用地征用的思路和原则，统筹考虑失地农民的长期保障等问题，探索在中央全面深化改革第七次会议精神指引下，引入投入产出长短期均衡发展的市场供地机制。

关键词：管道；土地；征用；问题；对策

石油天然气管道是国家经济发展的重要基础设施，是继公路、铁路、航空和水上之后，正在迅速崛起的第五大运输方式。我国幅员辽阔，加快建设管道运输基础设施，可以大大节约运输成本，提高能源供给效率。同时基于石油、天然气的危化品特质，管道运输可以极大地减少长距离运输对环境的污染，提高运输安全性。因此，石油天然气管道建设对整个国家经济发展至关重要，对建设山青水绿的美好家园至关重要。同时，石油天然气管道最终连接的是座座加油加气站和千家万户的灶头，需要全社会的广泛关注和参与。

1　管道建设用地现状

1.1　管道建设征地的法律依据

土地是城镇建设、项目落地的主要基础，也是集体经济组织赖以生存和发展的“命根子”，征用土地必须依法依规，严格遵守有关法律程序。目前管道建设用征地适用的法律法规主要有《国有土地上房屋征收与补偿条例》《中华人民共和国土地管理法》《石油天然气工程项目用地控制指标》和国家有关部委、各省级人民政府制订的有关条例及其管理办法和程序，对农村集体土地（含基本农田、草场、林地等）征收尚无全国统一的征收补偿法律法规。

1.2 管道建设用地取得方式

石油天然气管道是国家重要基础设施，但同公路、铁路的普遍公益性不同，石油天然气管道是经营性与公益性兼而有之，甚至干线、支干线管网的公益性只有在终端城镇管网中才能最终体现出来。这就决定了管道用地的取得不能采用行政划拨的方式，而只能依据国家和地方有关法律法规，在第三方评估的基础上，采取补偿征收的方式取得。

1.3 管道建设征地基本程序

土地征用涉及项目推进和社会稳定。因此，无论是哪种性质土地，都要遵循严格的征用程序，同时与建设项目报审各审批阶段相对应。

综合土地管理和基本建设项目建设要求，征用土地报审主要程序包括：申报用地预审→用地预审完成→用地材料审核上报→用地事项审核报批→发布征地公告→征地补偿方案批准→土地交付。其中项目建设单位作为土地使用者的主要职责是申报用地需求和准备申报材料，按时足额缴纳土地补偿资金。负责供地的县级人民政府有关部门负责审核相关报审材料，批准征收和补偿（安置）方案，及时提供建设用地，各省级土地管理部门的主要职责是用地审批阶段政策指导和过程监督。

2 管道建设用地的突出问题和原因分析

管道建设用地征用目前主要有两种形式，站场、阀室、管道伴行路等用地一般为永久性征地，一次征用，长期使用，管道运营方取得土地完全使用权。管道本体线路用地一般采用临时征地措施，对管道本体及两侧一定范围的土地，按不同地类和用途适用不同的土地征用补偿标准进行测算，对土地使用权人给予补偿后协议使用。待管道正式投用达到复垦条件后，交还原使用权人按照《中华人民共和国石油天然气管道保护法》（以下简称《管道保护法》）的有关规定有条件使用。

由于管道建设用地一般属于大宗用地，管道本身的高压特性及运输介质属于危化品的天然属性，这两种方式取得的土地使用权都对管道运行设施周边土地利用产生了基于《管道保护法》保障的限制。导致管道用地的征用，比公路、铁路等建设用地难度大了很多。

首先，管道建设占用了大量可耕种土地，单管敷设的管道线路控制性用地每千米平均为15亩左右，再加上沿管道建设的巡线和检修专用道路，一条管道建设占用的土地，对土地资源尤其是优质耕地资源紧缺的地区来说，是一个不小的负担。

其次，按照《管道保护法》和有关条例，尽管长输管道一般敷设于地表2.5m以下，管道上方土地可以继续耕作和种植浅根植物，但对经济林等的栽植都有严格限制，同时管道上方间隔不等都设置有永久性阴极保护电位测试桩、管道保护标志桩、转角提示桩等，使得土地使用功能有了明显的局限性。

再次，管道为高压力危化品运输设施，事故状态下对周边建筑和人员的影响是极其巨大的。根据《管道保护法》规定，管道建成投用后其两侧一定范围内不能再规划建设其他可能导致人口密集（地类升级）的建（构）筑物，这势必对城镇建设后期规划有较大影响。

最后，在当前广大农村和一般小城镇，天然气利用还没有得到普及，天然气管道为群众带来的直接利益远不如公路和铁路那么明显。管道用地补偿所能带来的边际效益和土地本身以及其他用途征地带来的直接效益（统称为土地发展权价格）形成明显差异。

以上四个方面的原因，导致一方面管道建设用地和其他建设用地相比征用难度明显增加。另一方面管道后期运行很难得到管道沿线基层政府和民众的自觉自愿支持，各种形式的管道占压屡屡发生，企地争地矛盾长期存在。

包括西气东输一线、二线、三线在内的国家骨干管道建设征地之所以都能按期完成，工程建设得以顺利实施，主要还是得益于管道沿线各级政府及其主管部门从讲政治的高度统一思想，积极做好基层政府和群众工作的结果，这是我国体制优势的体现。但在市场经济条件下，如何更好地发挥市场的主导作用，统筹好基层政府、建设单位和人民群众的利益，保障管道长期安全运行，有必要引入市场机制。当前，正在推进的石油天然气改革为这一思路提供了千载难逢的历史机遇。

3 管道建设用地征用的经济对策探讨

中央全面深化改革委员会第七次会议强调，要推动石油天然气管网运营机制改革，要坚持深化市场化改革，扩大高水平开放，组建国有资本控股、投资主体多元化的石油天然气管网公司，推动形成上游油气资源多主体、多渠道供应、中间统一管网高效集输、下游销售市场充分竞争的油气市场体系，提高油气资源配置效率，保障油气安全稳定供应。

运行管理的专业化和投资主体的多元化是这次改革的两大重点。土地作为一种不可再生的资源和资本，在改革开放初期的外来资本和项目引进中，以及在各地城镇化发展进程中发挥了极其重要的作用。总体上实现了地方政府、项目投资方、失地群众三方共赢局面，有力提升了改革开放和城镇化建设水平，石油天然气管道建设用地完全可以借鉴这一做法。

（1）统筹考虑管道建设用地成本和地方经济发展问题，努力实现管道建设和地方经济发展共赢。

管道建设的最终目的是服务社会，建设成本直接与运营成本和终端产品价格正相关。管道建设初期，地方政府从管道建设征地补偿款中获得的一次性收益和失地补偿都是构成管道建设成本的主要费用要素。因为征地，管道建设方需要增加项目投资的融资成本。同时，地方政府和失地农民失去了被征用土地升值的长期利益（发展权价格）。中央全面深化改革委员会第七次会议对石油天然气改革指明了方向，有了投资主体多元化的原则性指导，为地方政府以各种方式投资管道建设提供了政策依据。如果能够在项目建设前期，将土地作为特殊资本，与其他投资主体的现金资本共同投入管道建设。在管道投入商业运营后，土地提供者按照约定长期或者一定期限内享受管道运营效益回报，一方面可大大减少管道项目建设初期资金投入，同时增加地方协助管道长期稳定运营发展的积极性，实现真正意义上的双赢，供地收益年限可以考虑与管道设计的正常服役年限一致，也可长可短。

（2）统筹考虑管道建设安全运行和地方发展规划需要，积极探索集约和节约用地新途径。

在不同地质地貌地类建设管道，成本差异很大。在平地和缓坡地段敷设管道的建设成本远低于河沟山地地段，直线敷设远比蛇形敷设成本要低。因此如果把管道建设规划和地方发展整体规划超前紧密结合，统筹考虑地方政府以土地资源作为资本投入管道建设，这样会在很大程度上消除管道建设与城镇发展带来的用地之争。管道过境和当地城镇发展都是地方政府的经济来源，不存在厚此薄彼的状况。这样，地方政府就会主动平衡管道建设用地和城镇建设用地规划需求，积极做好集约和节约用地，规划探索出符合管道安全运营的合理通道。

（3）统筹考虑管道全生命周期社会管理和失地农民长期保障问题，实现管道平安畅通与社会稳定良好局面。

管道投入运营后，会受到各种自然灾害和人为因素的影响，如水毁、泥石流等自然灾害，不法分子打孔盗油（气）、违章占压等社会危害，需要管道沿线群众积极协助配合、地企联动共同创造安全稳定的运营环境。一条管道的安全运营往往需要几代人的共同管控维护，如果能够做到管道建设用地一次提供，供地和用地双方长期共享管道运营收益，则一定可以在保障失地农民长期利益的同时，调动起管道沿线群众参与管道保护的积极性和主动性。

（4）统筹考虑管道用地权属和享受收益主体多元性，高度重视给付操作的便利化和监督机制建设。

前述三个方面的统筹机制的建立需要更好地解放思想，在法律和制度规范层面创新实践，首先消除法律和规范以及程序方面的障碍。具体运行机制则属于技术操作层面问题，但事关各方利益，在实施过程中需要慎之又慎。原则上，“公平合理、简单易行、公开透明”应是始终坚持的基本原则。鉴于本文篇幅有限，只做原则性对策探讨，在此不宜展开论述。

参考文献

[1] 全国征地机构联谊会．全国征地法律文件汇编［M］．北京：中国大地出版社，2008.

[2] 洪亚敏，冯长春．土地估价相关经济理论与方法［M］．北京：地质出版社，2006.

[3] 胡存智．土地估价理论与方法［M］．北京：地质出版社，2006.

[4] 董彪．土地征收补偿制度研究［M］．北京：社会科学文献出版社，2018.

压缩机厂房及其附属设施存在问题分析

张 楠 金耀辉 张 权

摘 要：为了提高输气效率，天然气长输管道沿线需要建设一系列的压气站场，以提高管线气体压力，而压缩机厂房是压气站场的核心区域。压缩机厂房的建设是一项复杂的系统工程，从可研、论证、设计、施工到最终验收投产无不需要消耗大量的材料和劳动力。由于国内设计理念、设计细节审核质量等原因，压缩机厂房的建设还是运行，在很多方面还有待进一步的提高。西二、西三线霍尔果斯压气站在压缩机及其相关设施、附属设施运行中也发现部分问题和需要改进的细节，本文对其进行简要分析。

关键词：压缩机；厂房；标准

1 霍尔果斯作业区压缩机厂房存在问题情况

西二线霍尔果斯站压缩机厂房于2009年底投产，西三线霍尔果斯站压缩机厂房于2013年投产。霍尔果斯压气站余热发电项目由新疆西拓能源股份有限公司投资建设，2013年7月11日正式并入农四师电网发电，建设规模为两台110t/h余热锅炉和两台25MW汽轮发电机组。

西二、西三线压缩机厂房及其相关设施、附属设施在近十年运行中也出现一些问题或弊端，对出现过的问题进行汇总，梳理了44项问题或疑问，见表1。

表1 压缩机厂房及其相关、附属设施存在问题

序号	存在问题	问题归属
1	可燃气体探头安装位置过高，不利于检定和维修更换	检测监视设施
2	厂房北侧火焰探头无操作平台，若遇更换维修只能搭建脚手架	检测监视设施
3	四台机组整体式厂房，其中有一台机组管线天然气泄漏则会导致整个厂房内存在可燃气体，容易导致所有机组跳机和着火爆炸的风险较高	检测监视设施

续表

序号	存在问题	问题归属
4	压缩机厂房内工业电视较少，不能满足现场监控要求	检测监视设施
5	钢结构防火涂料选型需要严谨，后期维护比较麻烦	建筑本身
6	西三线厂房钢结构斜柱布置不合理，妨碍厂房内作业，巡检及作业人员容易碰头	建筑本身
7	厂房目前采光板采用玻璃钢，由于长期风吹日晒，导致粘贴玻璃钢的玻璃胶老化、脱落，致使部分玻璃钢脱落，大部分玻璃钢松动导致厂房内漏水	建筑本身
8	冬季背阴面落水管易堵	建筑本身
9	厂房彩钢板屋顶无防护设施，坠物尤其是冬季冰雪坠落易导致人员受伤	建筑本身
10	上厂房屋顶的爬梯过高，建议中间设置休息平台	建筑本身
11	西三线压缩机厂房内电缆沟盖板在水泥地面下，检修时需要先破除地面才能吊起盖板	建筑本身
12	厂房内地面电缆沟盖板和通风地沟钢格栅强度不够	通风系统
13	厂房内通风设计需要多考虑夏季高温情况，目前夏季需要打开大门增加散热。现有地沟通风系统夏季降热效果不佳	通风系统
14	屋顶轴流风机拆装困难，安全风险高	通风系统
15	厂房内屋顶照明灯安装在屋顶下 2m 位置，过高，不易检测及维修；如需检修则需搭建脚手架平台	电气系统
16	甲、乙类压缩机厂房内管线和电缆宜架空敷设	电气系统
17	目前厂房内消防管线地下部分，目前如要更换消防管线需要破开地坪，若存在漏水不易维修，维修成本高（目前已出现消防管网漏水现象）	消防系统
18	西二、西三线压缩机厂房内消火栓刚建成时没有伴热和保温	消防系统
19	有爆炸风险的压缩机厂房应独立设置，宜选敞开或半敞开式建筑形式	总体布局
20	压缩机进出口汇管防喘汇管、后空冷汇管之间间距不合理，断管、焊接、检测空间狭窄，遇突发情况抢修困难	总体布局
21	西二线压缩机进出口阀组区布局不合理，抢修车辆无法进入	总体布局
22	阀组区电缆、信号缆、阴保线缆直埋，埋设杂乱、无规律	总体布局
23	厂房内机组之间间距偏小，遇 25K 维修操作空间受限	总体布局
24	压缩机厂房选址应与办公生活区综合考虑，降低噪声污染对员工影响	总体布局
25	压缩机厂房建议单独设置压缩机专用工装工具间，便于将常用工装统一放置	总体布局
26	余热发电烟道速开阀逻辑不清	余热发电

续表

序号	存在问题	问题归属
27	电厂停产后，排烟道背压升高，目前西二线为20mm H_2O，西三线为35mm H_2O左右，影响燃机整体性能	余热发电
28	电厂停产后，引气烟道上的爆破片爆破后排量不够、排放方向设计不合理	余热发电
29	三线速开阀控制系统可靠性过低	余热发电
30	压缩机厂房上面及烟道主管段在空滤上方，大风天部分外保温层脱落严重，保温棉漫天飞舞，掉落后存在意外砸伤的员及触发ESD、损坏设备等风险	余热发电
31	西二线主滑油油冷器换热流道被鸽子粪堵塞	余热发电
32	烟道设计理念不正确	余热发电
33	噪声污染	余热发电
34	鸽子粪腐蚀压缩机厂房及空滤风道	余热发电
35	锅炉经常发生异常排气，干扰到作业区正常的生产运行判断。	余热发电
36	安装的防鸟刺存在安全风险	余热发电
37	引气管整体钢结构存在安全风险	余热发电
38	余热汇管钢结构及操作平台冬季化雪后结冰，形成冰凌，存在安全风险	余热发电
39	余热发电烟道钢结构爬梯高度超过20m，中间未设置休息平台。爬梯太窄，上下不便	余热发电
40	电厂排气易结霜，对机组造成影响	余热发电
41	烟道及操作平台钢结构未做防火涂料	余热发电
42	烟道设置路径影响1个高杆灯升降	余热发电
43	烟道施工材料及质量不高，影响站容站貌协调性	余热发电
44	电厂人员进入我方区域施工、检维修，增加作业区管理工作量	余热发电

1.1 问题分析

1.1.1 问题分类

将压缩机厂房相关问题进行了归类，大致分为总体布局、检测监视设施、建筑本身、通风系统、电气系统、消防系统等，如图1所示。

各类问题对安全生产都造成了一定的影响，其中建筑本身和总体布局对压缩机厂房的使用影响较大。

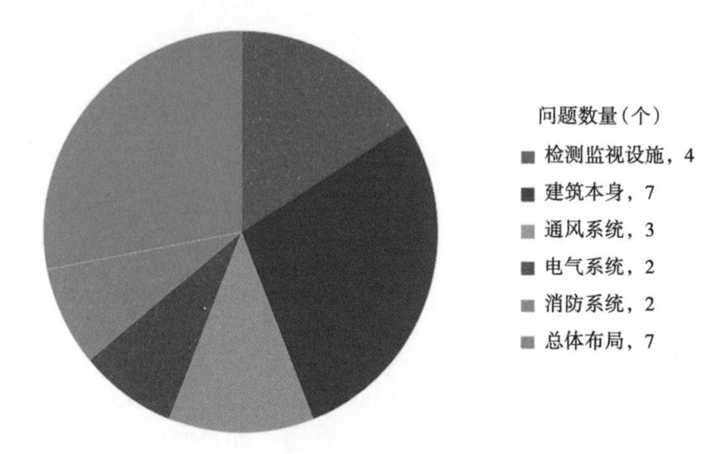

图1　压缩机厂房问题数量分布图

1.1.2　问题原因分析

（1）设计时未充分考虑后期的需求。

设计主要从实现站场功能和经济性出发，虽然结合了部分运行建议，但仍对后期使用考虑不够充分。

未充分考虑设备设施老化问题。如霍尔果斯首站西二线压缩机厂房一周屋顶排水管最初采用 PVC 管，风吹日晒后老化碎裂，后期更换为不锈钢的排水管，后期投入远高于建设初期节约的排水管材料费。厂房屋顶采光板采用玻璃钢，长期风吹日晒后，粘贴玻璃钢的胶老化，致使部分玻璃钢脱落、厂房漏水。埋地消防水管线易腐蚀穿孔，遇到该问题时需采取开挖换管方式处理，目前霍尔果斯首站压缩机厂房内消火栓对应的一段消防水管线埋地，后期需维修时要破开地面进行施工，施工不易且恢复后的地坪与原地坪不一致，破坏厂房整体视觉效果。

未充分考虑现场巡检、故障维修需求。压缩机厂房屋顶有一定的斜度，人员上去检查轴流风机时需要踩在屋顶上且无防护设施，尤其是出现故障时，需要拆卸 100 多公斤重电动机，屋顶的承重能力是否满足要求需要进一步核算。压缩机厂房内照明安装在屋顶下约 2m 位置，距离地面高度超过 12m，照明效果不佳，投产后无法进行日常检查和维修，后期故障后只得重新在厂房一周的墙上约6m高位置重新架设防爆照明设施。霍尔果斯首站西二线压缩机厂房火焰探头周围均无操作平台、西三线压缩机厂房北侧火焰探头无操作平台，探头距离地面高度约8m，每年的例行检定和故障维修时需要临时搭建脚手架作业平台，可燃气体探头安装位置也存在类似问题。机组进行25K保养或更换GG时，工器具摆放、GG移动等空间需求较大，目前压缩机厂房内机组之间间距偏小，25K保养等大型作业时操作空间有限。

未充分考虑突发情况下的抢修需求。在霍尔果斯首站西二线压缩机厂房南侧阀组区，此问题尤为突出，主要为压缩机进出口汇管防喘汇管、后空冷汇管之间间距过小，断管、焊接、检测空间狭窄，遇焊缝裂纹、泄漏等突发事件时，抢修困难，另外也无法满足站内管道常规定期检验时部分射线检测作业全覆盖；压缩机进出口阀组区布局不合理，未预留行车通道，抢修车辆无法进入该区域。

未充分考虑运行时人员生活的需求。站场生活区域紧邻生产设施建设，压缩机运行时噪声较大，对生产运行区域人员的办公和生活造成一定的影响。

未充分考虑后期日常管理的需求。压缩机组涉及专用工装、常规工器具较多，压缩机厂房布局时留了一块区域摆放，没有考虑设置一个专用小库房摆放价值较高的工装。压缩机厂房内设置工业电视可以强化对厂房内设备的监管，霍尔果斯站压缩机厂房内存在工业电视无法全覆盖、清晰度不高等问题。压缩机厂房内机组配套设施应分离建设，如机组燃料气加热器、干气密封加热器控制柜建议移到低压配电室，与作业区其他电气设施集中管理。

(2) 设计时未考虑季节影响。

霍尔果斯站西二、西三线压缩机厂房内消火栓刚建成时没有伴热和保温，消火栓冬季也需保压，冬季紧贴厂房墙壁的消火栓存在冰冻和冻裂风险。厂房北侧排水管由于背阴，温度较低，冬季常结冰排水不顺畅；另外厂房北侧冬季排水，由于无阳光，水不蒸发，引起北侧空冷区域大面积的地表结冰，人员从逃生门出去及日常巡检时容易摔伤。现有地沟通风系统只有厂房南侧，呈M型布局，夏季厂房内温度接近40℃，需要敞开大门和应急逃生门增加厂房内散热，期间杂物、小动物、风沙容易进入厂房，间接影响机组安全运行。

（3）建设周期不一致的影响。

压缩机厂房与余热发电厂房属于不同时期建造，由于空间限制，易出现余热发电设施结构基础深度不够，设施相互影响的情况。压缩机厂房作为生产核心区域，应少建设与核心设备功能不一致设施，霍尔果斯首站西二线压缩机厂房建设时曾有配套的小型余热锅炉，其作用为利用压缩机部分余热，换热后为站场供暖，因此在厂房内建了部分烟气管道，由于余热锅炉可靠性较低，换热效果不佳，最终耗费大量人力拆除了该套设施。

（4）选型、材质选择以及施工质量问题。

材质的选择应具备良好的适应性和耐久性。目前厂房的配套设施施工在选型、材质选择以及施工质量方面存在一些问题。霍尔果斯首站西二线压缩机厂房原有大门就存在强度不够、大门没有导轨问题，尤其是迎风面的大门更易损坏开关异常，后期根据现场需求更换为强度高、有导轨固定的大门。厂房钢结构无论是厂房内还是室外的，均易出现不同程度的起皮剥离脱落，厂房钢结构尤其是上端，距离地面高度超过 10m，维护困难，且维护时需顾忌对运行机组的影响。钢结构防火涂料选型时应选择耐久性和防火性好的材料，在施工时尤其需严格按照材料说明书进行，重点关注基底处理、涂刷厚度和固化时间。

1.2 不同形式厂房的利弊

目前国内压气站场采用多台压缩机组在同一厂房中形式，而中亚天然气管道采用的每台压缩机组一个单独压缩机厂房或双机一厂房形式，利弊比较见表 2。

表 2 多机同厂房与一机一厂房利弊比较

比较内容	多机同厂房	一机一厂房
经济性	1. 只需建设一个厂房，厂房总面积可控制在合理范围内。 2. 多台机组可共用厂房内通风、行吊、消防等设施	1. 厂房建设成本增加，需要建设多个独立厂房，厂房总面积大幅大于多机同厂房形式，征地费用及难度加大。 2. 压缩机组厂房配套的设施需要成倍增加，如厂房通风系统、行吊

续表

比较内容	多机同厂房	一机一厂房
安全性	1. 连锁逻辑为可燃气体探头 12 选 2 厂房 ESD，火焰探头 32 选 2 全站 ESD。 2. 厂房内出现爆炸、火灾等情况时对周边机组影响较大。 3. 压缩机组检修时噪声影响大，不利于职业病防治	1. 分开建设后，单个厂房内探头数量减少，ESD 逻辑具备将厂房 ESD 优化为单机 ESD 的可能性，可以提高管道系统整体平稳性。 2. 厂房内出现爆炸、火灾等情况时对周边机组影响较小。 3. 检修时噪声干扰小
管理难度	1. 厂房面积较小巡检时路线简单。 2. 厂房内有涉及打磨等维修工作时管理不方便	1. 厂房面积较原多机一厂房形式大幅增加，巡检内容及路线增加。 2. 附属设施维护工作量增大。 3. 干气密封增加系统 booster 布局需要优化。 4. 对于像首站或枢纽站等重点站场，有利于管道平稳运行

综上所述，压缩机厂房形式的选择需要综合考虑投资成本、管道整体运行效能、征地难易程度等因素。

建议对于像首站或枢纽站等重点站场选用一机一厂房形式，提高管道整体运行效能。对于启机频次不高的中间站场建议采用双机一厂房。对于场地面积受限或征地困难的区域，采用多机一厂房。

1.3 余热发电影响分析

1.3.1 对机组运行的影响

余热发电相关速开阀对机组运行存在一定影响。霍尔果斯站曾出现因余热发电速开阀故障导致机组停机的事件，经深入分析，确定根源为烟气速开阀逻辑不清、速开阀控制系统可靠性过低。由于余热发电烟道爆破管道截面积设计过小，不能满足机组烟气排放要求，遇速开阀异常关断情况时，机组排烟不畅，动力涡轮排气迅速升温 100℃左右，引起机组停机，并且存在动力涡轮反向窜动风险，威胁径向轴承轴封、止推盘以及干气密封等核心部件的安全。

1.3.2　安全风险分析

余热发电设施一般由民营企业进行投资，出于节约成本等因素，其对于工程质量设计要求及安全方面标准较低，施工质量不高；另外，由于余热发电建设时类似借鉴意见较少，余热发电设施与压缩机厂房相互之间的影响分析不全面。

标准不一致引起的安全问题。如站场设施的钢结构均按照防火标准涂刷防火涂料，而余热发电相关的钢结构均未做防火涂料。作业区生产区室外均采用防爆配电箱，而余热发电部分站场内设施在最初设计时采用非防爆配电箱，经交涉后才改为防爆配电箱。

脱落、坠落等带来的风险增大。目前霍尔果斯首站余热发电烟道爆破片排气口在空滤上方且垂直朝向地面，一旦爆破后有两大隐患：一是容易损坏压缩机组的附属设施；二是易造成周边人员受伤。烟道外保温层固定方式不合理易脱落，霍尔果斯首站的余热发电烟道遇到5级以上大风时多次出现脱落情况，保温岩棉飘落到空滤下方，吸附到机组进气空滤上；飘落的大张外保温铁皮对室外仪表、电气等设备设施及人员安全造成威胁。目前部分烟道保温铁皮上安装了防鸟刺，属于后加的设施，固定在铁皮表面，存在脱落风险。

1.3.3　其他影响分析

余热发电一般紧邻作业区而建，其锅炉排气在高点，对场站造成极大的噪声污染。以霍尔果斯首站为例，建设时余热发电未装消音装置，在作业区生活区测量的噪声超过90dB，异常排放时噪声超过100dB，2018年经交涉后增加了消音器，但噪声仍超过60dB，噪声对人员听力、工作效率、身心健康造成一定影响。

对于后建的余热发电项目，由于压缩机厂房及其他设施在设计时未考虑余热发电设施建设的场地、烟道路径等，余热发电建设时对先建设施造成了一定的影响。如烟道设置路径影响个别高杆灯升降；烟道相关钢结构基础因空间布局限制对埋地设施造成影响，如霍尔果斯西二线余热发电烟道钢结构基础对压缩机油冷埋地管线造成挤压。

影响站容站貌。烟道施工材料及质量不高，烟道保温铁皮变形、锈蚀、脱落、污损等导致其影响站容站貌，在典型站场该问题尤其突出。

2 其他相关建议

（1）充分考虑现场管理需求。今后建设类似余热利用项目，设计阶段应充分考虑运行需求，多角度论证对比。在设计阶段可以根据地区特点，充分征求该区域内主要、典型的站场运行人员的意见、建议，尽可能地将后期运行需求、出现过的问题结合到设计中，减少后期重复建设、频繁改建问题。

另外，运行人员工作生活将伴随压缩机厂房的整个生命周期，从健康需求角度出发，对于压缩机厂房与生活区的位置，建议在噪声污染方面给予更多的考虑，在布局上尽量科学合理。

（2）联合同步设计。在站场设计阶段时，余热发电项目应与站场其他生产设施同标准同步设计，统筹考虑，在设计阶段解决大部分余热发电相关的问题和影响。

（3）厂房材质选型应考虑到后期维护难易，施工质量的监管需要及时跟进。设备设施，尤其是电气、仪表、机械类设施，需要定期进行检查维护，设计时需要充分考虑建成后设备周期性的检查维护是否便利，条件允许时从周期性检查维护角度出发在压缩机厂房内增设部分设施。同时在设施、物料的选择上，建议需要选择可靠性高的产品，例如：新疆区域压缩机厂房的钢结构夏季温度超过 40℃，冬季温度局部可低于-20℃，厂房钢结构配套的涂料、地坪漆等需要在型号上严格筛选，尤其是在常年不间断运行的站场，需提高选型等级、严格施工监管，减少后期维护工作量。

压气站场配套压缩机组需求技术分析报告

葛建刚　曾令山

摘　要：西气东输一线的建设，开启了我国在管道天然气输送行业大规模应用大型压缩机组的时代。10多年来，我国先后引进的国外压缩机组从往复式到离心式，从燃驱到电驱，从基本型到改进型，品牌多，种类全。最近几年国产压缩机的研发应用步子也迈得很快。本文仅从方便运维的角度，探讨什么样的压缩机更符合我国当前的天然气管道输送业务发展需要这个业内人士十分关心的问题。

关键词：压缩机组；配套；燃驱；电驱

1　概况

西部管道公司作为当前国内管理管道里程最长、运行大型压缩机数量最多的专业输油气公司，目前所辖机组包括西一线13座压气站35台机组、西二线西段14座压气站46台机组、涩宁兰5座压气站13台机组、轮土线新增2座站场10台机组（其中轮南站、孔雀河站与原西一线站场为合建站，库米什站、吐鲁番站为新建压气站，一期3台机组，二期7台机组）、西三线西段与二线合建站新增47台机组（其中GE燃驱机组7台，电驱机组8台），合计共34座压气站151台大型离心压缩机组。

在以上151台机组中，燃驱机组101台。其中，GE公司PGT25+SAC/PCL800系列燃驱机组56台，西门子公司RB211/RF2BB36系列燃驱机组29台，Solar燃驱机组13台、703所国产燃驱/沈鼓离心压缩机组3台。其余50台为电驱机组。其中，TMEIC/PCL800系列机组17台，TMEIC/H1156沈鼓机组3台，TMEIC/德莱赛兰机组11台，西门子/RF3BB36机组2台，国产电驱/

沈鼓机组 17 台。沈鼓离心压缩机与 TMEIC 电动机配套生产的燃驱压缩机组。3 年来，连同在西三线烟墩站成功应用于工业生产的首台燃驱机组，沈鼓离心压缩机在西部管道公司已经达到 23 台。压缩机组来源构成及构成比例如图 1、图 2 所示。

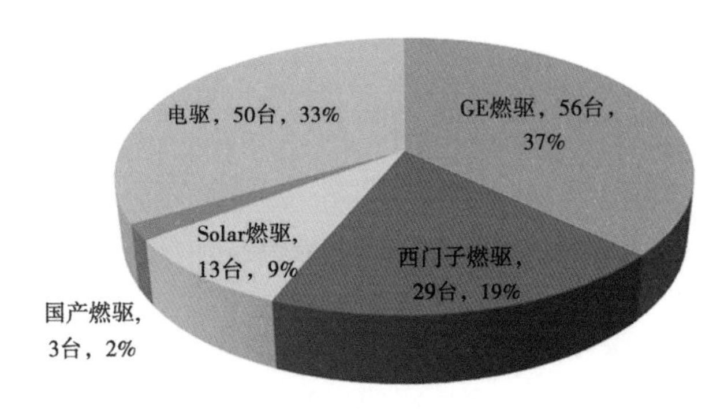

图 1　压缩机组来源构成比例

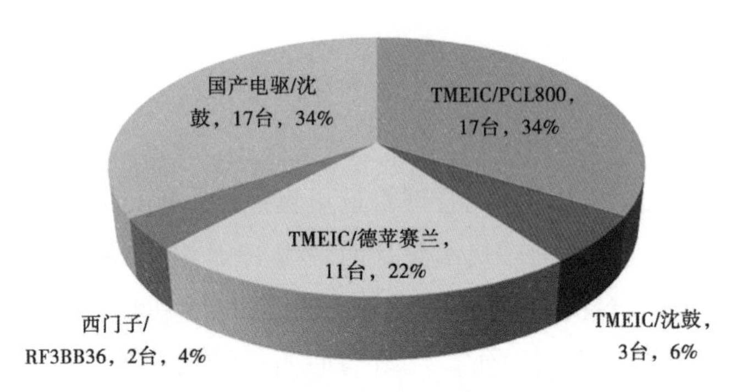

图 2　压缩机组构成比例

独山子输油气分公司所辖霍尔果斯、精河、乌苏三座压气站，均为西二、西三线合建站场，所辖共计 21 台离心压缩机组，其中 GE 燃驱机组 11 台，西门子 RB211 燃驱机组 3 台，GE/TMEIC 电驱机组 4 台，沈鼓/上电/上广电国产电驱机组 3 台。

自 2010 年 7 月西二线霍尔果斯首台机组投产运行以来，截至 2019 年 3 月 1 日，所辖机组总累计运行时间已经达到 34×10^{4}h，其中国产电驱机组累计运

行时间 2.5×10^4h。经过不懈努力提升，机组关键考核指标逐年大幅提升，2018年度机组平均无故障停机间隔时间已经达到5560h，远远超过OEM厂商一般的国际运行考核指标。

2 典型压气站压缩机组运维中存在的主要问题

自2010年7月西二线霍尔果斯第一台压缩机投产为起点，就开始源源不断为整个西二线天然气运输提供持续动力，历经十年的运行、检修、摸索、总结。独山子分公司所辖21台压缩机组在运维中，因设计、现场安装调试、运维等各方面原因，出现了一些较为典型的故障及缺陷。通过对现有的故障进行总结，从压缩机组本体及配套设备可靠性进行对比分析，择先选优，对现存的问题提出改进、优化，通过对标选择我们所适应于天然气管道行业的压缩机及辅助设备。

在机械问题方面，主要集中在设备本体质量、投产安装质量问题。RR压缩机进出口管线运行中存在较大硬力，导致平衡气管线螺栓缺陷问题，长时间内只能定期更换平衡管线法兰螺栓，直到通过管线无硬力安装项目彻底解决问题；西三线霍尔果斯站压缩机组投产测试中离心压缩机入口隔板紧固螺栓断裂严重损坏叶轮及隔板灾难性设备故障，通过4台压缩机抽芯检修，消耗半年时间，才能解决问题；因上游天然气气质因素，防喘阀发生过多起卡涩，最后只能拆检修复；GE机组因油雾分离器故障频繁，导致油箱压力高报警，触发多起压缩机故障停机，通过优化电动机与风机连接方式消除隐患；GE燃机16级叶片出现过两次掉块，叶片存在本体质量缺陷，当燃机停运后，燃机机匣外壳与叶片冷却速率不一致问题使叶片叶顶间隙安全距离存在较大隐患，运行中只能避免燃机热启，并定期对13~16级叶片进行孔探检查；电驱机组在投产初期，水冷却系统存在管线密封不严，循环水泵本体及电气回路缺陷，管线阀门设计密封不严，水塔盘管漏水等诸多问题，通过多次的专项隐患整改，才确保冷却水系统的平稳运行。天然气管线泄漏点主要集中在干气密封装置管线、针阀，天然气管线阀门阀杆泄漏。主要由于针阀、阀门长期频繁动作、密封失效引起，加之管线振动较大，也加剧了密封点的失效。润滑油系统管线泄漏也是个老问题，主要集中在GE机组振动、轴承温度探头线缆接线盒，GE燃机润滑油管线卡套，沈鼓压缩机接线盒、轴承端盖，上电电动机轴向向密封面等。

在仪表控制方面，主要集中在现场安装及后期运行控制件老化问题。仪表信号跳变主要集中体现在箱体航空插线缆因得不到较好固定，受大风、振动影响，插头连接处存在虚接可能，采取了固定支撑方式进行有效固定；GE 机组箱体通风排气道 3 个可燃气体探头易发生零点漂移现象，需定期校准。RR 机组进、排气风机迪创可燃气体探头故障率较高，单个探头故障触发机组停机。采取定期标定，RR 机组采取了二选二故障输出优化；I/O 模块损坏主要体现在 GE 机组的 MTL8000 模块、RR 机组 1794 模块，故障原因主要受产品质量缺陷及高温运行环境影响，采取冷却通风及产品升级替换进行了整改；GE 控制器运行多年后，断电重启后损坏率极高，更换控制器后，故障才得到解决；GE、RR 机组燃调阀故障也居高不下，易出现阀体卡涩、控制器失效等问题，现场采取机械复位、更换控制器处理。GE 恩创交换机运行过程中出现丢包现象严重，故障率较高，通过采用华为交换机替换，解决了隐患问题。

在电器类故障方面，通常发生电气故障问题时，表现的现象直观明了，易于察觉与故障排查。机组控制电源系统及回路采用双冗余设计，可靠性较高，GE 机组燃料气加热器在机组启运过程中，易出现温度高自动切断运行，需在现场及时复位运行，温控调控范围较窄；GE 燃驱压缩机箱体通风电动机功率设置偏低，引发箱体温度较高，且易受电网波动影响，后通过增加抗愰电装置以及修改电动机变频器设置，大大降低了电动机故障频率；引发机组停机矿物油电加热器投产初期因本体质量及工艺运行设计缺陷，加热器壳体渗油、局部温度过高引起结焦现象，最后只能采取整体更换；电驱机组投产初期，电气问题较为突出。变频器低压配电柜内继电器触点氧化问题，循环水泵回路断路器设置存在缺陷问题、变频器控制板故障，采取优化及更换处理后，效果很好。

从机组关键故障原因来看，产品质量缺陷是导致设备关键故障的主要原因，其次，设计缺陷也占有较大因素，设计存在不足，对失效风险评估不足，加之后续运维不到位导致的关键故障失效率较高，后续也采取了大量的替换处理及技改优化工作，机组设备初始安装质量方面的不到位，对设备的安全运行也构成较大威胁。从机型上看，GE 压缩机组相比 RR 机组有更多仪表线缆、控制柜，仪表联锁较为复杂，易出现仪表信号丢失、控制模块失效等故障，GE

机组故障率要偏高。

3 压缩机组的配套需求

作为典型压气站场，到底需要一台什么样的压缩机组，通过以下几个方面对10年的运维进行分析和总结。

3.1 总体布局

3.1.1 压缩机组功能设施布局

燃气轮机压缩机组应包括：单燃料的燃气轮机，离心式压缩机组，橇体和箱装体，进气和排气管道，排气消音装置，标准的控制和启动系统。

燃气发生器辅助系统包括防冰系统、排气系统、控制系统、燃料系统、启动系统、润滑油系统、压气机清洗系统和抽气冷却系统。压缩机机组辅助系统包括振动、轴向位移和轴承温度监测系统，干气密封及控制系统，矿物油系统，防喘振控制系统，压缩机组控制系统。

（1）燃气轮机燃烧室燃烧产生的高温、高压气体推动动力涡轮转动，通过联轴器带动压缩机转动，压缩机转动将天然气压缩并提供动力输往下游。燃气轮机安装在箱体内，布置应考虑充足空间用于室内检修及大修吊装。

（2）合成油润滑油系统将润滑油供给轴承、齿轮和传动花键等摩擦、啮合发热的地方，起润滑和散热的作用，另外也作为可调导叶作动筒的动力油。合成油箱应布置在箱体外部，节省空间，管路布局应当考虑检修作业空间。

（3）燃料系统用来处理，储存燃料的设备，管路和附件，以及将燃料供入燃烧室的设备，仪表和控制元件等构成一个完整的燃料系统。燃料气系统由燃料气辅助系统及进入燃烧室前的控制调节系统两部分组成：第一部分对燃料气进行净化、调温，第二部分为燃料气流量调节装置及燃料总管和燃料喷嘴。燃料气系统管路隔离阀、燃调阀应布置在厂房外部，便于空间检修。

（4）启动系统，采用液压启动器，在燃机点火前，通过电动机提供动力，产生高压液压油，通过液压马达、转动轴推动燃机转子旋转使得燃机转子机械性能充分磨合，到达一定转速后，燃机点火，液压系统自动脱开。启动系统电动机应布置在箱体外端，便于电动机及管路检修。

（5）涡轮控制系统，燃气轮机调节控制系统应提供燃气轮机按程序的安全起动，提速，加载或负荷调节，程序停机，程序化，控制，保护和运行信号的监测。必须使燃气轮机按压缩机的运行要求进行调节和控制。

（6）涡轮冷却和封严气系统，机组在运行过程中需要对动力涡轮轮盘进行冷却。需要对动力涡轮轴承密封提供密封空气，需要对防冰系统提供热空气，需要对液压启动机离合器提供封严气，所以机组需要涡轮冷却和封严系统。

（7）空气进气过滤器及排气系统，提供清洁干净空气，为燃机提供燃烧所需助燃气体，同时提供燃机封严及冷却气体，燃烧产生的高温、高压气体做工后，通过排气系统排入大气。外围空滤装置设置高度应便于检修，装置端盖需设置严密的防水装置。排气系统应设计成包括至少 2 个成监测排气污染的取样口。

（8）箱体通风和燃气检测系统，箱体通风的目的是用冷却或低温空气来置换箱体内的热空气，达到降温和消除隐患的目的。通风系统要求能用少量空气，具有较高的通风效果。在进气与排气端设置可燃气体检测探头，用于检测通风系统可燃气体含量，确保燃机箱体内的防爆要求。

（9）消防系统，主要设置二氧化碳装置、箱体火焰探头、温升探头，箱体内出现明火时，探头检测到信号，触发二氧化碳，确保消防要求。

（10）水洗系统。燃气轮机所吸入的空气虽然已经经过过滤处理，但是仍然避免不了有细粉尘随空气一起进入燃气发生器压气机。这些细粉尘会在压气机叶片表面上贴附，积聚；在工作一段时间以后，叶片表面上会积聚相当多的粉尘，从而使叶片流通面积减少，吸入的空气量亦会减少，为了使压气机的性能得到恢复，采取清洗的方法将叶片表面的积垢清除掉。

（11）矿物润滑油系统，本系统提供经过冷却、过滤后、合适压力和温度的矿物润滑油，为动力涡轮的前、后轴承和止推轴承提供润滑油。为压缩机的前、后轴承和止推轴承提供润滑油。为压缩机主滑油泵传动齿轮箱提供润滑油。

（12）压缩机封严气系统，本系统向压缩机两端的封严机构提供过滤后的密封缓冲气体，以防工艺气体从设备逸出。主要在压缩机两端设置干气密封装置及配套仪表系统。干气密封利用流体动压效应，使旋转的两个密封端面之间不接触，而被密封介质泄漏量很少，从而实现了既可以密封气体又能进行干运转操作，因此广泛使用于离心压缩机、轴流式压缩机。

（13）天然气工艺系统，通过进出口管路，将压缩机连接，主要有进口、出口、防喘管路组成，管路设置隔离球阀及进口加载阀管路，接近压缩机端进口管线设置滤网，用于防止异物进入压缩机。当压缩机进口流量不足，防喘管路开启，通过循环补充压缩机流量，避免压缩机发生喘振。

3.1.2 压缩机控制系统布局

（1）压缩机组及其辅助系统应配备安全、可靠、平稳、高效地全自动运行的监控系统（UCS）。该系统应包括所需的检测仪表和控制设备，应完全具有进行压缩机组启动、停车、监视控制、连锁保护、紧急停车等功能，同时应可靠地与 SCS 系统进行信息交换。

（2）控制和保护系统的功能包括：防喘振控制系统的控制原理和实现方法；压力/流量控制；速度控制及保护停车；机组机械状态监测和保护停车；机械故障诊断及分析系统；机组启动/停车控制系统、辅助系统控制及保护停车；FGS（火灾和可燃气体监测系统）。

（3）压缩机组控制系统尽量整合由单一主控制系统实现启停机、加减负载、安全保护、防喘振控制以及干气密封、润滑油、燃料气等辅助系统的有效控制，减少了不同系统封装后的拼接环节，便于系统考虑驱动机与负载压缩机、机组本体与辅助系统的相互功能衔接与各自设备边界条件的合理控制，减少了不同系统间配合中存在的各类风险。

（4）基于兼容性、通信稳定性和维护便利性考虑，建议机组主控制系统与辅助控制、ESD 控制、消防控制和负荷分配控制等子控制系统优先选用同品牌、同型号 PLC 软硬件。主控制系统与子控制系统要统一，要选用目前主流的 PLC，主控制系统应实现冗余配置，无扰切换。

（5）机组控制软件授权包括程序应全部向用户开放并设置不同权限，便于后期故障处理；

（6）减少现场、远程机柜设计，现场设计接线箱，信号统一接入机柜间，机柜采用密封良好，柜内设置温控风扇；

（7）HMI 上位机软件必须安装开发版，便于后期进行画面组态修改。操作员站电脑必须安装杀毒软件并可定期升级病毒库；

（8）HMI 报警系统应进行分类，可分为事件及报警两类，报警可进一步分为一般报警与停机报警。报警应进行合理分级，各项数据应在运行、热备、冷备状态下合理报警，不应一个数据报警设置适用三种状态。

（9）上位机实时数据服务器具有至少存储 72h 数据（带时间标签）的能力，历史数据存储不应少于 6 个月。机械状态监测系统服务器应至少能够存储 1 年的机组机械状态检测数据。

（10）ESD 安全保护系统的任何动作或故障均应被永久地记录并带有时间标签；建议机组控制系统必须要有 SOE 功能。

（11）主控系统与子控制系统网络尽量使用相同通信协议，通信网络必须冗余配置，通信网络采用双网冗余，通信交换机必须具备防网络风暴功能，网络可组成环网，提高网络通信稳定性。

3.2 设备本体

3.2.1 燃机本体（燃气发生器与动力涡轮）

（1）采用单轴、双轴模式均严格按照燃机整体设计，通过多年应用总结形成，不建议对该模式进行强制要求，但新建项目应避免盲目多型号引入，应尽量保持现有机型的统一，同一站场杜绝配置较多不同类型机组的组合模式，减少运维难度。

（2）燃机应根据结构设置合理的孔探检视口，确保能够完成所有做功级的有效目视检查，同时，应设置合理的手动盘车接口及配套工装，简化孔探保养等作业难度。

（3）对于采用多级可调静子叶片的调节级，执行机构轴承等传动部件建议采用可靠的带存油槽的注脂型式。

（4）可变导叶位置反馈建议优先选择驱动静子叶片动作的制动臂或池环等部件的旋转角度反馈，确保反馈的真实性。

（5）燃机增加停机后慢转速盘车设计，消除机匣与转子温差应力，防止转动件与静止件的磨损。

（6）动力涡轮轴承温度设置备用探头。

（7）燃机后续选型应充分考虑环保政策预期，并结合现有输气站场实际负荷变化特点，改变原有单纯按照额定输量确定功率的模式，采用大、小功率不同机型配置，提高设备利用率和燃机整体运行效率，保证运维成本最大化改善的同时，也保证燃机低排放的运行负载满足要求。

（8）箱体内航空插头及线缆应设置有效固定支撑，必要时在箱体内部设计转接板或接线箱，便于后续的维护更换。线缆应设计为耐高温材料，所有线缆及管线存在搭接地面需做特殊防护。外带铠装软管保护的线缆，软管内面应平滑，避免使用波纹等设计，防止摩擦线缆损坏。

（9）燃机橇装进行合理分拆，将燃气发生器润滑油系统、启动系统（气动或液压驱动）、燃料供给系统及相应运行压力、温度等测点尽量采用箱体外布设，方便系统检修维护。

（10）优化燃机部件防静电累积释放措施，取消不必要的静电接地杆等外部辅助设备，最大限度提高燃机可靠性，消减潜在风险。

（11）高压压气机防喘振裕量调节的放气阀放空气路明确进入动力涡轮排气通道，杜绝箱体内排放对于箱体温度的不利影响。

（12）新建项目燃机软硬件设备应保证与前提设备设计一致性，不建议盲目增加不同机型，保证机组机型的相对集中，减少后续运维备件及降低对人员素质的过高要求。

（13）改进燃料气喷嘴焊接工艺，不建议采用现场无法有效检测完好状态的钎焊工艺，提高备件可靠性。

（14）箱体内空间较狭窄，燃机橇底部附件较多，维修空间不足。燃气发生器、动力涡轮及配套的电驱启动系统、燃机润滑油泵、过滤器等均布置于燃机箱体内，箱体内空间狭小。

（15）建议模拟箱体内的温度场，设置可靠的冷却方式及风量。箱体内照明系统应采用LED。

（16）动力涡轮排气蜗壳及烟道保温层宜选用耐高温的保温材料。

（17）燃机引气管线连接方式应避免采用卡箍，应选用法兰、软管等进行连接。压气机排气软管应设计牢靠，两端连接方式应密封良好。

（18）机组各单元控制系统尽量统一，减少衔接中存在的风险，提高整体可靠性并降低备件运维费用。

（19）根据输气站场工业应用环境，对燃机控制逻辑进行合理的简化优化，减少过于复杂的安全保护。

（20）机组监控组态，具备调取和查看历史趋势功能，历史数据采集的时间改为 0.5s 记录一次。增加 TRIP 报警首先出现功能，跳机前后的数据需保留各 5min 的、采样周期为 10ms 的历史数据。

（21）所有可燃气体探头、火焰探头需单独供电，不能与其他设备共用一路电源，确保消防设备的稳定性。

3.2.2　高压电动机

国产电动机在输出功率、电动机效率等方面与 TMEIC 电动机相近，但在电动机整体设计、轴承系统、冷却系统设计及运维检修等方面，仍存在一定差距。

（1）空气吹扫装置。后续电动机空气吹扫系统采用电动控制，提高稳定性。

（2）电动机轴承顶升系统。TMEIC 优化设计，无须配置顶升油系统，系统结构及可靠性大为简化。上电电动机投运后，经数据分析，优化了控制逻辑，取消了顶升油泵必须持续运行的控制逻辑，改为最小负载转速后停运顶升油泵。优化国产电动机轴承设计，取消顶升油系统。

（3）冷却风扇。上电电动机自身未设置冷却风扇级，机罩顶部额外设置 4 台冷却风扇，哈电及 TEMIC 电动机主轴均自带一级冷却风扇，结构得到简化，后续运维更为便捷，运行成本相应降低。取消外置冷却风扇，采用电动机主轴自带冷却风扇的设计。

（4）低速盘车。机组正常启机过程，上电电动机要求在 1200r/min 的低转速下保持 30min 低速盘车，但 TMEIC 启机过程中无须低速盘车，相对启机速率更快，启机过程中能耗更低，且消除了长时间低速盘车导致压缩机持续回流导致防喘振阀卡涩的风险。优化国产电动机转子设计，取消启机过程中的低速盘车逻辑。

（5）电动机单试的振动监测。国产电动机仅要求对轴承振动进行监测和控制，对于电动机基座、壳体振动不进行监测调整。建议国产电动机提高现场验收测试技术标准，同步进行轴承与基座的振动监测与调整。

（6）电动机联轴器护罩。主电动机与励磁机连接转动存在裸露，应做防护罩。电动机轴承端盖底座密封不严，润滑油泄漏严重，且不利于漏点处理，底座密封点应设计专用密封圈，或是成橇安装。

（7）电动机轴承供油采用压力变送器监控保护（三取二），取消油流量保护。

（8）上电电动机回油管路未设计呼吸阀，油气无法及时排放，造成回油不畅，现场油气泄漏严重。上电电动机回油管路增加呼吸阀设计。

（9）电动机专用工具。国产机组未提供电动机检修所需专用工具，后续运维检修困难。TMEIC 每站均提供一套完整的电动机检修专用工装，细节方面更为到位。补充完整的电动机检修专用工装。

3.2.3　高压变频系统

目前国内变频器，在技术上、设计理念及可靠性方面，还需要完善以下几个方面。

（1）应优化产品结构，降低变频器设备尺寸。

（2）采用电压等级高、额定电流大的逆变单元元器件。

（3）国内厂家研制五电平结构变频器。

（4）在满足功能的情况下，尽量简化变频器冷却水系统设计。

（5）国产厂家优化板卡设计，提高板卡质量，有效降低控制板卡故障率。

（6）取消国产变频器进线开关，进口设备配备出线隔离开关。

（7）隔离变压器优先采用油浸式变压器。

（8）延续移相变压器二次侧电压和防止励磁涌流现有成功措施。

（9）进一步完善变频器控制系统报警监控功能，完善报警信息；控制系统完善，报警信息全面、准确，方便故障查找和分析。变频器的监控界面整合到压缩机监控主机，便于运行人员监控。

3.2.4　离心压缩机

国产离心压缩机整体技术水平与国外无明显差距，压缩机轴功率、效率等方面处于同一水平。部分设计细节国内具有一定优势，但在系统集成与配套产品管控与优化方面，略有欠缺。

（1）压缩机本体。

①机芯和端盖密封方式采取支撑环+“O”型圈的密封方式，加强端盖密

封性。

②端盖与壳体在外端面做定位标记，便于机组大修拆检定位。

③在转子两端轴端标记上方指示，与壳体做好定位标记。

④机芯配置底部滚轮，明确采用导轨拆装方式，便于压缩机抽芯作业。

⑤压缩机端盖必须预留干气密封二级供气通道，为后续站场采用氮气供给，提升系统的安全性。

⑥压缩机入口隔板与端盖间不得形成任何型式背压空腔，防止隔板承受高压，避免螺栓受力损坏。

⑦机组本体、干气密封各腔室设置排污管线，排污管接至底座边缘区域，排污管末端应安装球阀+法兰连接截止阀+堵头设置，并清晰标注。

⑧壳体内部取压时，外部取压导管与机芯壳体接触部位应设置密封，确保机壳整体的密封性。

⑨在径向轴承与隔离密封间设置挡油环，有效避免油气进入密封内部。

⑩压缩机顶部流量差压取压导管底部与筒体应采用密封，避免此处天然气堆积（存在壳体内部取压时，外部取压导管与机芯壳体接触部位应设置密封）。

⑪压缩机壳体进出口管线应采用两侧布局，一侧进，另一侧出，气流方向应一致.

（2）振动、轴承温度探头。

①轴承温度探头铠装增加金属护套，降低轴瓦挤压磨损风险。

②压缩机驱动端与非驱动端轴承温度、振动探头分别设置独立接线箱，提高维修便捷性。

③温度传感器的电缆线应抗卷缩、收缩和高温。从压缩机内引出的电缆应密封以防止润滑油沿电缆泄漏，同时也应方便维修时能取出。

④轴承压盖线孔通道处应采用与探头线缆数量相适应的锥形密封件，以消除润滑油泄漏，改进温度探头与轴承箱壳体的密封结构型式，延长密封锥体长度，应消除密封本体的备用穿线预留孔。

⑤压缩机驱动端与非驱动端轴承温度、振动探头、轴位移分别设置独立接线箱，提高维修便捷性；应在推力轴承主推、副推均应设置双温度探头。

（3）联轴器。

①联轴器优先采用膜盘联轴节。

②靠背轮和推力盘与轴的密封采用直接密封的方式，避免每次拆装都需要更换“O”型圈，降低“O”型圈损坏带来的风险。

③联轴器护罩结构型式予以优化，材质优先选择质量较轻的铝合金材质，降低检修拆装难度。

（4）防喘振控制。

①后续新建项目明确统一采用 MOKVELD 轴流式防喘阀，简化设备类型，降低后续运维难度及成本。

②采用更开放的防喘振控制算法，减少外部依赖。

③强化防喘振测试的校核，对于现场测试曲线与近似计算曲线出现较大偏差甚至曲线交叉的，必须重新开展防喘振测试。

（5）出口单向阀。按照中国石油国产化应用的大趋势及后续运维需求，建议后续优先选择新地佩尔（TREE）、NEWAY、科特等通过验收的国产化产品，进口产品则应优先选择经过验证的 MOKVELD 产品，避免新增品牌过多导致后续运维难度、成本增加。西二线 GE 机组采用 NOREVA 止回阀，由于结构设计存在缺陷，导致部分站场压缩机反转，干气密封失效。

（6）加载阀、放空阀。建议采用管线压缩机应用成熟的 Italvalv、NOREVA、Fisher 等阀门，加载阀及放空阀采用切断阀，避免采用结构复杂的调节阀。加载阀、放空阀管路设置限流孔板，控制冲压及泄压速度。

（7）入口过滤器。

①压缩机进口过滤器与进口短节配套完成工厂组对安装，保证径向配合间隙。

②进口过滤器短节不得开孔加装温度测点，避免对于过滤器安装的影响。

③进口过滤器采用成熟应用及验证的结构型式，骨架筋板厚度不得低于 6mm，支撑筋板厚度不低于 10mm，过滤器锥体端圆周均匀设置扁铁型式支撑板，并控制支撑板迎风面。

④进口过滤器必须统一厂家生产供货，结构强度试验压力不得低于 0.6MPa。

(8）进出口管线及机组定位。

①压缩机进出口管线无应力组对及机组定位；压缩机出口弯头处应设计止推支架，限制横向管段对压缩机出口管段的冲击。

②工艺安装设计过程中，应优先采用改变进出口管线的约束条件、增加弹簧支撑等增加管道柔性的方式，充分释放管线的热位移，降低机组运行过程中的应力。

③压缩机出厂前完成设备本体定位销铰孔，现场安装中做好基础预留工作。

④压缩机进出口汇管底部应保留排污导淋，压缩机进出口管线厂房外低点必须保留排污管线，不建议工程施工后切割封堵，管路需接入排污灌。

⑤应取消机组阀组进出口靠汇管段管线高点放空导淋设置，减小风险点。

(9）随机检修工具

①专用工装按照设备质量要求监造验收，并喷涂件号，细化工具清单与图纸，并配套详细的功能说明。

②采用导轨方式的专用机芯拆卸工装，简化作业难度。

③驱动端轮毂拆装工具参照 RR 机组的工具，体积小、重量轻，方便操作。

④拆卸端盖和机芯的专用工具需要设计强度足够的顶点位置和足够强度的螺杆。

⑤现压缩机抽芯平台设置过于简略，压缩机前端位置应设置专门基础平台，且工装设置专门机芯导轨。

3.3 配套辅助系统

3.3.1 润滑油系统

(1）矿物油系统。

①润滑油橇主辅泵均采用独立电动机驱动，不采用轴头泵设计，且润滑油泵采用卧式泵，与油箱分开布设。

②取消润滑油橇与压缩机底座平台一体化设计，与机组本体分布布局，且润滑油站采用低于厂房地面方式安装，油箱加热器采用顶部立式安装方式。

③取消应急油泵及 UMD 复杂设计，采用高位油槽实现应急供油。

④压缩机三级隔离气密封采用碳环密封，减少油箱油气量，取消油雾风机设计。

⑤过滤器滤芯采取中间“O”型圈密封的方式，出油口与排污口不得处于同一腔室，减少润滑油污染。

⑥润滑油管路系统应采用自力式调压阀、孔板限流进行调节压力。一寸以上管线尽量避免使用卡套方式连接，避免出现泄漏点。

（2）燃机润滑油系统。

①燃机润滑油系统设置应尽量简洁，减少配套设备数量，不建议选用2套系统的配置方式。

②采用独立电动机燃机润滑油系统，建议优先选择燃机箱体外独立成橇配置。

③合成油换热优先选择利用箱体通风换热方式，换热器设置于箱体通风通道前端，箱体通风考虑必要的换热裕量。

④燃机轴承封严气体建议配套停机状态下仪表风供气，运行中自动切换为燃机工艺空气的模式。

⑤动力涡轮应急状态供油建议优先选择高位油箱模式。

3.3.2 燃料气系统

（1）燃料气橇包括计量阀、切断阀、放空阀统一在燃机舱室外成橇布设，提高运维便捷性。

（2）空燃比控制应直接选择关键参数参与运算，并相应提高检测仪表测量精度等级及冗余量。

（3）优先选择燃机排气温度温升速率作为判断点火成功判定因素，减少不必要的外置检测仪表，降低误指示因素。

（4）燃料气过滤系统必须配套必要的脱液装置。

（5）不建议采用燃料气与合成油换热方式，建议优先选择封闭电加热方式保证系统安全性。

（6）合理选型燃料气计量阀，避免设计流量过大的阀门选择，并优化阀门诊断判断，杜绝阀门超行程卡涩风险。

3.3.3 燃机进气系统

（1）燃机进气设置湿度检测，结合无锡三元公司专利成果，科学监控湿球温度，有效控制防冰防霜加热空气流量。

（2）优化进气通道密封安装形式及材料，减少密封条老化泄漏风险及维修工作难度。

3.3.4 燃机箱体通风系统

（1）取消箱体风机变频设计要求，改型为定速轴流风机。

（2）根据燃机固有特点，箱体内设置箱体通风导流风道，集中通风冷却燃机后机匣高温部件，提高实际换热效果。

（3）采用经国外燃机成功应用的燃机壳体外保温材料，并对保温材料安装方式予以优化，提高现场拆装便捷性。

（4）箱体内设备布局应予以简化，减少对箱体通风冷却的不利影响。

（5）对于采用放气阀进行压气机防喘振调节的燃机，压气机放气应进入动力涡轮排气通道，避免箱体内就地排放。

3.3.5 燃驱机组消防系统

（1）采用经验证成熟的迪创尼克斯消防检测系统，延续原有系统可靠性与通用性，系统采用独立电源供电。箱体排风道宜选用适应温度较高的可燃气体探头，减小故障率。

（2）火焰检测探头选用可靠性更高的3IR型号；

（3）CO_2 气瓶配置在线实时检测重量显示功能，并设置低报警功能。

3.3.6 燃机水洗系统

（1）取消在线水洗功能，仅保留离线水洗；

（2）水洗装置配置电加热器，保证水洗液温度最佳；

（3）橇装配套，采用快速接头，便于操作。

（4）优先选择电动机驱动水洗泵。

3.3.7 燃机轴承密封

轴承封严气建议采用外供仪表风与自身工艺空气结合设计的思路，确保机组启停机阶段油气封严效果。

3.3.8　干气密封系统

(1) 压缩机端盖设计预留二级独立供气通道，新建项目机组利用西部管道二级独立供气技术成果，作为强制技术要求予以固化，保证二级独立供气并增加有效监控仪表、联锁，三级采用耗量更低的合格氮气，根本上提高管道压缩机干气密封工作可靠性，降低仪表风耗量，改善润滑油工作环境，降低氧化速率。

(2) 配套干气密封采用带中间梳齿密封的串联式结构型式，在满足运行可靠性的前提下，优先选择硬对硬的摩擦副配对型式的密封，减少密封一级泄漏天然气量。

(3) 驱动端和非驱端一级放空管线分开布设，采用二级独立供气结构后，取消一级放空背压控制的设计。

(4) 隔离密封，现采用铝合金材料梳齿密封，间隙加大，密封气耗气量大，且造成矿物油箱压力高。应采用碳环密封，减小密封气耗气量。

(5) 压缩机端盖设计预留二级独立供气通道，干气密封二级密封气、三级隔离气采用合格氮气供给，驱动端和非驱动端一级、二级排空管路独立排放，并增加有效监控流量、压力仪表、联锁，根本上提高管道压缩机干气密封工作可靠性。供货商进行核算，明确单台机组隔离气耗气量，避免消耗大量密封气、且造成润滑油油箱压力偏高等问题。

(6) 干气密封增压橇 BOOSTER 应具备 2 台机组同时启机的流量、压力供给要求，BOOSTER 控制系统应融入机组控制系统中，不单独设立控制系统。

(7) 干气密封供气管线应设置气动阀，机组控制程序远程控制，无须运行人员现场操作，消除操作风险。

(8) 机组干气密封双联过滤器集成式安装，集成式安装不易于检修，无专业安装工具，不利于滤芯拆检，针型阀密封不可靠，易出现阀杆泄漏，不宜采用集成式设计，应过滤器、隔离球阀、排污系统分开设置。过滤器上部压盖应采用螺栓连接，压盖上部不宜设置放空管路，方便滤芯更换作业。滤芯应配置专用工装或设置拉环，便于拆卸。

(9) 干气密封加热器宜采用导热油加热，提高储热能力，保证供热稳定性，加热器后管线应增加保温措施。

(10) 干气密封前置过滤器应采用旋风+气液聚结器结构形式，后部串联为 3~5μm 过滤器，已达到去除颗粒、液体综合效果。过滤器装置设备及橇装设计应简化优化处理，过滤器筒体及橇装尺寸面积要小，仪表管路针阀宜选用进口品牌，避免泄漏问题。

（11）增压橇外围供气管路应采用地下方式铺设，增压橇及干气密封供气管路设备尽量简化优化设计，系统附件及管路要有足够的检修空间，1in 及以上长度管路避免采用卡套方式连接，国产电驱机组干气密封管路系统设计过于复杂，且管路本体计时工质量存在较大问题，“跑、冒、滴、漏”现象严重，可参考 RR 机组优化设计方式。

3.3.9 冷却水系统

（1）缺水地区，电动机采用独立风冷制冷方式，变频器采用水冷加制冷剂制冷方式。水资源丰富地区统一采用闭式水冷方式。将冷却水系统设备进行统一采购、统一设计，采用可靠性高的设备，提高整体可靠性。

（2）冷却水塔喷淋水需经过软化处理，供水管线可以独立隔断泄压，并且隔断阀放置于阀井内，避免冬季冻凝问题。取消浮子液位计补水方式，设置水槽液位传感器实现管路自动补水功能。水塔顶部设计挡水板，避免水滴落在塔体上，引起结冰。

（3）后续设计时考虑冷却水系统的整体自动化水平。循环水相关设备状态，在 SCADA 上做监控，并实现冷却水系统的自动控制、风机状态独立显示，可远程手动启运风机。

（4）进口使用球阀，出口使用截止阀，且出口设 rotork 电动执行器。应统一采购，保证规格型号统一。

（5）控制柜应放在室内，应与冷却水泵房进行隔离，且冷却水泵电动机加热器配电柜应设置冷却风扇。

3.3.10 MCC

（1）在满足安全生产的前提下，控制回路尽量进行简化。

（2）根据运行工况选择电动机是否需要变频器驱动，如 GE 箱体通风电动机启动后恒转速运行，变频器没有发挥出应有的功能，建议在后续设计中取消变频器。

（3）考虑机组辅助电气设备抗晃电设计，提高辅助电气设备的稳定性。

3.4　技术手册

（1）压缩机组技术手册必须包括详细的安装调试手册及运行维护手册。

（2）技术手册必须进行系统整合，按照系统划分章节层次，建立详细的链接，内容必须涵盖压缩机组所辖所有配套设备，包括详细的单体设备结构、功能说明、维护要求等内容，建议参照 GE 手册结构层次予以优化完善。

（3）国产机组手册应采用中文说明，国外配套设备说明保留中英文对照。

（4）压缩机备件清单与设备结构配套，独立成为章节，并根据提供的机组系列，明确备件通用性。

（5）控制系统独立建立章节，相关硬件信息必须提供原厂部件编号。

3.5　机组选型经济比较

3.5.1　GE 燃驱机组

GE 机组 CIC 投资成本 7705 万元，按照设备商务合同明确的 20×10^4h 使用寿命，综合考虑设备使用率，则机组按 30 年（20×10^4h）运行成本 COC 为 181300 万元×1.09＝197617 万元，维护成本 CMC 为 19956 万元，故障成本 CPC 为 8800 万元，因此 GE 燃驱机组 LCC 全寿命管理费用为 234078 万元。

3.5.2　SIEMENS 燃驱机组

SIEMENS 燃驱机组 CIC 投资成本 7402 万元，按照设备商务合同明确的 20×10^4h使用寿命，综合考虑设备使用率，则机组按 30 年（20×10^4h）运行成本 COC 为 196100 万元×1.09＝213749 万元，维护成本 CMC 为 22116 万元，故障成本 CPC 为 6540 万元。因此 SIEMENS 燃驱机组 LCC 全寿命管理费用为 249807 万元。

燃驱机组全寿命成本构成：燃料气消耗占成本的 80%以上，是机组成本构成的最重要部分，其次为机组维修成本约占 8%。

3.5.3　电驱机组

电驱机组按照投资成本 4206 万元。按照设备商务合同明确的 20×10^4h 使用寿命，综合考虑设备使用率，则机组按 30 年（20×10^4h）运行成本 COC 为 148838 万元×1.03＝153303.14 万元，维护成本 CMC 暂估为 4000 万元，故障成本 CPC 暂估为 3000 万元，因此 GE 电驱机组 LCC 全寿命管理费用为 164509.14 万元。

三种机型，燃驱与电驱全寿命成本对比如图 3 所示。

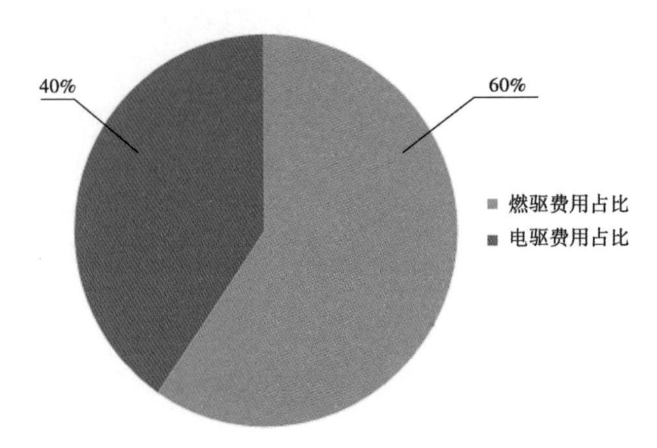

图 3　燃驱与电驱全寿命成本对比

从上述看，电驱机组与燃驱机组全寿命管理成本比例为 2∶3，电驱机组从长远投资及运行管理来看，更具经济性，基于电驱机组的经济性与可靠性，其在长输管道具有更广阔的应用前景。